HISTOIRE
DE L'AGRICULTURE
ANCIENNE
DES GRECS.

PARIS. — IMPRIMERIE DE G. A. DENTU,
rue du Colombier, n° 21.

HISTOIRE
DE L'AGRICULTURE
ANCIENNE
DES GRECS,

DEPUIS HOMÈRE JUSQU'A THÉOCRITE;

AVEC UN APPENDICE SUR L'ETAT DE L'AGRICULTURE
DANS LA GRÈCE ACTUELLE,

SUIVI DE QUELQUES RÉFLEXIONS ET PROPOSITIONS POLITIQUES
SUR LE SORT DE LA GRÈCE ET DE L'EUROPE,
D'APRÈS LE TRAITÉ D'ANDRINOPLE DU 14 SEPTEMBRE 1829.

PAR J. B. ROUGIER, B^{on} DE LA BERGERIE,

ANCIEN PRÉFET,

Membre de l'Institut de France, de la Légion-d'Honneur, des Géorgiphiles de Florence, de l'Institut de Bologne, des Académies de Dijon, Troyes, Lyon, Rouen, Bourg, Caen, Autun, de Châlons-sur-Marne, de Cambrai, Montauban; fondateur du Lycée de l'Yonne; ancien membre des Comités d'agriculture et de commerce de l'Assemblée législative, du Conseil d'agriculture et des arts du ministère de l'intérieur; auteur de plusieurs ouvrages sur l'économie rurale et politique, et d'un *Cours complet d'agriculture pratique*, de 1819 à 1822.

A PARIS,

CHEZ G. A. DENTU, IMPRIMEUR-LIBRAIRE,

RUE DU COLOMBIER, N° 21;

ET PALAIS-ROYAL, GALERIE D'ORLÉANS, N° 13.

M D CCC XXX.

HISTOIRE

DE L'AGRICULTURE

DES GRECS.

CHAPITRE PREMIER.

Plan et motifs de l'histoire spéciale de l'agriculture des Grecs. — Le texte en est déduit de l'*Iliade* et de l'*Odyssée*. — Tous les auteurs des âges suivans confirment le texte d'Homère. — Toutes les traductions en langue française de l'*Iliade* et de l'*Odyssée* sont fautives : la science et la littérature en réclament une qui soit fidèle. — Coup-d'œil sur les premières révolutions de la Grèce et sur le retour des Héraclides. — Motifs sacrés qui ont porté Homère à composer son *Iliade*. — Homère lui-même parcourt une partie de la Grèce avant de faire son *Iliade*. — L'enthousiasme que son poëme produit ; la jeunesse guerrière en est idolâtre, et le peuple des champs même se précipite sur ses pas pour l'entendre, car il proclame l'amour de la patrie et de la liberté.

Sɪ l'histoire de l'agriculture des Grecs paraît offrir moins d'intérêt que celle des Gaulois, dont nous occupons le sol et les climats, il importe beaucoup néanmoins, pour com-

pléter l'histoire que j'entreprends, de rappeler avec quelques détails les erremens de
l'agriculture des Grecs au temps d'Homère ;
c'est le seul moyen, et j'ose en donner l'assurance au lecteur, de remonter avec plus de
certitude aux origines d'une foule de choses
sur les productions de la terre et sur celles
de l'industrie, utiles ou nécessaires dans la
sociabilité; car il ne faut pas perdre de vue
que l'agriculture des Romains, importée
dans les Gaules, est issue toute entière de
celle des Grecs.

Pour donner une plus juste idée de l'agriculture de la Grèce dans les temps antiques,
il faudra, comme pour celle des Gaulois, embrasser le système général de la civilisation des
Hellènes, parce qu'il arrive souvent que de
simples mots, des détails en apparence mi-
nutieux, révèlent ou confirment des significations, des modes ou des usages jusqu'a-
lors inaperçus, même par les plus érudits.

Je me propose donc, dans cette Histoire
ou Notice, en m'attachant d'abord exclusivement à Homère, de jeter un coup-d'œil sur la
philosophie du chantre des Grecs, sur la
religion de l'Olympe et sur ses influences.

Je tâcherai d'établir ensuite, d'après l'*I-*

liade, et surtout d'après l'*Odyssée*, le système
général de l'agriculture des Grecs, de leur
état pastoral, et de faire voir quelles étaient
leurs ressources et leurs richesses, soit pour
les troupeaux, soit pour les haras. Je dirai
ensuite quelles céréales et quels légumes ils
cultivaient; quels étaient leurs modes de culture et de moisson; le prix qu'ils attachaient
à la vigne et au vin, et leurs modes de préparations économiques; quels étaient leurs arbres
fruitiers et forestiers; quel était leur régime
diététique; quels étaient leurs vêtemens et
chaussures. Je parlerai des abeilles et du
miel; je ferai quelques observations inédites
sur les fruits; je dirai quelle était leur industrie, principalement celle qui se rapporte à
l'agriculture et au commerce, et quelle était
la science physique au temps d'Homère. Je
terminerai cette Notice enfin par quelques
considérations sur l'influence de l'agriculture
relativement aux mœurs et à la morale au siècle d'Homère, et par quelques considérations
politiques sur l'état actuel de la Grèce.

Je me bornerai, bien entendu, dans cet
aperçu, aux preuves qui résultent du texte
du chantre des Grecs, que je vais reproduire.
Je m'empresse de prévenir ici le lecteur

que les preuves, avec de plus amples développemens, se retrouveront intermédiairement dans les œuvres des poëtes, des philosophes et des historiens qui apparaîtront dans les âges qui suivront celui d'Homère ; elles ressortiront encore avec évidence de l'expérience générale des peuples qui se seront adonnés à la culture des céréales, et dont l'agriculture aura été motivée, ou d'après les besoins publics, ou d'après les climats.

Mais je dois, avant tout, un pur hommage au grand et sublime Homère : en cela j'acquitte plutôt une dette de mon cœur et de ma reconnaissance, pour toutes les instructions et lumières que j'en ai reçues, que je n'espère le rendre digne de lui. Des hommes célèbres ont déjà rendu cet hommage ; mais combien il reste encore de choses, après Pope et Mme Dacier, sur l'excellence et la prééminence de ce mortel, par sa science et ses grandes connaissances en physique, en agronomie, et auxquelles nul écrivain encore n'avait pensé jusqu'à présent !

Je suis porté à m'en expliquer personnellement, par ce que, d'une part, les auteurs qui l'ont le plus sincèrement admiré et le mieux compris, n'ont pas même songé à faire

ressortir de ses œuvres les principes de physique et tous les détails qu'il a laissés sur
l'économie rurale ; parce que, de l'autre, des
lettrés en foule, sans respect pour ses vues
et son génie, se sont permis à toute époque,
afin de se tenir à la hauteur du style de la
cour et de l'Académie, de le commenter,
et même de changer jusqu'aux noms des êtres
et des choses qu'il a nommés dans ses poëmes, et dont le sens, ou l'application des
téméraires phraseurs, a changé tout à fait les
idées du poëte grec.

Il résulte de cette fatale tendance vers un
style extrêmement limé ou fleuri, que nous
n'avons pas une seule traduction réelle et vraie
de l'*Iliade* et de l *Odyssée*, du moins selon le
génie propre d'Homère ; cette déclaration de
ma part me vaudra peut-être des critiques ;
ce sera une belle occasion, pour les volti-
geurs de notre vieux Parnasse, d'informer
le public qu'un agronome, un nouveau venu
dans le rang des poëtes, précipite de son
autorité, hors du Parnasse, des traductions
consacrées par les suffrages des Aristarques
et par les titres suprêmes d'académiciens ;
mais le mal n'est pas aussi grand de ma part,
qu'il pourra paraître d'abord à un critique

irrité ; car je veux dire seulement, que tous les traducteurs, Pope excepté, ont éliminé, ou n'ont pas osé dire les choses qui se rapportent à l'agriculture, à des animaux domestiques, à des usages vulgaires, à des détails ruraux ou industriels, et à des noms que le style académique de nos jours, et surtout le romantisme, réprouvent à l'envi. Je persiste donc formellement dans cette déclaration, que la suite de mes recherches fera de plus en plus confirmer ; quant aux autres parties des traductions d'Homère, je m'humilie, et je rends un hommage sincère au style de quelques traducteurs.

Depuis la guerre de Troie, la Grèce avait éprouvé de cruelles tourmentes par les tyrannies et par maintes révolutions qui faisaient passer successivement, comme des troupeaux, les peuples du Péloponèse d'un maître à un autre. Les peuples du Nord, d'ailleurs, se portaient sans cesse à des irruptions soudaines qui désolaient la Grèce, par les enlèvemens des troupeaux et du butin. L'expulsion des Héraclides (1) avait fait soulever toute la

____

(1) Le retour des Héraclides eut lieu l'an 1190 ans avant notre ère.

Grèce, qui s'était enfin décidée à faire des républiques fédératives. Cette époque a été glorieuse (1), car il y a eu quelques périodes de
paix et un très grand esprit public.

Le Péloponèse, l'Ionnie, la Morée, l'A-
chaïe, etc., étaient dans cet état politique,
quand le démon de la guerre, sous le prétexte
de tirer vengeance des irruptions que la Grèce
avait subies autrefois, fit entrer des armées
en Phrygie et en Asie ; les succès de ces expéditions, faites avec valeur et courage, et gui-
dées souvent par des chefs habiles, excitè-
rent malheureusement un enthousiasme général ; loin de se borner à des représailles,
une folle ardeur fit faire de plus grands ar-
memens pour pénétrer dans le centre de
l'Asie même, où la nature et l'industrie con-
centraient des richesses immenses. Les rois
de ces contrées, à leur tour, conçurent le
dessein de se venger, et de châtier les Grecs
pour leur témérité. Le bruit se répandit
promptement parmi les nations de l'Archipel,
que des rois coalisés allaient fondre sur elles.

C'est au milieu de ces agitations et de ces
menaces, qu'Homère eut la grande, no-

(1) Il est à propos d'en faire la remarque.

ble et pieuse pensée de retremper les cœurs grecs à l'amour de la patrie et de la liberté. Le sujet de son *Iliade*, au fond, était faible ou léger; mais son génie y vit un moyen de ranimer les grandes familles des rois et des héros, dont les peuples chantaient partout encore les hauts faits et les prodiges de valeur; Homère y vit en outre une occasion de mettre en harmonie tous les membres épars de la religion de l'Olympe, que les nationaux, les colonies d'Egypte et celles des barbares fixés en Grèce, défiguraient au point qu'il y avait autant de cultes religieux, que de peuples d'origines diverses; il y vit le bienfait inappréciable d'une civilisation toute nouvelle, fondée sur la morale, de laquelle découlent toutes les vertus sociales; il y vit enfin la certitude de faire revivre l'ancienne gloire acquise dans les combats, pour la défense sacrée de la patrie et de la liberté.

Homère, le plus humble et le plus modeste des hommes, ne chercha point dans son imagination seulement les élémens de la composition de son poëme; dès le principe de ses inspirations, il avait voyagé, afin de s'enrichir des productions naturelles et industrielles, des lois et des mœurs des peuples étrangers ; il avait parcouru et observé toutes les îles de l'Archipel, les comptoirs de l'Afrique, la Phrygie, la Lybie, la haute Egypte, etc. Il fut bien servi dans ses desseins par Phéréclus, maître d'un vaisseau marchand, homme généreux, car Homère était pauvre : par reconnaissance, le chantre grec, en le nommant dans son poëme, lui a conféré l'immortalité (1).

Homère n'attendit point la fin de son poëme pour sonder et connaître l'opinion sur le genre et le plan de son *Iliade*. Ses premiers chants ou récitatifs surpassèrent toutes ses espérances ; on le suivait, on le suppliait partout d'en redire quelques fragmens ; plus il allait en divers lieux, plus il excitait d'enthousiasme et d'admiration. Le lecteur qui connaît un peu l'antiquité, en doutera d'autant moins, qu'au temps d'Homère, la poésie avait l'éminente prérogative de suppléer l'histoire, de diriger l'opinion, de charmer les esprits, de faire la gloire et les renommées. C'était bien alors qu'on pouvait dire que la poésie était le langage des dieux : la poésie, enfin, tenait alors à elle seule tous les liens de la sociabilité.

____

(1) *Iliad.*, l. 5, v. 60.

Nos superficiels et nos romantiques, nos écrivains de cour et d'académies en douteront peut-être ; mais qu'ils daignent pardonner un si grand enthousiasme aux Grecs pour un poëme qui les concernait, et pour lequel, depuis trente siècles, tous les hommes de goût, dans le monde, conservent une haute admiration. Homère, il faut en convenir, s'est élevé, dès son essor, au sublime de la poésie. Il a dû sembler aux Grecs qu'il était véritablement un envoyé des dieux. Il les flattait, il les charmait en les électrisant à la gloire et à la liberté ; ils se croyaient transportés aux siècles héroïques ; son style, simple et toujours enchanteur, fit oublier presque aussitôt la triste et monotone poésie d'Orphée, qui ne remuait ni les cœurs ni les imaginations. La jeunesse en devint tout à coup idolâtre ; elle aspirait à faire revivre les Ajax, les Achilles, les Diomèdes ; dans les familles, les vieillards retrouvaient des noms qui rappelaient leurs aïeux ; les sacerdoces étaient satisfaits, parce qu'Homère inspirait l'amour et le respect envers les dieux ; il fut cher à la multitude, parce qu'il mettait au-dessus de tout la patrie et la liberté.

CHAPITRE II.

Le culte et la religion de l'Olympe. — Sources dans lesquelles
Homère a puisé. — Il fait préférer ce culte à ceux des pays
environnans. — Sa chaîne d'or. — Son dogme consacre un Dieu
suprême et l'immortalité de l'âme. — Sagesse et motifs d'Homère dans l'organisation du culte olympien. — Il estimait peu
les oracles. — Différence entre Homère et Platon. — Le premier
est le législateur ou fondateur de la mythologie, il est encore le
guide de tous les poetes. — Il a été celui des historiens. — Il
a fait organiser le culte champêtre.

Un des premiers soins d'Homère, dans
ses excursions, fut d'aller consulter les prêtres des grands sacerdoces : c'est là qu'il a pu
apprendre l'histoire, que la tradition, depuis
des siècles, confiait exclusivement aux hommes des sanctuaires; c'est là qu'il s'est fait
révéler les noms des anciens les plus illustres, et qu'il a signalés avec une complaisance
remarquable ; c'est par un tel moyen qu'il a
su se concilier aussitôt l'estime et la reconnaissance des nobles familles, toujours fières

et jalouses de se voir reproduire sur les grands théâtres de gloire qui avaient occupé si long-temps leurs aïeux propres et les nations environnantes.

Les prêtres, sans doute, en s'expliquant sans réserve avec Homère, ne croyaient pas avoir chez eux le premier génie du monde; et à ce sujet, il faut nous féliciter de ce que ce grand homme, dans ses voyages, ait toujours préféré le vêtement du pauvre; car, sans cette apparence commune aux mendians voyageurs, il n'eût jamais su tout ce qu'il dit des sacerdoces, des rois et des familles.

Quoi qu'il en soit, s'adressant aux prêtres divers dans chaque contrée, il a pu juger mieux des discordances et des bizarreries des cultes, et sentir le besoin de donner, par l'intervention des dieux, une impulsion uniforme aux mouvemens de l'âme des Grecs vers le souverain Créateur : il a fondé en quelque sorte cette unité divine qui fait aussi la clef de la voûte des cieux.

Cette partie, dans les œuvres d'Homère, est sans contredit la plus sage et la plus admirable. On ne le voit point, comme Lycurgue, s'annoncer en législateur, et moins encore en réformateur ; mais, toujours simple et modeste, il dit comme chose positive, et par inspiration, tout ce qui regarde la hiérarchie céleste ; Moïse - Olympien, il révèle la puissance et les participations des dieux et déesses au gouvernement de la terre ; il familiarise, si on peut s'exprimer ainsi, les Grecs avec les dieux de l'Olympe. Le culte égyptien d'ailleurs avait vieilli ; il n'eût jamais convenu à la vive imagination des Grecs : il était trop lugubre, lamentable ou extrême. Non loin de la Grèce, alors, des peuples s'épouvantaient à la vue de leur Dieu, qu'ils avaient eu le malheur de regarder, et ils s'écriaient : « Nous avons vu le Seigneur, et nous mourrons : *Vidimus Deum et moriemur.* » Homère, au contraire, en a fait pour les Grecs un heureux présage : la rencontre ou la présence d'un dieu était pour eux un heureux présage.

Tous les chefs de sectes et de cultes se rallièrent aussitôt à la doctrine d'Homère ; ils eurent le bon esprit de voir ou de sentir qu'ils pouvaient éviter ainsi un chaos dans lequel ils seraient tôt ou tard engloutis.

Le philosophe reste saisi d'admiration quand il pense à cette chaîne d'or qui lie tous les dieux au trône de Jupiter. Quelle grande et sublime idée! elle est celle du dieu même de la poésie. Plaignons ces poëtes hermaphrodites ; plaignons ces pédans de science qui veulent tout pondérer, tout mesurer ; qui, bouffis d'orgueil ou de suffisance, citent la philosophie ancienne à leur triste aréopage, et qui, dans certaine Académie purement officielle, demandent encore, d'un rire moqueur, quel était le point d'appui de cette chaîne. Les philosophes sabéens, qui les valent bien, par la raison qu'Homère vaut mieux que la Motte ou Chapelain, n'ont pas été si dédaigneux ; car une telle chaîne a fait leur système d'adoration.

Si l'*Iliade* avait puissamment électrisé les Grecs par le noble et pieux sentiment de l'amour de la patrie et de la liberté ; si on y trouve en outre la mise en action des dieux et déesses de l'Olympe, et tant de participations aux grands évènemens de la terre, il faut convenir que l'*Odyssée* a été le complément de tout le système civil et religieux des Grecs.

Plus on remonte à l'histoire des cultes, plus on admire la sagesse et le génie d'Homère, qui seul, dans l'*Iliade,* et sans recou-

rir aux oracles et aux puissances de la terre,
a su débrouiller la confusion des cultes de
son âge.

Dans l'*Iliade*, le dogme d'Homère est juste,
grand et pur; il consacre un Dieu suprême
et l'immortalité de l'âme; mais c'est dans
l'*Odyssée* qu'on trouve une morale sublime
et toujours effective : l'hospitalité y est la
charité même des chrétiens. L'*Odyssée*, en
un mot, est le triomphe d'Homère, parce
qu'elle commande sans cesse les vertus civiques, l'amour de la gloire et un dévouement
sans bornes à la patrie. Hector pourrait peut-
être faire adresser quelques reproches à Homère, relativement à Achille; mais Ulysse
est un modèle accompli.

Homère n'affirme pas, il est vrai, d'une
manière positive, l'immortalité de l'âme;
cependant on est bien fondé à lui attribuer
cette pensée divine et consolatrice; il ne dit
pas ce qu'elle devient; il se borne à la dire
immatérielle, quand une fois elle a franchi
l'enceinte où elle était retenue (1).

Je serais assez porté à croire qu'en ini-

***

(1) *Postquam semel transiverit per septum dentium.*
(*Iliad.*, l. 9, v. 407.)

tiant ainsi les Grecs à un culte déterminé, Homère n'a point pour cela confessé sa foi propre sur le Dieu du monde; mais, ayant trouvé la religion de l'Olympe accréditée en grande partie, il a pensé qu'il serait plus sage de lui faire subir ce que l'agronome éclairé fait à un arbre utile, dévoré par la pullulation des rejetons sauvages. Il a donc encore laissé au monde une grande leçon de sagesse, et de laquelle on a si mal profité : c'est-à-dire, qu'il vaut mieux préférer des lois qui conviennent aux peuples, que des lois parfaites selon la philosophie. Cette pensée, au surplus, a fait la fortune de Solon et le malheur de la France, à des époques même récentes.

Homère avait vu de trop près les prêtres des sacerdoces et les jeux des oracles, pour exposer les Grecs à leur ambition, à leurs calculs et à leurs passions. Aussi, dans ces deux poëmes, on le voit constamment préférer l'intervention des dieux aux paroles des oracles. Le temps a justifié cette leçon de sagesse; car le seul oracle de Delphes, toujours aux ordres du plus fort ou du plus riche, comme tous les oracles du monde, a fait verser plus de sang peut-être, que les rois et les tyrans de la Grèce. Redisons ici, au surplus, le mot d'Homère sur les augures : « Le meilleur est celui qui fait aimer la patrie (1). »

La science civile, religieuse et politique d'Homère a traversé tous les siècles, comme ces globes du ciel dont la terre admire sans cesse l'éclat et les destinations : il est de fait qu'elle rallie encore les plus sages philosophes. En vain l'idéologue Platon, dont le talent n'a pu convenir qu'à une coterie de beaux esprits, et dont la philosophie a été si malléable, a voulu jeter du ridicule et du mépris sur le génie et la doctrine d'Homère ; en vain dans sa scolastique, qui n'était qu'un système de spiritualités, a-t-il fait des efforts pour faire substituer à· la chaîne d'or du chantre des Grecs, l'*harmonie* ou le *concert des astres,* devant lequel il était en extase, la pensée de la chaîne d'or n'en est pas moins sublime pour les poëtes et pour les philosophes.

Homère, par son organisation du culte olympien, sera toujours regardé comme le législateur de la mythologie. Il ne l'a pas

----

(1) *Iliad.*, l. 12.

créée, sans doute, mais il l'a fixée; et c'est encore vers lui que se tournent tous les poëtes du monde. Il a fait l'admiration des rois, des guerriers fameux, des grandes familles, des juges et des prêtres mêmes; mais une grande considération a échappé à ses admirateurs et à ses commentateurs : c'est d'avoir fait participer au culte olympien tous les peuples des champs, auxquels il a fait voir la divinité, même dans les fleuves, les fontaines, les montagnes, les forêts et les arbres; c'est dans cette vue touchante qu'il a indiqué aux peuples des champs, que leurs sacrifices ne devaient être composés que des fruits de la terre, et sans effusion de sang.

C'est en cédant à cette première impression, donnée par Homère, que les Romains, de leur côté, ont constitué leur culte champêtre, si digne d'ailleurs de vénération. Il est, au surplus, celui de tous qui a le plus duré, et auquel les premiers chrétiens ont fait une guerre si barbare et si terrible. Je reviendrai sur ce culte champêtre, quand je traiterai des Francs devenus chrétiens.

Dans ses deux poëmes, Homère, bien plus qu'Hérodote, est le père de l'histoire. S'il n'a pas servi de guide à tous les histo-

riens, il a rallié du moins tous les chrono-
logistes. On lui a reproché trop de détails
sur les familles qu'il met en scène ; et on ne
veut pas voir qu'en s'expliquant ainsi, il s'est
acquis toutes les faveurs de l'opinion publique, et que ses diverses mentions ont généralement servi à donner des dates, et que
chaque nation, alternativement, a offert des
annales à l'histoire. Il faut encore faire hon
neur à Homère de tant d'inscriptions trouvées sur des monumens de marbre, pour
rappeler de grands évènemens ou des héros, desquelles Homère seul a donné la clef.
C'est à lui encore qu'on doit tant d'autres
inscriptions sur les trépieds sacrés, et dont
l'histoire a profité pour éclaircir des faits
douteux ou inconnus.

CHAPITRE III.

Homère était essentiellement religieux et moral. — Il était en outre un habile observateur pour tout ce qui avait rapport à l'a-
griculture. — Erreurs de Lycurgue et de Solon. — Pittacus, roi
de Lesbos, honore et constitue l'agriculture. — La Grèce soumise au régime pastoral. — Les premières cultures céréales,
causes, exceptions. — Les premières clôtures, époques. — Les
rois grecs dotés en biens-fonds. — État des contrées qu'Homère
signale par des productions agricoles et industrielles. — Homère
prend ses grandes inspirations poétiques dans l'ordre physique
de la nature. — Toute la Grèce était persuadée des bienfaits
et des influences de l'agriculture.

ON ne peut presque pas douter que les
cultes à Cérès et à Bacchus ne fussent orga-
nisés au temps d'Homère; mais, comme il
ne les décrit pas dans ses œuvres, il convient
d'attendre l'époque où la description en sera
généralement connue, et où toute la Grèce
participera à de telles solennités. Expliquons-
nous maintenant sur l'agriculture de la Grèce,
telle qu'elle était au temps d'Homère. Pour
le faire avec plus de succès, il importe de

citer les autorités les plus positives, et de
rappeler des faits, afin de laisser à notre
jeunesse de plus justes idées sur les origines
de l'agriculture, et de prouver en outre, à
nos savans, à nos lettrés et à nos poëtes, que
le premier ou le prince de tous les poëtes de
la terre, a été un grand agronome.

Une telle opinion excitera infailliblement
le rire sardonique de certains lettrés parisiens, jetés par leur goût exquis dans quelques élysées romantiques, et pour lesquels
l'agriculture est, plus fortement que jamais,
une chose indigne de leur style et de leur
poésie.

Cette déclaration de ma part, sur Homère,
n'est point nouvelle; car je l'ai faite à haute
voix, lorsque je faisais, en 1819, un cours à
l'Athénée de Paris, sur l'agriculture des anciens. Elle étonna d'abord quelques audi-
teurs, ceux-mêmes qui étaient le plus familiers avec les études grecques, et qui n'avaient
jamais pensé à faire honneur à Homère de ce
genre de connaissances. Un journal qui a
perdu son nom à la bataille de la censure
contre la liberté de la presse, donnant quelques éloges à l'utilité de mes leçons, brocha,
à travers ses éloges, une critique ridicule, sur

le fait qu'Homère avait été agronome. Cette petite mécréance, ainsi publiée, me porta à prier ceux des hellénistes qui suivaient mon cours, de vouloir bien faire attention aux développemens que j'allais donner à ma déclaration sur Homère. Je ne hasardai rien ; car, contre l'usage à l'Athénée, je fis des citations faciles à vérifier, et j'ai eu la satisfaction d'entendre dire, même à des membres de l'Institut, que j'avais donné une face toute nouvelle à une des belles parties des œuvres d'Homère.

Si la guerre n'est pas la fille de Satan, elle est du moins celle de l'homme ; car elle suit imperturbablement toutes les générations ; elle prend toutes les formes que la perversité, les flatteries et le despotisme peuvent inventer, modifier ou mobiliser : l'histoire est là pour attester cette fatale vérité ; mais elle a laissé échapper une considération, que je me fais un devoir d'exposer. Depuis qu'il y a des républiques, tous leurs chefs d'armées, et tous les rois, Xercès, Alexandre, Auguste ou Constantin, et tous le rois chrétiens mêmes, ont fondé leurs espérances et leurs succès, dans la guerre, sur les ressources qu'ils trouveraient dans les pays ennemis (1); et on ne pourrait pas citer un seul Etat où on ait pensé que, pour faire la guerre et assurer la victoire, il fallait absolument favoriser, protéger et encourager son agriculture propre; il n'y a pas un seul roi qui se soit dit que pour faire bien défendre son pays, il fallait se créer une patrie, et la faire aimer, afin d'avoir des hommes forts et dévoués.

Le fils de Philippe n'eût pas envahi la Thessalie, la Perse et l'Asie, si les peuples n'eussent pas été des esclaves qu'on assemblait un fouet à la main, et si chaque chef de famille appelé à combattre le Macédonien, avait eu à défendre ses pénates, sa famille, ses champs et ses troupeaux.

Les législateurs n'ont pas été plus sages que les rois et les tyrans. Lycurgue, issu d'un sang royal, mettait au premier rang des vertus civiques le courage et l'adresse à faire la guerre; et, parce qu'il voulait assurer

---

(1) « Où trouverons-nous, disaient les sages lieutenans de Xercès, de quoi faire vivre une si grande masse d'hommes, de femmes et d'enfans? — Tranquillisez-vous, leur dit le roi, nous allons dans un pays qui est riche, et cultivé à la charrue »

sa domination personnelle, il faisait tenir la jeunesse de Sparte sous les armes; il la livrait continuellement à des exercices rudes et pénibles. Pour entretenir et animer sans cesse cette éducation martiale, il avait permis et honoré le rapt, ou par les armes ou par la ruse. Le caractère léger et entreprenant des Athéniens, d'autre part, l'importunait. Pour se mettre en contraste avec leur civilisation, déjà renommée, il organisa un système de liberté farouche. Il lui arriva cependant après son voyage, purement politique, de dire en place publique qu'il avait vu avec plaisir des blés superbes en Laconie. Il lui échappa même de faire observer que cet état de l'agriculture était dû à la sagesse de ses lois; mais il était plus vrai qu'on le devait à son absence.

Solon, qui n'ignorait pas la haine publique des Lacédémoniens contre Lycurgue, adopta des principes tout contraires; mais ils ne purent assez prévaloir chez un peuple qui aimait la guerre, qui ordonnait l'esclavage, et qui recherchait avec ardeur les plaisirs des théâtres et les disputes des écoles.

Pittacus, contemporain de Solon, fait une exception si rare dans toute l'histoire de la

Grèce, qu'elle mérite d'être rappelée en tête d'une histoire de l'agriculture de cette contrée. Après avoir triomphé glorieusement d'Athènes et de son tyran, il se détermina à déclarer *libres* tous les hommes et toutes les familles de Lesbos : il en fit des propriétaires et des agriculteurs ; et cette petite île devint, en peu de temps, un boulevard inattaquable. Digne apôtre de Cérès, il donna le premier l'exemple, en s'adonnant lui-même à l'agriculture ; il ne dédaignait pas de tenir la charrue ; chez lui, on le trouvait souvent occupé à tourner la meule. C'est à cette occasion qu'on répétait, en Grèce, une chanson qui consolait les esclaves condamnés à ce fatal métier. Les flatteurs des Denys et de tous les tyrans ont fait surnommer Pittacus le *roi meunier*.

Au temps d'Homère encore, les divers territoires de la Grèce, comme ceux des Gaules, étaient soumis au régime pastoral : cet ordre de chose était commandé pour suffire aux besoins de la viande, qui composait les quinze-vingtièmes de leur nourriture habituelle ; il était nécessaire encore pour satisfaire aux hécatombes ou kiliombes ordonnées par les dieux ou par les rois.

La grande colonie des Égyptiens y avait fait connaître, il est vrai, la culture du froment et de l'orge; mais elle y fut long-temps réduite aux rites des sacrifices, pour lesquels il était de rigueur de jeter de l'orge sur la tête des victimes. Les Grecs, sans doute, n'étaient pas des mangeurs de chair, comme les Scythes, les Phrygiens, et les Paphlagoniens; mais, comme nous le verrons bientôt, elle composait encore, au temps de la guerre de Troie, la grande ou majeure partie des vivres habituels.

L'Attique, et les pays montueux, se sont adonnés les premiers à la culture des céréales et de la vigne. Les farines et les vins faisaient déjà, d'ailleurs, une heureuse diversion aux ressources des immolations. La nécessité fit changer les habitudes : les rois et les sacerdoces furent les premiers à chercher des vivres supplémentaires dans la culture des céréales. Les exceptions au régime nourricier des troupeaux, dans les pâturages communs, n'avaient d'abord été conférées qu'aux sacerdoces; dont les terres, dans les lieux les plus riches et les plus fertiles, composaient ce qu'on nommait le *domaine sacré*. La cause première fut le besoin de l'orge pour

les sacrifices ; la seconde fut de faire réser-
ver chaque année, dans les terres privilégiées, des portions de terrain qu'on cultivait
en blé-froment, pour en faire un don public
aux héros qui, par de grands exploits ou par
des victoires, avaient bien mérité des dieux
et de la patrie.

L'exception accordée aux sacerdoces s'é-
tendit peu à peu aux domaines des rois ; et il
fallut, bientôt après, renoncer à la loi commune sur les pâturages. Dans tous les pays
ingrats et montueux, il y eut une prompte
émulation pour cultiver la vigne : ce fut aussi
autour des domaines des rois et des vignes
qu'on vit s'élever les premières clôtures ; ce
qui fut une sorte de révolution dans l'agriculture des Grecs.

Dans la plus haute antiquité, les peuples
donnaient à leurs rois un domaine rural. Les
premiers Francs ou Sicambres en ont fait
autant ; et ce n'est qu'au dix-neuvième siècle
que la chose et le mot s'en effaceront dans
notre histoire. Ce domaine devait suffire à
chaque roi grec. Si des circonstances extraordinaires nécessitaient plus de dépenses, on
faisait sur le peuple une répartition parallèle ;
ce que fit Alcynoüs pour couvrir les dé-

penses qu'il avait faites en recevant Ulysse.

Dans les pays de plaines, néanmoins, dans toutes les contrées fertiles et herbeuses, la loi nationale sur le pâturage commun était rigoureusement observée ; les sacerdoces et les magistrats avaient grand soin de la maintenir ; il y avait même des lois pour conserver *incultes* des parties du domaine sacré : c'est la transgression de cette loi spéciale qui causa la guerre longue et terrible que firent les Thessaliens aux Phocéens, qui avaient défriché une partie du domaine sacré : cet usage a été commun aux Gaulois et aux Hébreux.

On doit croire facilement à une grande dépopulation en hommes et en troupeaux, à la suite de tant de guerres, d'exterminations et de ravages. Au temps même du siége de Troie, les chefs des nations étaient obligés, pour faire vivre l'armée, d'aller enlever au loin des troupeaux. Ces enlèvemens étaient considérés comme des victoires : Nestor lui-même se vantait d'en avoir fait. Il est impossible, sans doute, de préciser l'époque où les Grecs se sont adonnés généralement à la culture des céréales : je dois donc me borner à considérer l'état de l'agriculture, selon et d'après les œuvres d'Homère ; mais les preuves que j'y trouverai se confirmeront dans la suite des temps, et d'âge en âge.

Je ne peux mieux commencer l'histoire de l'agriculture des Grecs, selon Homère, qu'en mettant sous les yeux du lecteur les mentions relatives que ce chantre a faites dans l'*Iliade* et l'*Odyssée*. Je le fais ainsi, 1° parce qu'on dit et répète, dans les colléges et dans le monde, qu'Homère était aveugle, quand nul mortel n'a mieux vu et observé tout ce qu'il décrit ; 2° parce que des fatrassiers ont nié son existence, afin de faire hommage de ses deux poëmes aux rapsodes du temps : il est pénible de faire observer que cette imputation a eu pour partisans des érudits d'académie ; 3° parce que le tableau suivant prouve manifestement qu'on peut être grand ou sublime poëte, et descendre en même temps à des observations qui tiennent à l'agriculture et à tous ses rapports ; 4° parce qu'enfin il est une preuve que toute la Grèce antique tirait sa force et son indépendance des choses qui constituent une véritable agriculture.

La Phthie, patrie d'Achille, produit des génisses, des chevaux, du froment, des fruits. (*Iliad.*, l. 1 et 9.)

Larisse était riche et fertile. (*Iliad.*, l. 2.)

Argos, propre à l'éducation des chevaux. (*Id.*, l. 3.)

La Phrygie donnée à Cérès par Jupiter, à cause de sa fertilité. (*Id.*)

Ithaque, pays âpre, ingrat et montueux. (*Id.*)

Triccie, excellente nourrice pour les jeunes chevaux. (*Id*, l. 4.)

Tarné, glébeuse, fertile en froment. (*Id.*, l. 5.)

Lycie, opulente par ses champs cultivés. (*Id.*, l. 6 et 16.)

Thèbes l'Hypoplacienne, couverte de forêts. (*Id.*, l. 6.)

Lemnos, abondante en vins. (*Id.*, l. 7.)

Hire, l'herbeuse. (*Id.*, l. 9.)

Anthée, renommée par ses profondes prairies. (*Id.*)

Pitho, hérissée de rochers épars. (*Id.*)

Pylos, sablonneuse. (*Id.*)

Lesbos, l'industrieuse. (*Id.*)

Méonie, célèbre par l'art de combattre à cheval. (*Id*, l. 10.)

Thrace, les plus beaux chevaux blancs, la mère des brebis. (*Id.*, l. 10 et 11.)

Selée, bassin du fleuve, les plus beaux chevaux alezans. (*Id.*, l. 12.)

Mysie, ses peuples vivent de lait, et sont très-doux. (*Id.*, l. 13.)

Troie, sa plaine, les plus belles cavales. (*Id.*, l. 16.)

Péonie, argileuse, fertile. (*Id.*, l. 17.)

Gygès, ses lacs poissonneux, ses torrens, ses gouffres. (*Id.*, l. 20.)

Thisbé, abondante en colombes. (*Id.*, l. 2.)

Trézène, célèbre vignoble. (*Id.*)

Epidaure, *id.* (*Id.*)

Orchomène, riche en troupeaux. (*Iliad.*, l. 2.)

Itona, mère féconde en brebis. (*Id.*)

Ptélée, riche en gras pâturages. (*Id.*)

Dodone, froide et glacée. (*Id.*, l. 2 et 15.)

Pélion, couvert d'arbres. (*Id.*, l. 2.)

Enétes, pays de mules sauvages. (*Id.*)

Achaïe, célèbre par son climat et ses belles femmes. (*Id.*, l. 3.)

Phérès, célèbre par ses cavales. (*Id.*, l. 9.)

Pédase, un grand vignoble. (*Id.*)

Chio, son vignoble est célèbre. (*Id.*, l. 23.)

Xanthe, domaine sacré sur les bords du fleuve, des vignes. (*Id.*, l. 12.)

Thrace, ses monts toujours couverts de neige. (*Id.*, l. 14.)

Messénie, riches pâturages, nourrit immensément de troupeaux. (*Odyss.*, l. 3.)

Trinacrie, remplie de bœufs et de bêtes à laine. (*Id.*, l. 12.)

Ephire, terres fertiles en blés. (*Id.*, l. 4.)

Ismare, grand vignoble. (*Id.*)

Tout homme de lettres non prévenu par ses maîtres d'études, et qui voudra, comme je l'ai fait, examiner de nouveau les œuvres d'Homère, et faire attention à tous les détails et à tous les accompagnemens de sa poésie, reconnaîtra deux choses que je sollicite de lui : la première, qu'Homère connaissait parfaitement l'état de l'agriculture de la Grèce : je viens de lui en donner la preuve par le tableau ci-dessus, pour les ressources propres du territoire et pour les détails; il la trouvera encore dans les chapitres suivans; la seconde, et celle que j'ambitionne le plus, c'est de prouver à l'Académie française, qu'elle a tort d'éliminer du domaine de la poésie les choses de la nature, et que son programme de prix couronné en 1820, est une hérésie qui équivaut à un des éteignoirs du Bas-Empire. Nul poëte ne s'est plus intimement associé avec la nature qu'Homère; et cependant sa poésie est riche et sublime : pourrait-on même la comparer à l'imbroglio gigantesque et artificiel de Milton, qui, dans ses exaltations, n'a jamais daigné mettre le pied sur le domaine *vrai* de la nature, et que certains admirateurs mettent pourtant au-dessus d'Homère, uniquement parce que son domaine exclusif est celui d'une imagination sans limites et sans applications?

Si Homère a beaucoup contribué, par les exemples qu'il cite, à faire considérer l'agriculture, il faut aussi faire observer, en l'honneur des rois et des sacerdoces grecs, que l'opinion publique en favorisait singulièrement les progrès et le maintien; et c'est à ce

but que devraient tendre tous lés gouvernemens qui attendent des revenus de leurs territoires, et qui ont besoin d'hommes forts
et vertueux pour les défendre.

CHAPITRE IV.

L'éducation des chevaux était une obligation pour tous les rois et les grands de la Grèce. — Leurs haras devaient comparaître aux lices solennelles d'Olympie ou de Némée. — L'agriculture, nonobstant la jeunesse, donnait, en Grèce, le droit de délibérer sur les intérêts de la nation. — Description de la ferme d'Eumée. — Quels troupeaux la composaient. — Homère, le premier, a reconnu l'utilité du fumier des étables pour fertiliser la terre. — La scène admirable et touchante d'Argus. — La charrue grecque; sa description. — L'exemple d'un labour à plusieurs charrues. — Quels animaux l'exerçaient. — Recommandation d'un troisième labour : fiction relative justifiée par un exemple réel. — Le labour expliqué par Homère. — Deux exemples frappans. — La moisson des blés, leur battaison, la fauchaison, la mouture; modes décrits (1).

Si les richesses de l'agriculture étaient les plus réelles parmi celles des rois, elles étaient encore celles que l'opinion favorisait le plus. L'éducation des chevaux tenait le premier rang. On manifestait son amour

____

(1) On est si peu porté à faire des recherches, et à revenir sur ses études; on est si enclin à croire les gens à réputa-

pour la patrie en paraissant aux lices d'O-
lympie, de Némée ou de Corinthe, avec des
chevaux superbes qui avaient vaincu dans les
combats. C'était même une obligation, pour
les rois et pour les héros des diverses contrées, de ne paraître, aux lices solennelles,
qu'au milieu du cortége de leurs haras, dont
les familles avaient été inscrites déjà sur les
tables d'airain, par ordre ou en présence des
juges délégués. Les cavales (1) et les mules
mêmes qui y remportaient des palmes, étaient
proclamées dans toute la Grèce, et dès lors
elles étaient sans prix. Chaque coursier ou
cavale, vainqueur, avait sa généalogie établie, et avec plus de certitude peut-être que
celle des hommes qui les jugeaient. On sait,
au surplus, que ce genre de gloire a été,
long-temps après, chanté par Pindare.

---

tions, que je me suis déterminé à faire des citations des
choses auxquelles on a le moins fait attention, et sur lesquelles les maîtres et les traducteurs ont été si dédaigneux.
Je les ai faites en latin, parce qu'il est plus familier que
le grec ; et pour moins me tromper moi-même, j'ai suivi
le latin de l'édition de Clarke et de Th. Robinson, de 1739.

(1) Le mot *cavale* est répudié dans notre langue, et surtout dans le style. Les Grecs étaient moins difficiles : il
faut presque avertir qu'il signifie une jument.

L'éducation des chevaux et les soins pour les dompter (1) occupaient tous les rois; mais ils s'occupaient encore de l'agriculture ; c'était par des biens cultivés et par des troupeaux qu'ils donnaient des dots à leurs filles. Ainsi le roi d'Argos épousa la fille d'Adraste, qui lui apporta en dot des terres fertiles en froment, plusieurs troupeaux, et de nombreux jardins tout plantés (2).

Le roi de Lycie, mariant sa fille à Bellérophon, lui donna un grand terrain séparé du terrain communal, facile à cultiver à la charrue, dans lequel il y avait un vignoble, et dont le site était délicieux (3).

Iphydamas, fils d'Antenor, donna, en se mariant à la belle Théano, cent bœufs; il lui promit en outre mille chèvres et mille brebis qui paissaient alors sur les monts de Phrygie (4).

---

(1) Antinoüs se plaint du retard de Télémaque, parce qu'il a chez lui des chevaux et des mulets à dompter.

(2) *Arva tritici feracia, multique plantarum horti, multa pecora.* (*Iliad*, l. 14, v. 122.)

(3) *Portionem agri Lycii, separatam, vitiferam, arabilem et amœnam; ut coleret* (*Id.*, l. 6, v. 195.)

(4) *Centum boves, mille capras et oves.* (*Id.*, l. 6, v. 245.)

Je suis heureux de pouvoir faire observer à ceux qui embrouillent tout en législation, que l'agriculture, au temps d'Homère, faisait en outre constituer l'exercice du droit politique. En cela, il est juste d'avouer que les Grecs ont été plus sages que les Français du dix-neuvième siècle, et qui sont pourtant si fiers de leur législation politique.

Le gendre du roi d'Argos, fils de Porthée, assistait à un conseil où il s'agissait du sort de l'armée : on refusa d'abord de l'entendre. Diomède en prit la défense, et dit : « Ce « guerrier, que vous ne voulez pas entendre, « parce que vous le trouvez trop jeune, a de « vastes champs *que lui-même cultive;* il a de « nombreux troupeaux, qu'il dirige ; de vas- « tes jardins, des vignes et des arbres frui- « tiers : il a donc le droit de dire son avis « pour le salut de la patrie (1) : » (*Iliad.*) il fut entendu.

____

(1) En France, les Diomèdes sont plus rares ; il faut avoir les cheveux blancs pour délibérer sur la chose publique. C'est une dérision pitoyable ; car, dans notre siècle, pour l'observateur, les vertus s'enfuient souvent, ou se glacent avec l'âge ; pour les vieux, il n'y a plus de su- blime, et bien rarement des mouvemens généreux. L'ex-

Je ne sais quelle époque on pourrait citer, depuis Alexandre, où l'agriculture ait joui d'une telle considération ; mais commençons maintenant la preuve des réalités de l'agriculture pratique, chez les Grecs. Je choisis, avant tout autre fragment, la description de la ferme rurale d'Ulysse, dirigée par Eumée, le modèle ou le phénix des intendans.

Elle était placée dans une vaste cour entourée de haies (1). C'était donc déjà un usage de clore ; car un des amans de Pénélope propose à Ulysse, déguisé en vieillard mendiant, de se retirer dans son domaine, où il pourra s'occuper *à faire des haies.*

Quatre molosses gardaient l'entrée de la ferme ; la cour était vaste, et tellement disposée, qu'il y avait sur un rang douze étables isolées et espacées qui servaient exclusivement aux femelles qui avaient mis bas ; les mâles couchaient à l'air, et dans des parcs ;

---

clusion après vingt-cinq ans, est une perfidie ou une absurdité. La question est jugée par la composition de la Chambre élective ; elle l'est encore par une différence immense pour les talens, pour les vertus, et surtout pour l'amour vrai de la patrie, avec les grands et jeunes orateurs de l'Assemblée constituante.

(1) *Caulam cinxerat sepe spinosá.* (*Odyss.*, l. 14.)

du côté opposé, étaient les établés des chèvres et des animaux destinés aux provisions
de la table.

Chaque troupeau avait son parc : il y en
avait douze de bêtes à cornes, douze de bêtes à laine, douze de porcs, et onze de chèvres (1).

L'habitation d'Eumée était au centre ; de
tous côtés il pouvait observer, donner des
ordres ou faire un signal.

Il y avait en outre, attenant à cette habitation, un vaste jardin, dans lequel le vieux
Laërte passait sa vie ; où il soignait de sa
main ses arbres et sa vigne, et près duquel
le fidèle Eumée ne cessait de veiller ou de le
distraire de la mélancolie que lui causait l'absence de son fils, et que lui renouvelait
chaque jour le désordre des amans de Pénélope. Ce fut dans ce jardin que se trouvait
Laërte, lorsqu'Ulysse, sans se faire connaître, vint jouir du bonheur de contempler
son vieux père. Il ne l'aborda pas de suite : il
se plut à le considérer pendant qu'il taillait
sa vigne. Le tronc d'un gros poirier, est-il

----

(1) *Duodecim armenta; tot greges ovium; tot suum, ca-
prarum undecim.* (*Odyss.*, l. 14.)

dit, cachait le fils aux yeux du père (1). Peu d'instans après, la reconnaissance eut lieu : elle fut attendrissante; mais il ne s'agit ici que de la ferme et du jardin.

Il y avait des pommiers, poiriers, figuiers, et de la vigne : le nombre en était déterminé (2). Ulysse rappela à son père que, lorsqu'il était enfant, il lui avait donné, pour lui exclusivement, dix pommiers, quarante figuiers et cinquante rangées de vignes : «J'ai joui de votre présent, jusqu'à mon départ pour la guerre de Troie (3). »

Je prie le lecteur de donner son attention au fait suivant; car, d'une part, il s'agit du plus grand agent de fertilité, dans tous les âges; de l'autre, de prouver la science agronomique d'Homère, et de faire observer que les Romains, si fameux, ne s'apercevront que long-temps après Virgile, que le fumier des étables était utile à la fertilisation des

---

(1) *Stans sub excelsa pyro.* (*Odyss.*)

(2) Sous Charles **V**, on faisait encore l'inventaire du nombre des arbres fruitiers, dans chaque jardin des résidences royales.

(3) *Decem malos, quadraginta ficos, vitis ordines quinquaginta vindemiales.* (*Odyss.*)

sols épuisés par les cultures des céréales.
Ici, la preuve n'est pas une induction; c'est
un fait qui place Homère au premier rang de
tous les agronomes. Tous les traducteurs et
les hellénistes élégans ont esquivé ce passage, et le mot qui le rappelle : je n'ai garde
de les imiter; car, dans Homère, tout est
or, même le fumier des étables.

Ce passage de l'agriculture des Grecs est
d'autant plus remarquable, que, chez les
peuples pasteurs, on n'avait pas recours d'ordinaire aux engrais du règne animal. Les gazons
zons défrichés étaient par eux-mêmes souvent trop fertiles; les troupeaux d'ailleurs
passaient les jours et les nuits dans les champs,
où ils prospéraient; mais le sol d'Itaque était
aride et montueux : il fallait donc y recourir
à des engrais supplétifs; et c'est en cela qu'on
admire la science pratique d'Homère.

Ulysse, en partant pour la guerre de Troie,
avait laissé chez lui un chien fameux pour la
chasse des bêtes fauves : il se nommait *Argus*.
Il fut, pendant quelques années encore, admis dans les appartemens de Pénélope; mais
quand il fut vieux et impotent, on le relégua
hors de l'enceinte du palais. Là, il passait la
nuit et le jour « couché sur un fumier placé

à la porte extérieure : la chaleur du fumier le réchauffait. Il était en outre, est-il dit, dévoré de vermine. »

Ce monceau de fumier provenait, dit le poëte, des étables des *bœufs* et des *mulets*; et chaque jour on en augmentait les couches; « jusqu'à ce que des serviteurs de la ferme vinssent l'enlever, pour *engraisser* les terres (1). »

Argus était sur ce fumier, quand Ulysse, déguisé en mendiant, voulut aller reconnaître lui-même le désordre de sa maison, livrée aux poursuivans de sa femme. Arrivé près de la première porte, Argus sent et reconnaît son maître : il veut se lever, et aller vers lui; mais sa joie et ses efforts furent si grands, qu'il expira presque aussitôt. Ulysse feignit de ne pas s'apercevoir du mouvement d'Argus; il s'enveloppa le visage de son manteau; ses yeux se baignèrent de larmes : Eumée, dans cet instant, lui faisait l'éloge de son cher Argus, et de ses brillans exploits de

____

(1) *Jacebat Argus, in multo stercore quod antè fores mulorum boumque abundè fusum erat, donec auferrent servi Ulyssis, prædium magnum stercoraturi.* (*Odyss.,* l. 17, v. 278.)

chasse : scène délicieuse (1) qui n'a pu trouver grâce auprès des Zoïles et des puristes, mais qui plaira toujours aux hommes de goût et à tous les bons cœurs.

Homère, j'en fais l'aveu, n'a point donné la description de la charrue avec autant de détails qu'Hésiode ; mais il n'en fait pas moins bien connaître la puissance et les différences, par la nature et la façon des labours. Il y avait, de son temps, deux charrues : l'une, pour les défrichemens (*novales*) (2) ; l'autre, pour les deuxième et troisième labours ; la première était constamment exercée par des bœufs, et il la désigne par le mot *compactile* (3) ; la seconde était celle qu'on destinait aux mules, dans une terre déjà labourée (4).

---

(1) Quel épisode ont laissé tomber nos faiseurs de poëmes épiques, qui ait autant de charmes? L'Académie française, cependant, repousse les sujets que la nature inspire. Hors *la Henriade*, quel poëme à citer? Nous suivons donc une mauvaise voie ; et, l'Académie publie des programmes contre les sujets pris dans le domaine de la nature!

(2) Le mot *novale* a traversé tous les siècles, jusqu'à nous.

(3) *Trahendum in novali alto compactile aratrum.* (*Odyss.*, l. 13, v. 32.)

(4) *In arvum tertiatum mulas.* (*Iliad.*, l. 18, v. 542.)

Voici une description des plus remarquables sur l'art du labour des Grecs, auquel les rois et les héros prenaient un vif et immédiat intérêt.

« Plusieurs laboureurs fendent avec la char-
« rue, et pour la troisième fois, le sein d'un
« vaste champ, dont la terre est douce et
« substantielle. Lorsque l'un d'eux approché
« du terme de son sillon, le maître vient au
« devant de lui, et lui donne une coupe rem-
« plie d'un vin excellent. Ainsi traités, les
« uns et les autres reprennent leur charrue
« avec une nouvelle ardeur, et dans l'espoir
« d'obtenir la même récompense à la fin d'un
« autre sillon (1). »

Pour qu'on ne se méprenne pas sur la dis-
tinction des deux charrues, Homère-fait
observer que les mules sont plus expéditives
que les bœufs à tracer des sillons (2). Cette

---

(1) *In arvum molle tertiatum, latum, aratores juga couvertentes, agebant huc et illuc, quoties perveniebant ad finem arvi, iis, tunc vir obiens dabat poculum vini prædulcis; illi autem, couvertebant ad sulcos, cupidi, ad terminum perveniendi.* (*Iliad.*, l. 10, v. 352.)

(2) *Bobus enim præstantiores sunt ad aratrum.* (*Id.*, l. 10.)

réflexion, fort juste, ressortit de l'épisode de Dolon, envoyé comme espion dans le camp des Grecs. Ulysse dit qu'il passa près de lui, à la distance d'un sillon tracé par des mules (1).

Il résulte de cette comparaison, que les bœufs attelés à la charrue composée, faisaient des levées de terre larges et profondes, tandis que les mules, n'ayant à soulever qu'un terrain meuble, traçaient des sillons plus petits ; et c'est à cette exiguité qu'Ulysse fait allusion, pour exprimer que Dolon passa tout près de lui.

Les hommes superficiels, et tous ceux pour qui le mot du maître fait autorité exclusive, pourront peut-être contester la réalité de ces labours, parce qu'ils sont offerts dans un poëme dont l'imagination peut avoir fait tous les frais ; car il faut s'attendre à tout dans un siècle où l'on renie la nature, où l'on ne veut que du bel esprit, certains beaux arts, des théâtres, des romans et de l'agio ; dans un temps où le *niente* le plus absolu, et où la poésie sentimentale et romantique suffi- sent pour faire asseoir au fauteuil académi-

---

(1) *Quantum sunt sulci mularum.* (*Iliad.*, l. 10.)

que, et charger les auteurs privilégiés de maintes sinécures. Mais si un poëte épique ou géorgique donnait aujourd'hui la description d'une charrue, dont chacun de nous réconnaîtrait la réalité, dirait-on que c'est une œuvre de l'imagination?

C'est une fiction, sans doute, que la blonde Cérès, cédant à son penchant pour Jasion, l'ait épousé, et qu'elle ait dormi avec lui dans un champ labouré pour la troisième fois (1); mais cette fiction, au réel, est, pour l'homme qui a la moindre idée de la culture, un excellent précepte ; car il signifie qu'une terre est plus féconde quand la charrue, à certains intervalles, l'a disposée trois fois pour recevoir l'ensemencement. Hésiode, dans sa *Théogonie*, a dit aussi que Plutus était né de Gérès, dans un champ qui avait été labouré pour la troisième fois (2).

______

(1) *Comes pulchra Cerès, suo animo obsecuta, commixta amore et concubitu, novali in tertio.* (*Odyss.*, l. 5, v. 127.)

(2) *Cerès quidem Plutum peperit præstantissima dearum, Jasione mixta, jucundo novali, in pingui tractu, cui vero obviam illum Locupletem fecit.* (Hésiod., de Gen. Deor., p. 77, in-4°.)

»Toute idée de fiction, au surplus, dispa-
raît, quand on pense qu'Homère n'a pu dire,
sur un tel sujet, que ce qu'il avait vu; quand
les modes qu'il décrit se trouvent être préci-
sément ceux du siècle immédiat et de tous
les siècles ultérieurs, jusqu'à nous!«

Supposons qu'un poëte, riche d'imagination, fasse, dans des géorgiques françaises,
la description du mode par lequel on bat
encore en France les blés en plein air, au
fur et à mesure de la moisson. Il dirait :
«Dans plusieurs contrées de l'heureuse et
opulente France, mère d'hommes forts et
généreux, on a renoncé à l'antique usage de
faire sortir les grains du blé sous les pieds
des chevaux, des bœufs et des mulets. On
voit dans l'Aquitaine, et à chaque moisson,
de vigoureux jeunes gens soumettre à leurs
fléaux les gerbes des champs fertiles. Dès que
le soleil a dissipé la rosée, ils délient les
gerbes; ils en font d'abord un chevet moel-
leux, sur lequel ils étendent autant de gerbes que l'aire peut en tenir, et de telle manière, qu'on ne voit plus briller au soleil que
la surface des épis.

« Quand l'aire est ainsi garnie, huit, seize
ou trente-deux athlètes amis et rivaux, s'ar-

ment, chacun, d'un fléau, pris à de jeunes
frênes, ou à de jeunes poiriers. Ce précieux
et simple instrument est divisé en deux parties : la première est longue d'environ quatre
pieds; elle est tenue et exercée à deux mains;
l'une, celle du bas, est assez éloignée de l'autre; la seconde partie, tout à fait semblable
au sceptre antique, tient au sommet de la
première par un fort lien pris au cuir d'un
bœuf tombé par le fer. Ce lien, ingénieuse-
ment contenu, est à la fois mobile et fixe; et
ces deux parties forment ce qu'on appelle le
fléau.

« Au signal du chef, les seize ou trente-
deux batteurs font aussitôt, mais successivement, tomber les fléaux sur les épis.
Tous leurs coups tombent en mesure; les
uns frappent les épis; les autres lèvent les
fléaux; ceux-ci sont levés; ceux-là vont tomber; tous les fléaux sont en mouvement;
chacun frappe à son tour, sans se heurter
ni se confondre; car le moindre accident qui
arriverait à l'un d'eux ferait aussitôt arrêter
les autres : tant la mesure est de rigueur pour
l'oreille. »

Voici, certes, une description qui passe-
rait, dans l'esprit du plus grand nombre de

nos lettrés parisiens, pour un épisode poétique, c'est-à-dire, d'imagination ; cependant,
cette description est de toute réalité dans ses
parties : j'en appelle aux propriétaires de
l'Indre, de la Vienne ou de la Corrèze, qui
font valoir leurs terres. Il est possible même
que ce mode se perde un jour, soit parce
qu'il n'est pas économique, soit parce que
les intempéries, devenues extrêmement fréquentes, perdent souvent, sur ces aires en
plein air, les blés et les pailles. On me saura
gré peut-être un jour de l'avoir décrit tel
qu'il a existé : il appartient d'ailleurs à l'histoire de l'agriculture (1).

____

(1) Si nos agronomes de Paris ; si tous ceux que le
désœuvrement a fait se jeter dans l'agriculture avaient
fait d'abord ce que j'ai fait pour la charrue et pour le
mode de battre les grains au fléau, on ne les verrait pas
acheter fort cher des machines qui perdent la paille, propre au fourrage ; des machines qui exigent des manéges,
cinq, huit à dix personnes pour leur service ; qui se
détraquent souvent, et que, faute d'ouvriers, il faut
abandonner. Je conçois que les bourgeois du midi en
approuvent une qui, en huit jours, les met en possession de leur moitié de blés ; mais que faut-il penser de la
raison de ceux qui ont tant d'intérêt à conserver long-
temps leurs grains dans l'épi, et à s'assurer, en outre,
un excellent fourrage pour toute l'année ?

J'ai fait cette digression afin de prévenir, pour la suite, une foule d'objections qu'on est si prompt ou enclin à faire, quand on trouve plus commode de nier, que de s'instruire. Qu'importe, en effet, que la description d'un mode rural se trouve sur le bouclier d'Achille, si d'ailleurs elle est parfaitement juste et conforme à tous les perfectionnemens de l'expérience?

Si Homère n'eût pas été un agronome, aurait-il pu dire que, pour exécuter un bon labour, il fallait une forte charrue attelée de deux bœufs de même âge, de même taille, et habituellement bien nourris; que la levée de terre, dans un défrichement (*novale*), devait être bien renversée, et prise à une égale profondeur; que les sillons devaient être droits, et qu'il fallait que les premiers fussent croisés par d'autres sillons avant d'être ensemencés en blés? Car c'est encore le labour d'émulation, et celui que pratiquent les meilleurs laboureurs en France.

Qui lui avait dit encore que la vigne, pour produire du bon vin, devait être tenue en rangées, appuyée sur des tuteurs? Tout ce que dit Homère, à ce sujet, est parfaitement juste. Il avait donc vu, observé et raisonné

les effets des modes qu'il rapporte : il serait
impossible d'attaquer ces conséquences, que
les siècles ultérieurs ne cesseront de confirmer.

Poursuivons l'art du labour : il ne s'agit
plus du bouclier d'Achille.

Un des amans de Pénélope raille Ulysse,
déguisé en mendiant, sur sa faiblesse et sa
décrépitude.

« Qu'on nous donne à chacun, dit Ulysse,
« une bonne charrue ; qu'elle soit attelée de
« deux bœufs d'un poil roux, de même taille
« et de même âge : nous les conduirons dans
« une terre qui n'a pas été défrichée : et on
« jugera lequel de nous deux aura mieux ren-
« versé le gazon, et tracé les sillons les plus
« droits (1). »

Tout homme un peu familier avec la vie
des champs, qui aura seulement observé la
tâche que s'impose un laboureur, en restant
à la charrue, depuis le lever du soleil jusqu'à
son coucher, reconnaîtra aussitôt la justesse
de la comparaison suivante.

Ulysse brûle du désir de revoir sa patrie ; le
roi des Phœaciens lui apprend, un matin, que

---

(1) *Experiamur, boves agendi, optimi, rutili, magni,*

tout est disposé pour son départ, après le coucher du soleil : jamais jour, dit-il, ne lui avait paru plus long et plus insupportable.

« Tel un laboureur, fatigué d'avoir tracé
« tout le jour des sillons avec une forte
« charrue attelée de deux bœufs *noirs*, n'as-
« pire qu'au moment de voir le soleil se cou-
« cher, afin d'aller jouir du repos dans sa
« maison (1). »

On trouve la même exactitude dans ce que dit Homère des moissons ; toujours au sentiment de la gloire de la patrie, il rappelle l'antique usage de décerner aux héros, vainqueurs des ennemis, des parties de champs couverts de riches moissons, à prendre dans le domaine sacré. Il dit :

« Des moissonneurs armés de la faucille
« *aiguë* font tomber et placent en ordre les
« poignées d'épis ; trois hommes sont occu-
« pés à les rassembler en gerbes et à les

---

paresque œtate, in arvo quatuor jugerum..... tunc videres an sulcum continuum proscinderem, an caderet gleba suo aratro. (*Odyss.*, l. 18, v. 370.)

(1) *Ut vir, cui tota die, per novale boves nigri traxerunt aratrum compactile, optat ad cœnam ut solis lumen evanescat.* (*Odyss.*, l. 13.)

« lier (1); de jeunes enfans les suivent et
« leur présentent les javelles ; pendant ce
« travail, le maître de la moisson, tenant son
« sceptre en main, est assis au milieu d'eux
« et sans parler ; mais son cœur est plein de
« joie en contemplant la richesse qui lui est
« réservée.

« Non loin, à l'ombre d'un chêne, des hé-
« rauts préparent le festin ; ils viennent d'im-
« moler un bœuf ; à quelques pas du chêne,
« des femmes sont occupées à détremper
« des farines blanches pour le diner des mois-
« sonneurs (2). »

---

(1) Homère ne dit point de quelles sortes étaient les
liens des gerbes : tout porte à croire qu'ils étaient de jets
de bois en sève. Ce mode, joint au parcours des chèvres,
aux besoins des lances pour la guerre, a dû hâter la dé-
nudation du territoire grec. La France, pendant des siècles,
a eu recours aux liens de bois pour les gerbes : l'usage en
existe encore ; mais MM. les avocats du parquet ont dit,
par l'organe de M. Lainé, qu'un code rural é ait inutile :
les avoués n'auraient peut-être pas osé le dire.

(2) *Agrum profundæ segetis... falces acutas in manibus;
manipuli rectâ serie cadebant; tres autem instabant, et
ponè pueri, in ulnis afferentes, porrigebant. Rex verò
silentio sceptrum tenens, lætus corde, stabat..... præcones
seorsim sub quercu convivium parabant... bovem nempè*

Dans quels poëmes de nos jours trouve-t-on des descriptions de ce genre ? Ils n'oseraient, parce que l'Académie, l'opinion et le romantisme réputent indignes de la poésie des détails champêtres : ce serait bien le cas de demander à l'Académie, si elle regarde l'*Iliade* comme un poëme, et Homère comme un poëte (1). Le chantre des Grecs ne s'est point borné à ce premier trait sur la moisson ; il a trouvé moyen d'en tirer une belle comparaison, qui a le mérite encore de se reproduire telle parmi nous, et surtout dans les pays hors Loire.

Les Grecs et les Troyens sont près d'en venir aux mains :

« Telles, dit Homère, deux bandes de mois-
« sonneurs se placent aux deux extrémités
« d'un vaste champ couvert d'une belle mois-
« son ; elles s'élancent à l'envi l'une contre
« l'autre, en faisant tomber précipitam-
« ment les épis d'orge et de froment (2) :

---

mactatum curabant ; mulieres autem messoribus farinas albas immiscebant. (*Iliad.*, l. 18, v. 555.)

(1) Je suis convaincu que les hommes à prose n'auraient, sur ce point, qu'une opinion vague ou complexe.

(2) Les Grecs ne cultivaient que l'orge et le froment.

« tels les Grecs et les Troyens (1), etc. »

Les Aristarques ont dû approuver la belle figure poétique qu'il a su faire ressortir d'une plaine couverte de beaux épis, quand les vents l'agitent, se jouent à sa surface en faisant des vagues et des ondulations qui se forment et s'effacent à tous les instans.

Agamemnon propose aux Grecs de retourner dans leur patrie ; cette proposition excite un murmure général.

« Tels sont les flots de la mer Icarienne,
« quand ils sont agités par les vents d'orient
« et du midi : tel, continue Homère, par une
« comparaison redoublée, on voit dans une
« vaste plaine les moissons ondoyer à grands
« flots, lorsque le fougueux zéphyr vient
« s'abattre sur elles et les forcer de s'abais-
« ser jusqu'à terre (2). »

Les labours et les moissons avaient dû nécessairement conduire les Grecs, déjà si

---

(1) *Quemadmodum messores oppositi invicem segetes metendo, obviam festinant : manipuli crebri cadunt. Sic trojani et achivi. (Iliad.,* l. 2, v. 147.)

(2) *Sicut, cùm zephirus ingentem segetem supernè ingruens et incumbens inclinat spicas. (Id.,* l. 2, v. 149.)

instruits, à inventer des modes de préparations pour battre et nettoyer les grains ;
Homère nous en dit deux qui ont été adoptés
dans les siècles suivans ; et c'est en parlant
d'Achille, son héros favori, qu'il fait intervenir le mode de battre les blés. Achille,
au combat, tue ou renverse tout ce qui se
présente à lui.

« Tel, lorsque les bœufs au large front fou-
« lent les épis d'orge sur une aire aplanie ;
« ils sont aussitôt mis en débris sous les
« pieds des bœufs : tel Achille (1). »

Les Troyens se rallient ; les Grecs surpris
font volte face ; ils sont encore couverts de
la poussière des derniers combats.

« Tel, quand on vanne les blés des aires
« sacrées, et que les pailles et les grains,
« chargés de la poussière de l'aire, sont
« poussés au loin par le vent qui s'élève (2),
« tel..... »

Le mode de vanner le blé en le jetant au

---

(1) *Ut cùm quis junxeril boves latis frontibus, ut tritu-
rent hordeum in areâ equali, prounus comminuentes sub-
pedibus mugientium. (Iliad., l. 20, v. 495.)*

(2) *Sicut autem per areas sacras, viris ventilantibus,*

vent à tour de bras, est bien certainement d'invention grecque; leur van était une pelle creuse et qui ressemblait à une rame de vaisseau ; Ulysse en a même fait un signe de reconnaissance. Ce mode, malgré tous les moulins d'Allemagne et d'Angleterre, est encore le meilleur pour obtenir un blé positivement net, et le grain le plus parfait pour les semences; j'en ai indiqué le mode et les motifs dans mon *Cours d'agriculture.*

On suivait le même mode pour vanner les grains légumiers.

Helenus et Ménélas se combattent à coups de flèches ; mais celles du fils de Priam ne font qu'un vain bruit sur le bouclier du fils d'Atrée.

Telles retentissent les fèves noires et les pois que lance un vanneur vigoureux sur une grande aire découverte (1).

Aucun traducteur, aucun historien n'a

---

quandò flava Cerès, ventis urgentibus, secernit paleas fructumque et sub albicant palearum receptacula. (*Iliad.,* l. 5, v. 5oo.)

(1) *Ut videlicet, ventilatoris impetu, magnam per aream, saliunt fabæ nigræ, vel cicera.* (*Iliad.,* l. 13, v. 589.)

voulu donner le sens littéral et vrai du passage suivant; il faudrait presque dire qu'ils ne l'ont pas compris ; il était bien important cependant, puisqu'il s'agit de fourrage d'hiver, dans un pays où les troupeaux paissaient toute l'année dans les champs.

Eurimaque, amant ou poursuivant de Pénélope, reproche à Ulysse sa vieillesse décrépite : Ulysse indigné, lui répond :

« Armons-nous l'un et l'autre d'une faux
« courbée et bien assouplie; nous irons à jeun,
« et par la plus grande chaleur, abattre l'herbe
« d'un pré fertile; on verra, au déclin du jour,
« lequel de nous deux aura fait le plus d'ou-
« vrage (1). »

Le chantre d'Ilion n'a pas dédaigné, comme nos poëtes de cour et d'académie, les détails de l'économie domestique; nous savons par lui cent fois plus de choses que par les Diogène, les Platon, et même par Aristote.

Ulysse, en traversant le palais d'Alcinoüs,

----

(1) *Cùm dies lungi... falcem incurvam ; benè flexam, in manibus, jejuni, usquè ad tenebras..... cui herba magis adesset. (Odyss.,* l. 18, v. 370.)

voit des femmes occupées à moudre le grain (1).

Il nous apprend encore comment on conservait et transportait les farines (2).

---

(1) *Farinas hordaceas triticeasque conficientes* *... *cœteræ dormiebant.* (*Odyss.*, l. 2, v. 105.)

(2) *Farinam, medulam hominum, in utribus benè consulis.* (*Odyss.*, l. 2, v. 354.)

* L'invention des moulins à bras remonte à la plus haute antiquité : ils étaient connus des Hébreux ; Homère dit souvent : *Olæ molaria, Saxa molaria*, etc., etc.

CHAPITRE V.

Quels étaient les troupeaux de la Grèce au temps d'Homère. —
Leur immensité imposait un régime pastoral absolu. — La guerre
et les sacrifices exigeaient cette législation. — Quelles espèces
servaient à la nourriture? — Considérations sur le bœuf et le
taureau. — La génisse était préférée pour tous les sacrifices. —
Les troupeaux de chèvres. — Le mal et le bien qu'ils faisaient.
— Un mot sur le bouc. — Il y avait aussi de nombreux troupeaux de porcs. — Le culte et l'opinion imposaient tant de sacrifices, que le territoire ne pouvait plus suffire à nourrir des
troupeaux. — Les hécatombes et les kiliombes achevaient la
dépopulation. — Le sacrifice du sanglier. — Celui des langues.
— Le culte champêtre, ses sacrifices et ses consommations. —
Tous les troupeaux, ceux mêmes des rois, paissaient en commun, espèce par espèce : chaque chef reconnaissait les siens.

La Grèce, au temps d'Homère, était encore, dans sa plus grande étendue, soumise au
régime pastoral, commun; les céréales n'é-
taient en quelque sorte que des exceptions;
à peine même faisaient-elles partie du régime
diététique privé. Nous avons déjà vu que les
troupeaux formaient la richesse la plus réelle
des rois et des prêtres; aussi Homère fait-il

observer que presque toutes les guerres in-
testines et même étrangères, avaient pour
cause l'enlèvement des troupeaux à main
armée (1). Le bœuf, dans les rançons et
les ventes, était admis en valeur réelle,
comme l'or et l'argent chez les peuples modernes. Laërte avait acheté vingt bœufs, la
belle Euryclée. Lycaon s'était racheté d'A-
chille en lui donnant cent bœufs. (*Odys.*,
Iliad., l. 21., v. 79.)

La guerre, les sacrifices et les vivres
publics absorbant annuellement plus de
troupeaux que la nature et les soins des
pasteurs pouvaient en faire naître ou élever,
les rois, pour plaire aux peuples et se tenir
eux-mêmes en haleine de guerres et de combats, s'étaient fait une habitude d'aller faire
des enlèvemens de troupeaux dans les pays
circonvoisins. Le sage Nestor racontait lui-
même avec complaisance et ingénuité à ses
compagnons, qu'il avait enlevé chez les
Eléens, cinquante troupeaux de bœufs, cinquante de bêtes à laine, cent cinquante cavales avec leurs poulains, et qu'il les con-

---

(1) *De boum abactione, certamen ortum est.* (*Iliad.*,
l. 11, v. 670.)

duisit lui-même en triomphe à Pylos. (*Iliad.,* l. 11., v. 671.)

L'opinion légitimait ces rapts à main armée, parce qu'ils manifestaient de la force et du courage, et parce qu'ils favorisaient le bien-être du pays qui en jouissait. Hercule tua Iphytus, qui s'avisait de venir réclamer ses troupeaux que le héros avait pris. (*Odys.,* l. 21.)

Achille récriminant contre Agamemnon, disait : « Pourquoi irais-je porter la guerre chez les Troyens? ils ne m'ont jamais enlevé ni mes bœufs ni mes haras. » (*Iliad.,* l. 1, v. 54.)

On ne doit pas s'étonner aujourd'hui du grand prix que les Grecs attachaient à leurs troupeaux, quand on fera attention que les vivres-viandes étaient la majeure partie de leurs subsistances, quand ils y trouvaient du laitage, qui leur était cher, quand les dépouilles enfin des animaux servaient à vêtir, à couvrir les pieds et à composer des armures et des cordages.

Les espèces qui servaient aux vivres-viandes, chez les Grecs, étaient le bœuf, la génisse; je ne nomme point la vache, rien ne m'y autorise ; jamais il n'en est question dans les sacrifices ni dans les festins; si le peuple s'en nourrissait, c'était par nécessité. On consommait encore beaucoup d'agneaux, mais fort peu de brebis, des chevreaux, et rarement des chèvres; les porcs de tout âge fournissaient beaucoup à la consommation. Nous parlerons, dans le chapitre suivant, des troupeaux de chèvres, de mules et de mulets.

Les troupeaux des Grecs n'erraient pas seulement dans les territoires respectifs de chaque nation, ils allaient encore et nécessairement, surtout dans les districts montueux, des positions du midi, à celles du nord, pour revenir ensuite et respectivement, pendant l'hiver, aux plaines basses, abritées ou marécageuses, qu'ils quittaient au printemps, pour aller paître aux revers des monts et sur les plateaux élevés. Cet usage existe de fait en Espagne, en Portugal, aux Alpes et aux Pyrénées; c'est ce qu'on nomme dans le midi la *transhumance,* et ce qui réclame *un code rural.*

Le bœuf mérite quelques explications; elles sont utiles pour préserver la jeunesse de l'abus de ce mot dans le style et les traductions.

Homère n'a point parlé de la castration ;
il ne m'appartient pas d'y suppléer ; on doit
présumer cependant qu'elle existait de son
temps ; car Hésiode, comme nous allons le
voir, en fait mention ; mais elle est encore
prouvée par le caractère bien connu du taureau, dans la force de l'âge. On peut donc déclarer rigoureusement, que le bœuf de labour
avait subi la castration ; le naturel du taureau, au surplus, n'est pas changé. Hésiode
recommande qu'à l'heure de la plus grande
chaleur on ôte le joug du cou du bœuf ; Homère ne pouvait méconnaître le taureau ; et
quand il s'agit du labour ou des troupeaux
pour la consommation, il ne parle que du
bœuf.

Il est fort à présumer que les vaches
étaient mises sous le joug pour la charrue ;
car une des conditions premières, pour le
sacrifice d'une génisse, était qu'elle n'eût jamais senti le joug sur sa tête. (*Iliad.*, l. x.) (1).

Quoi qu'il en soit, nos traducteurs nomment indistinctement taureaux, des bœufs :
ce dernier nom même a vieilli pour eux ; le
style les appelle, sans cesse, de superbes ou

____

(1) Aux fêtes de Cérès, on immolait une vache à la terre.

vigoureux taureaux, même quand il s'agit de vaches. Un de nos hellénistes classiques traduit constamment les mots bœufs et vaches, en taureaux ; j'en citerai un exemple. Quand Ulysse chasse les amans de sa femme, ils s'enfuient comme des vaches. L'expression et la figure sont elles-mêmes fort piquantes ; mais notre élégant traducteur les fait s'enfuir comme *des taureaux* qu'un lion poursuit.

Ramenons, au surplus, le mot générique *bos* à sa signification usuelle et vraie. Le taureau est destiné à la reproduction de la race ; un bœuf est un taureau qui a subi la castration ; une vache est une génisse qui a mis bas et qui a du lait : la génisse est une élève pour la reproduction.

La consommation des bœufs, des génisses et des veaux de lait était si grande et continue, qu'on peut s'étonner encore de leur multiplication, même dans un système de régime pastoral absolu. Le camp des Grecs consommait tous les jours un bœuf pour chaque tente. (*Iliad.*, l. 7, v. 465.) L'armée, dans ses sacrifices, en consommait encore beaucoup, ainsi que nous allons le voir.

Les troupeaux de bêtes à laine étaient très-considérables ; on leur affectait les par-

ties de territoire où les bêtes à cornes n'auraient pu prospérer. Ceux des chèvres cou-
ronnaient les monts et les collines désertes.
Rien n'indique encore qu'au temps d'Homère, on ait pratiqué la castration du bélier.

La consommation des agneaux était immense dans les trois mois du pârt ; cette
viande était chère aux Grecs par sa délica-
tesse ; il faut croire que les bergers tiraient
beaucoup de lait des brebis, afin de faire
des fromages qui avaient un grand débit. Il
est plus que probable que la consommation
portait plutôt sur les agneaux mâles que sur
les femelles, ce qui avait également lieu chez
les Romains, et, par les mêmes motifs, pour
les veaux mâles.

Les chèvres malheureusement couvraient
les pays montueux, sur lesquels elles dévo-
raient tous les arbustes, et ne laissaient sur-
vivre aucun plant de reproduction. On a vu
que dans la ferme d'Eumée seulement, il y
avait onze troupeaux de chèvres ; malheureusement encore, la chair du chevreau plaisait à tous les Grecs ; la ressource du lait,
d'autre part, pendant cinq ou six mois de
l'année, ajoutait un plus grand prix encore
à la multiplication de cet animal destructeur,

qui semblait même ne rien coûter, parce
qu'il vivait sur des monts déserts, inaccessi-
bles à la charrue et aux autres troupeaux.

Il est remarquable qu'Homère n'ait fait
aucune mention ni comparaison du mâle de
la chèvre ; se conformait-il en cela à l'opinion qui avilissait cet animal, et qui alors,
comme chez les Hébreux, était livré aux malé-
dictions? Je serais assez porté à croire qu'Homère, qui était un grand observateur, ayant
reconnu le tempérament, le caractère et l'allure du bouc, se sera abstenu d'en parler.
Cet être, en effet, est naturellement lâche,
stupide, excessivement lubrique; il faut ajouter qu'il est le seul des animaux des champs
qui, dans les pâturages, ne dispute jamais de
force et d'amour avec ses rivaux.

Le nombre des troupeaux de porcs a dû diminuer, à mesure que les territoires ont perdu
de leur chevelure ; car il faut à ce quadrupède des pays couverts d'arbres qui portent
des fruits sauvages, tels que du gland et de la
faine, parce qu'il leur fallait encore un sol
riche d'humus, dans lequel ils pussent trouver des racines nourricières, des vers, des
larves d'insectes, etc. La chair de porc, au
surplus, plaisait beaucoup aux Grecs; l'isla-

misme les aura sans doute fait changer : voici du moins une influence du culte ; le porc était agréable aux dieux, et, dans les festins, il était offert en morceau d'honneur.

Les troupeaux d'Apollon étaient placés dans une anse de l'Ionie ; ils étaient réputés les plus beaux ; et le nombre, espèce par espèce, sexe par sexe, était toujours le même. Cette croyance était fondée sur ce que le dieu était le protecteur des troupeaux, et qu'il pouvait les faire périr ; ainsi, pour venger son grand-prêtre méconnu, il avait jeté la peste sur les mulets du camp des Grecs (1).

Plus les ressources par les troupeaux diminuaient pour les Grecs, plus la guerre, le luxe des sacrifices et les besoins publics augmentaient ; il faut joindre à ce triste état de choses la dégénération des espèces. Les sacerdoces, de leur côté, étaient avides de sacrifices ; les peuples attendaient les annonces de sacrifices, comme les Hébreux soupiraient après la manne dans leur désert ; ainsi, pour

---

(1) *Iratus Apollo clangorem sagittæ dederunt.... mulos invasit. (Iliad.,* l. 1, v. 144.

satisfaire le peuple et les prêtres, il fallait ordonner souvent des sacrifices. Diane venait de faire ravager les terres et les jardins d'Œneus, parce qu'elle avait été oubliée dans un sacrifice que ce prince avait fait pour remercier les dieux d'avoir fait prospérer ses fruits et ses moissons, *quod post fruges.* (*Iliad.*, l. 9, v. 530.)

Ce sacrifice pour rendre grâce aux dieux des fruits de la terre, était en usage chez les Hébreux. Agamemnon, menacé de voir Hector brûler ses vaisseaux, s'adresse à Jupiter, et lui dit : «Je n'ai jamais laissé tes autels sans sacrifices ; j'ai fait constamment fumer les graisses et brûler les cuisses des victimes (1). » Pénélope disait à Minerve : « Ulysse n'a-t-il pas fait toujours brûler pour toi la graisse de l'élite des troupeaux (2)?»

Les sacrifices variaient en raison du rang des dieux et des circonstances. Le taureau était spécialement consacré à Neptune ; les villes maritimes lui en sacrifiaient neuf

---

(1) *In omnibus altaribus tuis boum adipem et femora combussi.* (*Iliad.*, l. 8, v. 240.)

(2) *Aut bovis , aut ovis pinguia femora adolevit* (*Odyss.*, l. 4, v. 764.)

par an ; ceux de Pylos étaient blancs. La condition d'une couleur déterminée prouve seule combien celle des troupeaux devait être variée et poursuivie par des croisemens (1). On offrait encore à Neptune un sacrifice composé d'un taureau, d'un bélier et d'un verrat. Ce sacrifice prouve que les Grecs attachaient un grand prix à la navigation.

On sacrifiait à la terre des agneaux blancs, au soleil, des noirs, et à Mercure, des béliers. (*Iliad.*, l. 3, v. 102.)

L'offrande néanmoins la plus auguste et la plus chère était malheureusement la génisse ; elle plaisait à Jupiter, à Junon, à Apollon, à tous les dieux enfin. Homère en dit les conditions essentielles ; elle doit être jeune, d'une seule couleur, avoir le front large, et n'avoir jamais senti le poids du joug (2). La mère d'Hector vint en offrir à Minerve douze de l'âge d'un an : pour ajou-

____

(1) En France encore, il y a des couleurs déterminées pour les bœufs de certaines contrées.

(2) *Juvencam , anniculam , latâ fronte , indomitam , quam nondum sub jugum duxit vir.* (*Iliad.*, l. 6 et 16, v. 92 et 292.)

ter à la beauté, on en dorait quelquefois les
cornes.

Cette prédilection pour la génisse était
égale chez les Hébreux; on ne peut, il me
semble, l'attribuer qu'à sa beauté propre, à
ses formes, à son maintien modeste et tranquille, à sa douceur, à sa jeunesse et à sa
pureté virginale; il suffit de rappeler ce beau
vers de Virgile, et à quel sujet il l'a fait :

Pacitur in sylvâ magnâ formosa juvenca.

Cette observation sur la génisse paraîtra
futile, ridicule, peut-être, à nos puristes parisiens et romantiques, qui ne connaissent les
champs que par les scènes des théâtres dramatiques; mais le vrai naturaliste doit croire
conséquemment à une grande dégénération
dans l'espèce : cette préférence active, générale et continue, doit le porter à penser
que la génisse antique n'existe plus; et je ne
sais quelle région on pourrait citer, où le
type s'en retrouverait.

La dégénération pour tous les troupeaux
a été d'autant plus extrême, qu'on faisait fré-
quemment des hécatombes de premiers nés;
quand une fois l'hécatombe était promise ou

offerte, il fallait l'accomplir, ou s'attendre au courroux des dieux : dans ces cas, le peuple appuyait toujours l'oracle ou le sacerdoce.

Achille voyant le camp des Grecs en proie à une peste, craignit qu'on n'eût pas satisfait à quelque hécatombe promise. Minerve suggéra au fils de Lycaon de voter une hécatombe d'agneaux premiers nés, à Apollon-Lycien (1).

Ménélas ne doutait pas que les dieux le retenaient en Egypte, parce qu'il n'avait pas voté une hécatombe (2).

Lorsqu'on devait offrir une hécatombe, des hérauts publics l'annonçaient au peuple ; au jour de l'immolation, les victimes marchaient en cortége ; elles étaient parées de guirlandes et de feuillages.

Toute victime, règle générale et de rigueur, devait tomber par le fer (3).

Les hécatombes ont donc été la ruine des troupeaux, des espèces et des plus belles races ? parce qu'il fallait livrer les animaux

---

(1) *Agnorum primogenitorum..... inclytam hecatomben.* (*Iliad.*, l. 4, v. 102.)

(2) *Quod non feceram hecatombas perfectas.* (*Odyss.*)

(3) *Vi ferri...* (*Iliad.*, l. 23, v. 30.)

les plus parfaits; cette perfection consistait dans la beauté des formes, dans un même âge, dans l'uniformité de la couleur du poil et dans un embonpoint digne des autels. Toute victime d'ailleurs devait n'avoir jamais été employée au service de l'homme; on prenait donc l'élite de la jeunesse.

Les rites des Grecs pour les sacrifices sont autant d'initiations historiques à l'égard des autres peuples : sans sortir du cercle des sacrifices des Grecs, on se trouve dans les rites et usages des Syriens, des Phéniciens, des Hébreux et des Romains.

Les plus grands rois procédaient eux-mêmes aux sacrifices; Agamemnon immole un taureau de cinq ans à Jupiter; le fils d'Atrée, entouré de Nestor, d'Ajax, d'Idoménée, d'Ulysse et de Diomède, fit son invocation à haute voix; il coupa ensuite une touffe de poil au front du taureau; il la partagea entre les hérauts grecs et troyens; après cette consécration, les chefs des Grecs tournèrent eux-mêmes la tête du taureau vers le ciel, et il fut immolé dans cette attitude (1).

____

(1) *Rex virorum bovem pinguem sacrificavit... Nestor, Ajax circum stabant, alta voce, precabantur, manibus su-*

Ce sacrifice par Agamemnon, le roi des rois, est un des premiers rudimens de l'initiation des rois aux fonctions de grands-prêtres.

Lorsqu'on manquait d'orge, on était admis à jeter des feuilles de chêne sur la tête de la victime (1).

On immolait aussi des animaux sauvages ; le rite pour le sanglier est remarquable, du moins pour la circonstance.

Agamemnon, pour ébranler Achille dans sa résolution, se fait apporter un jeune sanglier ; il tire son coutelas, coupe lui-même quelques soies au front de l'animal ; après avoir pris Jupiter à témoin, la terre, mère des hommes, le soleil, père du jour, et les furies qui punissent les parjures, il égorgea le sanglier, et le jeta à la mer. (*Iliad.*, l. 19, v. 250.)

Il y avait une sorte de sacrifice, celui de couper les langues des victimes et de les jeter au feu ; des érudits prétendent que ces

---

blatis, molas projecerunt, cervicem retrò egerunt et jugularunt. (*Iliad.*, l. 2, v. 402.)

(1) *Foliis decerptis teneris quercûs, non enim habebant hordeum album.* (*Odyss.*, l. 12, v. 358.)

sacrifices étaient ceux du soir; je m'en rapporte à eux. Quoi qu'il en soit, Pallas ordonna un tel sacrifice à Télémaque (1).

Indépendamment du luxe ou des spéculations sur les sacrifices par les rois et par les sacerdoces, il y avait encore une grande consommation dans les troupeaux pour les sacrifices d'usage dans le culte champêtre. Tous les peuples pasteurs se sont en général isolés du culte des grands et des cités. Les grands sacerdoces ont éprouvé des révolutions; mais partout les peuples des champs ont soustrait leurs dieux pénates aux investigations de l'ennemi; il était naturel qu'en se créant des dieux et un culte spécial, ils aient également institué des fêtes qui exigeaient des sacrifices, à la suite desquels il y avait toujours des repas ou festins.

Il y avait à la tête des troupeaux un pasteur en chef, auquel tous les autres pasteurs obéissaient comme à un général d'armée : tous les troupeaux, ceux mêmes des rois, étaient mis sous sa houlette; les chefs pasteurs, au besoin, reconnaissaient aussitôt les troupeaux

---

(1) *Secate linguas et miscete vinum… in igne conjecerunt, surgentes que libarunt.* (*Odyss.*, l. 3, v. 240.)

qui leur appartenaient. Homère nous l'apprend dans une comparaison. L'armée des Grecs reçoit l'ordre de se disposer au combat; chaque roi, chaque chef reconnaît aussitôt ceux de sa nation; tels dans les grands troupeaux, les pasteurs reconnaissent ceux qui appartiennent à chacun. Quoique Homère garde le silence sur l'ordre que tenaient les troupeaux dans les champs, on peut justement présumer qu'ils étaient divisés par espèce, par sexe et par âge.

CHAPITRE VI.

Du cheval, selon Homère ; son origine.— Les Grecs ont connu tard le service du cheval. — La voltige a été chez eux le premier exercice. — A la guerre de Troie, il n'y avait pas de cavalerie, mais seulement des chars attelés de coursiers. — Modes des attelages. — On combattait du haut des chars. — Dimension des chars, des lances. — Origine des entraves pour fixer les pieds des chevaux. — Les coursiers tiraient sous un joug lié avec des courroies. — Préparation du cuir. — Les bottines à tringles. — Des charriots à quatre roues. — Les chevaux paissaient par troupeaux, indépendamment des haras. — La nourriture habituelle des chevaux en campagne de guerre. — Les lieux les plus renommés par les coursiers. — Leur couleur la plus distinguée. — Quels climats avaient plus d'influence pour déterminer des couleurs. — Homère fait pleurer et parler les coursiers fameux. — Les rois, les reines prenaient soin eux-mêmes des nobles coursiers vainqueurs. — C'était une grande gloire chez les Grecs que de savoir dompter les coursiers. — Coup-d'œil sur la philosophie des anciens, comparée à celle des modernes. — Quelques réflexions sur le mot *cavale.* — Préjugés de la France sur la jument. — Ses qualités. — Les rois grecs les estimaient autant que les coursiers. — Intérêt de la France à favoriser la production des beaux chevaux. — Un mot contre l'institution des courses, et surtout contre les motifs qui les font maintenir.—Des mulets, de leur procréation et de leur service.

HOMÈRE a élevé si haut la beauté, le caractère et l'intelligence du cheval, qu'il en a

rendu la juste description presque impossible.
Buffon lui-même, malgré tout le charme de
son style, malgré quelques coups de pin-
ceau hardis ou brillans, est resté infiniment au-dessous du chantre des Grecs. Il a
pensé qu'il suffisait, pour peindre le cheval
avec éloquence et majesté, de le présenter
dans un de ces momens où une passion le
rend superbe ou magnifique ; passant de
suite de cet hommage fugitif à l'histoire naturelle de ce quadrupède, son style froid,
comme la science méthodique, ne rappelle
plus le noble coursier des chars et des combats. Homère, au contraire, sans viser ni
prétendre à l'effet du style, se borne à rappeler les nobles qualités du coursier ; il le
suit dans les pâturages, il le montre aux crè-
ches royales, sous la tente du héros ou aux
chars des combats ; tous les coups de pin-
ceau d'Homère élèvent progressivement l'attention du lecteur, et jusqu'à un enthousiasme qui fait pardonner au poëte de l'avoir
associé à l'ambroisie du parvis céleste.

Je ne cherche point à imiter le style de
Buffon ni à l'atténuer ; car je suis plein d'admiration pour le chantre de Montbard ; ma
tâche se réduit, autant que mes forces le per-

mettent, à faire ressortir des œuvres d'Homère tous les traits qui y sont épars, afin
d'en composer un tableau général, qui puisse
du moins donner aux jeunes lecteurs une
idée du prix qu'Homère attachait à la beauté
comme à l'utilité du cheval.

Les premières notions des Grecs sur le
cheval remontent incontestablement à l'apparition de quelques centaures; Homère célèbre dans son *Iliade* Thésée et Pyrrithoüs;
et c'est lui encore qui nous apprend que les
centaures habitaient les hautes montagnes
de la Phrygie. (*Iliad.*, l. 1, v. 268.)

Le cheval était connu avant la guerre de
Troie; mais l'imagination des Grecs était
restée seulement frappée de l'existence des
centaures; aussi l'ont-ils connu beaucoup
plus tard que les Troyens, qui étaient plus
rapprochés du théâtre où l'homme avait eu
la téméraire audace de s'emparer du cheval
sauvage pour le faire servir à ses besoins et
à ses plaisirs.

Le cheval n'existait pas davantage chez les
Hébreux, comme nous le verrons bientôt.

Il est certain encore que Sparte, Athènes,
Corinthe, déjà peuplées d'hommes de guerre,
n'ont appris que successivement et par des

défaites, la puissance du cheval dans les combats. Les victoires que remportaient les divers peuples de l'Asie firent enfin comprendre aux Grecs qu'ils devaient aussi se composer une cavalerie ; c'est à ce motif que Pausanias attribue l'institution des courses de chevaux à Olympie, à Némée et à Corinthe ; mais l'emploi des cavaliers à la guerre ne fit pas changer l'opinion des Grecs sur le mode de combattre. Comme les Gaulois encore, ils regardaient indigne d'eux de combattre un ennemi autrement qu'à pied. Diomède, digne type des premiers héros grecs, se plaisait à descendre de son char pour combattre en plein champ ; ainsi, en voyant Hector, il s'élance de son char à terre (1).

Je fais ces premières observations pour détruire une erreur commune aux érudits et aux traducteurs, qui s'expliquent sur la guerre de Troie. Ils supposent tous des corps de cavalerie dans les armées, et conséquemment des cavaliers. Homère cependant expose fort clairement toutes les dispositions du combat ; il n'y est jamais question que de

---

(1) *Desiliit in terram.* (*Iliad.*, l. 4, v. 234.)

chars attelés de coursiers ; il assigne l'emploi de l'infanterie à la suite des chars (1).

Le début des Grecs pour le cheval a été sans doute de le monter : c'était de leur part faire preuve de courage et d'adresse, mobiles toujours puissans pour leur caractère. Les premiers exercices furent ceux de voltige, qu'ils apprirent des Phrygiens. On appelait ces chevaux ainsi dressés, *equi desultorii*, des chevaux sauteurs. Cet exercice seul prouve que déjà les Grecs connaissaient de plus près le cheval; on ne peut douter encore qu'ils ne s'en soient servis immédiatement pour favoriser leurs communications. Homère lui-même a consacré la voltige, quand il compare Ajax à un écuyer voltigeur, qui passe rapidement de son vaisseau à d'autres, afin de donner des ordres (2); mais il fait observer que ces exercices de voltige n'étaient faits que par des hommes du métier, ce qui se fit aux jeux célébrés en l'honneur de Patrocle. (*Iliad.*, l. 23, v. 286.)

---

(1) *Bijuges equi et agmina peditum... cum equis et curribus, pedites a tergo.* (*Iliad.*, l. 4, v. 297.)

(2) *Equis desultoriis subsiliens vir peritus, alius in alium.* (*Id.*, l. 15.)

Si une telle question, au surplus, pouvait paraître douteuse, on en trouverait la preuve dans Hérodote, qui déclare que, plus de six cents ans après la guerre de Troie, les corps les plus considérables de cavalerie, dans la Grèce même, n'étaient que de deux à trois cents cavaliers; il en sera de même chez les Romains, où il y eut long-temps des chevaliers, avant qu'il y eût des cavaliers; nouveau motif pour redresser les traductions d'Homère, et même l'histoire de ces temps.

La guerre des Grecs et des Troyens a fait une immense consommation de chevaux. Quels devaient donc être les haras et les soins pour en élever et dompter? Il était de règle d'atteler deux chevaux à chaque char; mais il y en avait un nombre immense encore pour remplacer et pour atteler aux charriots des équipages dans lesquels se réfugiaient, pendant la nuit, les serviteurs, les familles et les simples guerriers.

Les Grecs et les Troyens ne combattaient que du haut des chars. Agamemnon donne l'ordre de se préparer à combattre; il met à l'ordre la revue des chars (1). Ajax fait arrê-

____

(1) *Quisque cuncta curruum exploret.* (*Iliad.*, l. 2.)

ter son corps d'armée et dételer les chevaux, avec l'ordre de tenir chaque attelage
auprès de son char (1).

Hector, du côté des Troyens, fait aussi dételer les chevaux des chars, parce qu'ils
étaient couverts de sueur (2).

Cependant les Grecs conservaient toujours
leur point d'honneur de combattre à pied.
Diomède avait presque honte de monter sur
un char (3) pour combattre : c'était à pied
qu'il avait tué Darès. Ménélas, apercevant
Pâris, s'élança de son char.

Les deux grandes armées étaient en présence
quand on fit une proposition de paix ; tous les
guerriers descendirent de leurs chars, s'ar-
rêtant néanmoins à la tête des chevaux (4.)

De règle militaire, il n'y avait que deux
chevaux à chaque char ; il n'y avait aussi qu'un
seul joug, même aux chars des dieux (5).

---

(1) *Equi vero, ad currus suos, singuli.* (*Iliad.*, l. 2, v. 755.)

(2) *Trojani equos solvebant jugo sudantes, ligabantque
ad currus.* (*Id.*, l. 8, v. 643.)

(3) *Piget currum conscendere.* (*Id.*, l. 5.)

(4) *Sperantes finem belli ærumnosi, equos in ordine,
cœrcueré; descenderunt autem ipsi de curribus.* (*Id* ,
v. 112.)

(5) *Sub jugum equos duxit juno.* (*Id.*, l. 5, v. 731.)

Il y avait sans doute de l'infanterie ; j'en ai déjà fait l'observation. Nestor ordonne toutes les dispositions pour un combat : il met en avant les chars, qu'il fait appuyer par l'infanterie. (*Iliad.*, l. 4, v. 229.)

Agamemnon passe l'armée en revue. Il donne l'ordre que, dans le cas où des guerriers passeraient d'un char à un autre, ils soient toujours armés de leurs lances (1). Ulysse parvient à entrer de nuit dans le camp des Troyens ; il y trouva les chars rangés sur trois rangs, et chaque attelage près du char (2).

Les chars de guerre étaient fort bas : les artistes de l'Opéra les représentent même assez fidèlement. Dans le principe, les roues n'avaient que quatre rayons ; Homère en a donné huit au char de Junon. (*Iliad.*, l. 5.)

Le contour du char n'était élevé que sur le devant. Il ne devait point passer les genoux du guerrier ; le rebord allait en diminuant jusqu'à l'extrémité de l'aire du char. Il

---

(1) *Quicumque vir a suo curru, ad alienum currum venerit, hastam extendat.* (*Iliad.*, l. 4, v. 306.)

(2) *Ad eorum singulos bijuges equi.* (*Id.*, l. 10, v. 473.)

y avait un siége en forme de coffre, et un tourillon pour fixer les rênes (1).

Les roues des chars ne devaient pas être hautes, 1° parce que c'était moins un char qu'une aire mobile et rapide pour combattre; 2° parce que le guerrier qui montait un char était armé d'une longue lance pour atteindre l'ennemi ou pour protéger son propre attelage; 3° parce qu'il fallait absolument pouvoir descendre de son char, y remonter de même, soit quand le guerrier voulait combattre à pied, soit quand son attelage était fourvoyé, soit encore quand le guide avait été blessé.

Les renversemens des chars et des guerriers étaient fréquens. Cela devait être, par la position inclinée du guerrier, par le plus ou le moins de rapidité du char, par le choc des lances, et par les accidens dés morts et des blessés (2) qui se trouvaient sous les roues.

----

(1) *Ex orbilli ad sellam fixo, habenis suspensis.* (*Iliad.*, l. 5, v. 262.)

(2) *Proni de curribus, sub axibus viri cadebant.* (*Id.*, l. 11, v. 179.)

Currusque cum fragore evertebantur. (*Id.*, l. 16, v. 379.)

Diomède rencontre Hector; il lui lance sa pique, qui s'enfonce en terre ; il descend de son char pour la reprendre (1).

Je m'attache à ces détails pour prouver d'abord qu'il n'y avait pas de cavalerie; ensuite, parce que ces chars disposent le lecteur à prendre une plus juste idée de l'éducation et du nombre des chevaux ; parcé qu'encore ils font connaître une foule de choses usitées dans l'agriculture du temps.

Il n'y avait jamais que deux hommes sur chaque char, le guide et le guerrier. La force et l'adresse du premier faisaient la sûreté du second et celle de l'attelage. Tous les guides n'étaient pas des serviteurs obscurs : Automédon était celui d'Achille. L'amitié souvent associait deux guerriers ; alors ils guidaient et combattaient tour à tour. Tels furent Enée et le fils de Lycaon. Il importait beaucoup cependant que les chevaux fussent guidés par celui qui en prenait soin, afin qu'en cas d'emportement ils reconnussent sa voix (2).

---

(1) *Ibat ad hastam... defixam in terra.* (*Iliad.*, l. 11, v. 358.)

(2) *Melius sub auriga assueto currum ferunt.* (*Id.*,

Quelquefois on attelait trois chevaux de front; mais Homère en fait toujours l'observation. Quand Automédon attela Pédasus à côté de Xanthe et de Balius, il dit qu'on plaça une courroie en dehors (1). Si, dans l'action, un des coursiers est tué ou blessé, il désigne celui qui a succombé (2).

Les armes pour combattre étaient la lance et le javelot, l'un et l'autre de bois de frêne. La lance d'Achille avait onze coudées. L'immensité des guerriers ainsi armés prouve seule l'immensité de la destruction du bois de frêne. Tous les siècles ont aggravé cette destruction.

Il est d'usage en France, dans les pays couverts, de mettre aux pieds des chevaux des entraves de fer, pour qu'ils ne divaguent pas, et même pour qu'on ne les vole pas. Une cavale qui en est pourvue, assure la vie de son poulain. Elles sont composées de deux parties, qui, l'une et l'autre, ceignent le bou-

---

l. 5, v. 230.) *Ne..... si expaverint tuam vocem desiderantes.* (*Iliad.*, l. 5, v. 333.)

(1) *Loro exteriore..* (*Id.*, l. 16, v. 470.)

(2) *Equum... sinistrum . equum exterioris lori, jacebat.* (*Id.*, l. 16 et 23.)

let; l'une d'elles tient un cadenas : il y a ordinairement trois à quatre mailles intermédiaires, pour laisser du mouvement à l'animal.
M. de Buffon en a parlé; mais il ne les a pas
décrites. Homère dit que Neptune mit des
entraves d'or à ses coursiers, afin de les faire
rester à la même place. A ce sujet encore, on
pourrait s'écrier : *Nil novi* (1).

Il y avait plusieurs sortes de jougs : l'un
destiné aux chevaux, l'autre aux mules ou
mulets, d'autres aux bœufs. Le joug des bœufs
portait incontestablement sur la tête, et immédiatement derrière les cornes; il était retenu par des courroies dont le nœud était
phrygien.

Il est plus difficile de se prononcer sur le
mode d'atteler sous le joug les chevaux et les
mulets. Homère fait lier le joug au bout du
timon, duquel pendent de longues courroies (2). Le char de Minerve était ainsi disposé, quand, passant de son char sur le timon,

______

(1) *Circà pedes jecit pedicas aureas infrangibiles, ut
firmiter illic manerent.* (*Iliad.*, l. 13, v. 36.)

(2) *Ad cujus temonis extremitatem ligavit jugum et lora
jugalia innexuit.* (*Id.*, l. 5, v. 730.)

elle eut une allocution avec le fils de Tydée (1).

On ne peut croire que les chevaux, dont
la liberté de la tête et des regards devaient
nécessairement favoriser l'ardeur, fussent
attelés comme des bœufs. Dans tous les anciens monumens, au surplus, les chevaux attelés aux chars ont la tête libre. La force des
quadrupèdes employés au trait est essentiellement dans les épaules ; on persiste cependant à atteler le bœuf par la tête, et, dans
quelques endroits, le mulet même par le
front, tant l'agriculture a peu occupé les naturalistes et les savans amateurs d'agriculture.

Priam veut se rendre auprès d'Achille ; ses
fils sortent de la remise un chariot neuf, à
quatre roues, disposé pour les mulets ; ils
attachent aux jougs des courroies de neuf
coudées de long. La cheville du timon arrê-
tait le trait ; les courroies étaient passées trois
fois autour du joug, jusqu'à la moitié de leur
longueur. Ce fut par cette partie qu'ils atte-
lèrent les mulets. Un nœud artistement en-

____

(1) *Equinum autem ad jugum dea attigit dixitque.*
(*Iliad.*, l. 5, v. 799.)

lacé formait la retenue. Je traduis du moins,
aussi fidèlement que je le puis (1).

D'après ces détails, j'incline à penser que
le joug des chars portait sur le cou des chevaux et vers le garot, et que la seconde moitié des courroies embrassait le cou et l'é-
paule ; ce qui formait le tirage.

On attelait aussi les bœufs aux charriots (2).

Tous ces modes d'attelages exigent quelques explications sur la préparation des
cuirs, dont il se faisait une énorme consommation (*lora jugalia*). Homère, à qui rien dans
les arts et l'économie n'est étranger ni indifférent, nous apprend cette préparation par
une belle comparaison poétique.

« Les Grecs et les Troyens se disputaient sur
un petit espace le corps de Patrocle ; il dit :
« Tel quand un maître livre à ses serviteurs
la peau d'un vigoureux taureau pour la dis-
tendre ; encore chargée d'humide et de graisse,

____

(1) *Ante quidem muli rhedam quatuor rotarum trahebant.* (*Iliad.*, l. 24, v. 266.)

(2) *Illi vero boves mulosque junxerunt sub rhedis.*
(*Id.*, l. 24, v. 782.)

ils la tirent et l'étendent en rond ; l'humide aqueux en sort, et la graisse prend la place ; tendue également sur tous les points, elle se trouve promptement préparée à servir ; tels... » (*Iliad.*, l. 17, v. 389.)

Voici encore un des exemples qui servent à prouver que la poésie s'enrichit et s'embellit par les choses de la nature, et par celles même qu'on répute infimes. Sans cette indication, qui aurait deviné le mode de préparer les cuirs à une telle époque? On juge de suite de la réalité du procédé ; les cordes de tension s'attachaient à des piquets enfoncés en terre ; plusieurs fois par jour on tendait ces cordes ; l'humide s'évaporait, et la graisse pénétrait dans les interstices de l'eau évaporée : l'action du soleil en était la première cause. Il est à présumer cependant que les Grecs, comme cela se pratique encore dans quelques parties de l'Orient, couvraient de sable fin chaque peau tendue, afin de prévenir des déchiremens par une dessication trop rapide.

La science d'Homère éclate encore dans la recommandation de n'employer que le cuir d'un animal tombé par le fer : *vi ferri occisus.* (*Iliad.*, l. 3. v. 375.) La différence est bien grande ; en effet, pour la force, l'élasticité et la durée, quand l'animal est mort de langueur ou dans une épizootie.

Les cuirs préparés servaient encore à des vêtemens, à des chaussures, et surtout à des bottines; elles étaient d'un si grand usage, qu'Homère, désigné constamment les Grecs par l'épithète d'hommes bien bottés. *Achivi bené ocreati.* (*Iliad.*, l. 3, v. 343.) Ces bottines avaient leur luxe; on y attachait des anneaux brillans, des franges d'or ou de pourpre. Elles se fixaient à la jambe avec une tringle de fer : celles des rois étaient d'or, celles des guerriers d'airain. Agamemnon seul en avait d'argent (1).

Faisons observer que cette tringle était mieux raisonnée que toutes les modes auxquelles on a soumis dans la suite les jambes des cavaliers. Les bottines à tringles ne seraient-elles pas préférables à ces énormes bottes qu'on impose à la cavalerie, et qui sont aussi difficiles à mettre qu'à ôter? Elles sont encore dangereuses : l'entretien de pro-

---

(1) *Ocreas quidem primùm circà tibias posuit pulchras argenteis fibulis aptè junctas.* (*Iliad.*, l. 11, v. 17.)

preté nuit au temps, qui serait mieux employé au pansement des chevaux.

Ce genre de bottines a existé parmi nous; mais la mode des bottes molles les a fait abandonner. On les faisait avec un cuir fort, bombé au gras de la jambe ; par elles on pouvait résister aux coups de pied des chevaux, au choc ou à la pression d'un corps dur, ou à des atteintes dans les manœuvres. Ce serait encore le revêtement de la jambe le mieux entendu, le plus économique et le plus utile ; mais il est repoussé avec dédain dans l'arme de la cavalerie. Aujourd'hui on montrerait au doigt l'homme bien mis qui en porterait ; les postillons même préfèrent les énormes bottes fortes, cent fois plus ridicules. Les bottines enfin ne s'aperçoivent plus qu'aux jambes de quelques maquignons ou bouchers des campagnes dans les provinces.

Indépendamment des chars de guerre, il y avait en outre des chariots à quatre roues traînés par des mulets et même par des bœufs. En campagne, ils servaient de toits. Dans l'enceinte de ces chariots étaient les provisions.

Dans les haltes, on envoyait paître les chevaux dans les herbages ; les guerriers, pendant ce temps, gardaient les chars et les charriots (1).

Il sera toujours curieux dans l'histoire de rappeler le mode des anciens pour faire leurs roues. Ils courbaient un jeune arbre jusqu'à ce qu'il formât un cercle (2). Hésiode a dit la même chose ; les Romains l'ont suivi ; et n'est-il pas singulier qu'il a été de même celui des Américains, avant l'époque de leur civilisation européenne.

Les essieux des chars et des chariots étaient de bois de frêne ; et sur ce point encore nous rappelons l'immense consommation qu'on faisait de cet arbre.

Les outils pour travailler le bois se réduisaient à trois chez les Grecs, la hache, la scie et la tarrière : toutes d'airain. (*Iliad.*, l. 13, v. 390. *Odys.*, l. 5, v. 245.)

Les cavales qu'on élevait dans les champs, étaient souvent au nombre de deux à trois mille ; on leur affectait principalement les bords des eaux ; aussi Homère fait-il observer

---

(1) *Equi vero depascentes... stabant currus benè tecti in tentoriis dominorum* (*Iliad.*, l. 2, v. 777.)

(2) *Quùm curruum fabricator, arbor populus ceu curvaturam rotœ flectit.* (*Id.*, l. 4, v. 485.)

que dans les haltes ou les trèves, les chevaux allaient paître le long des fleuves ou des marais, le lotos, l'ache sauvage, le saule, etc. (1).

En campagne cependant, quand il fallait rester l'arme au bras, il fallait bien avoir du fourrage portatif; nous venons de voir que le mode de faucher les prés était d'usage au temps d'Homère. (*Odys.*, l. 18, v. 370.) Lorsque les chevaux restaient à la crèche, on leur servait, dit Homère, de l'orge blanc et des herbages verts en tuyaux. Tout porte à croire, au surplus, qu'on donnait aux chevaux de prix et de race, de l'orge et du froment coupés en vert : c'était alors, comme à présent, le fourrage le plus exquis. Quand Ménélas reçut chez lui Télémaque, il fit donner à ses chevaux de la farine de froment et de l'orge (2).

Le fils de Lycaon se désolait de n'avoir

---

(1) *Ter mille equæ cum pullis.* (*Iliad.*, l. 20, v. 221.)

Equi vero lotum depascentes, palustresque apium, salices, ulvas quæ circum fluenta fluvii affatim crescebantur. (*Id.*, l. 21, v. 350.)

(2) *Ad politum presepe, hordeum album comedentes et avenas... pabulum apponite.* (*Id.*, l. 8, v. 505 à 560.)

Far frumenti et hordeum album. (*Odyss.*, l. 5, v. 41.)

point assez de chars , quand, disait-il , j'en
ai laissé onze en Lycie, tout neufs et ayant
chacun leurs deux chevaux ; je me fiais sur
mon arc, et craignais d'ailleurs de ne pas
trouver ici assez de pâturage pour mes coursiers, qui sont accoutumés à paître large-
ment (1).

Il y avait une grande variété dans la couleur des chevaux ; il y en avait sans doute qui
avaient le poil noir, mais Homère n'en fait
pas mention; c'est déjà une grande présomption qu'il en existait très-peu, ou que cette
robe était décriée ; nous avons déjà vu que
les *bœufs noirs* du labour inspiraient de la
tristesse ; je rappelle de nouveau, que je ne
m'explique ici que d'après le texte d'Homère.

Selon lui, les chevaux les plus élevés et les
plus forts naissaient sur les bords du fleuve

---

(1) *Undecim currus, circùm vela expansa, unicuique
bijuges equi, soliti pasci largiter.* (*Iliad.*, l. 5, v. 202.)

Des traducteurs, et même des érudits, n'ont point hésité à traduire le mot *avenas* par *avoine*, qui n'existait pas
en Grèce. Pline a dit que ces *avenas* étaient une sorte de
blé : il vaut mieux croire M. Schaw, qui prétend que c'é-
tait le riz sauvage. Homère, du reste, affecte le mot ολυρα,
le riz, aux chevaux, ιπποι... καὶ ολυρας.

Séléïus : ceux-là étaient rouges, c'est-à-dire *bay-alezan* (1).

Ceux qui naissaient aux bords de l'Euphrate étaient blancs : tels étaient ceux qu'Achille immola au fleuve Scamandre.

Les chevaux de la haute Scythie étaient blancs aussi.

Les plus beaux et les meilleurs provenaient de la plaine de Troie ; ils étaient encore les plus renommés ; Priam en donna deux à Enée, qu'il avait pris soin d'élever lui-même (2).

La Phyrgie et la Triccie, la Thessalie, la Mysie, la Méonie, la Lycie le disputaient en général aux plaines de Troie ; les Phrygiens étaient les plus habiles pour dompter les chevaux.

Parmi toutes les races, il y en avait de privilégiées ; les maîtres, les rois et les reines mêmes, prenaient soin des chevaux qui en étaient issus. Parmi ces soins, il est difficile d'expliquer les onctions d'huile qu'on faisait

----

(1) *Juxta seléïum, rutili, magni equi.* (*Iliad.*, l. 2, v. 95.)

(2) *Optimi equi ex Trojá, ex hac stirpe, ei sex nati... duos Eneæ dedit quos senex ipse alebat ad politum prescpe.* (*Id.*, l. 5 et 24, v. 270 et 266.)

à leur crinière. Y avait-il moins de sueur ? le cheval pouvait-il plus long-temps garder son haleine et fournir plus ardemment sa carrière ? Cela du moins est à présumer ; car les anciens étaient de grands observateurs ; et Homère, en fait de science, n'était pas un homme à préjugés : Patrocle lui-même, dit-il, oignait la crinière de ses chevaux (1).

L'usage de ferrer les chevaux est très-moderne (il appartient aux Romains). Cependant ils avaient de longues marches à faire, et la Grèce avait des parties caillouteuses ou aréneuses ; mais Homère n'a jamais fait la remarque de cet inconvénient dans les marches ou les lices ; on est moins étonné pour l'Asie, dont le sol était en pays pastora' L'habitude seule avait donc rendu les che vaux moins sensibles aux atteintes de la sol des pieds. Ne voit-on pas, dans les champ; des hommes qui marchent presque toujou pieds nus ? Je citerai ceux du Morvan, et c'est peut-être ce qui étonnerait le plus un Parisien. Du reste, Homère qualifiait sans cesse les chevaux par des épithètes qui dé-

____

(1) *Ipse (Patrocles) oleum humidum jubis infundebat* (*Iliad.*, l. 23, v. 283.)

signent qu'ils ont la corne dure et solide (1).

Il me reste à offrir des considérations d'un genre qui n'a plus de crédit parmi nous, depuis que le philosophisme ou la manie de la philosophie nous fait regarder en mépris celle des anciens, qui se formait par l'observation religieuse et constante des lois et des effets du règne de la nature. Il y avait en quelque sorte une sociabilité entre l'homme et le cheval : rapportons-nous-en à Homère, qui a été le plus sage philosophe de l'antiquité : c'est une pensée qui n'a occupé aucun de ses traducteurs ; elle était au-dessus de la portée de Mme Dacier, et Pope n'a fait que l'effleurer.

La philosophie moderne a cru s'élever infiniment au-dessus de celle des anciens, en faisant considérer comme brutes, et, si on peut s'exprimer ainsi, en bestialisant tous les animaux; tandis que la philosophie ancienne, au contraire, s'est toujours plue à voir dans les êtres ayant vie et mouvement, une émanation de l'intelligence divine. L'orgueil et la

---

(1) *Validos ungulis equos; solidos ungulis equos. (Iliad.,* l. 5, v. 270.)

Duodecim equos validos in cursu victores. (Id.)

vanité ont tellement subjugué la philosophie
moderne, qu'elle rapporte tout à elle, et
alors même que la dégénération physique et
morale de l'homme est presque arrivée à ses
derniers périodes. La philosophie d'Aristote
et de Platon a jeté dans des égaremens
funestes. Ceux qui philosophent encore, ne
cherchent leur aliment que dans les livres
où se trouvent réunis tous les extrêmes ; les
anciens, plus pieux et plus sages, n'avaient
d'autres livres que celui de la nature : c'est-
à-dire, les eaux, les monts, les bois, les arbres et tous les animaux, depuis le plus
grand quadrupède, jusqu'à l'insecte éphé-
mère.

Que n'ont pas dit les philosophes du grand
siècle et leurs dignes héritiers, de ce qu'Homère, le premier des sages et des poëtes, ait
fait pleurer et parler les coursiers de ses héros ! Hector veut franchir un retranchement,
il fait une allocution à Æton et Lampus ; il
les fait ressouvenir de tous les soins qu'il à
pris d'eux. (*Iliad.*, l. 8, v. 184.) Patrocle est
tué, ses chevaux le pleurent. (*Iliad.*, l. 17,
v. 444.)

Achille se décide à combattre; Automédon,
le plus fort et le plus habile conducteur de

toute l'armée, attelle Xante et Balius; Achille
prend sa lance; Automédon alors, d'une voix
forte, dit aux coursiers : « N'allez pas nous
laisser sur le champ de bataille, comme vous
y avez laissé Patrocle. A ces mots, Xanthe se
retourne, incline sa tête et sa crinière sur
le joug, et articule des paroles (1). Celui qui
blâme ou qui argumente contre cette poétique audace, n'est point et ne sera jamais un
poëte. L'homme de goût qui s'est bien péné-
tré de l'histoire et de l'opinion des Grecs
sur le cheval, ne s'étonne point des ces li-
cences poétiques, dites et offertes à un peuple entier qui décernait les honneurs de la
sépulture dans des tombeaux, à Elis, aux
coursiers qui avaient été vainqueurs; ce n'é-
tait point une bizarrerie individuelle, mais
l'expression de l'opinion nationale. Nous venons de voir que le grand Priam et Andro-
maque soignaient eux-mêmes leurs nobles
coursiers; les héros, à la guerre, ne souf-
fraient point que d'autres qu'eux vinssent
leur apporter de la nourriture; le plus beau
titre de Castor, c'est qu'il était le plus fort

----

(1) *Inclinavit caput, tota juba perfusa juxtà jugum.
Iliad.,* l. 19, ꝟ. 404.)

dompteur de chevaux : *Equorum domitor*.
Agamemnon, qui avait tant d'intérêt à vaincre le courroux d'Achille, lui faisait proposer douze chevaux qui avaient été vainqueurs à Olympie; Homère lui-même, le digne interprète de la première nation du monde, n'a pas craint de faire participer le coursier à l'ambroisie céleste (*Iliad.*, l. 8, v. 435), et même de faire donner par Mercure des inspirations aux mules (1).

DE LA CAVALE. (*Equa.*)

Quelques puristes lettrés, dont le goût et les habitudes du style se sont formés sur les leçons de certains maîtres du grand siècle, celui de tous qui a le plus méconnu l'ordre et les choses de la nature, vont infailliblement s'étonner de trouver ici le mot *cavale*, encore si abject; mais il est nécessaire, afin de mieux sentir l'opposition des idées et des principes des Grecs sur l'éducation des chevaux, avec ceux qui ont si long-temps guidé les Francs et mêmes les Français dans leurs

---

(1) *Equis ac mulabus Mercurius inspiravit.* (*Iliad*)

mépris pour la cavale, de laquelle les Grecs
faisaient un si grand cas pour ses nobles qualités et pour son service.

Le mépris pour la cavale et pour son nom
date des tristes siècles de notre chevalerie, et
pour laquelle brûle déjà l'encens de nos romantiques ; dans ce temps, pour compléter le déshonneur d'un chevalier discour-
tois ou félon, un jugement ordonnait d'attacher ses insignes et son armure à la queue
d'une cavale indomptée. Dans ce même
temps, la langue de la cour ou celle des
grands seigneurs, a fait de la cavale, quoique issue d'un coursier, et de la plus noble
race, une honteuse bête de somme, dont le
mot, dans le patois latin, était *jumentum*, bête
de somme : ce dernier terme en effet est
celui du mépris et de l'abjection ; car il était
commun à l'être issu de l'âne et d'une cavale.

Cette dénomination a duré depuis le douzième siècle jusqu'au dix-huitième ; cependant, à force de répéter le mot *jumentum*, et
de voir que la femelle du coursier avait aussi
de belles formes, d'aimables qualités et un
service agréable ou généreux ; l'opinion (non
celle des lettrés, ni même celle des savans)
est revenue peu à peu de son erreur. Ainsi,

pour d'autres mots méprisés, tels que le *matri-
monium*, qui était une sorte d'infamie, celui de
jumentum est devenu significatif de la femelle
du coursier.

On a surtout commencé chez nous à mettre la jument en crédit, quand il n'a plus fallu
à l'armée de ces chevaux forts et vigoureux, à
double croupe, à jarrets nerveux et à lárges
pieds, et qui, indépendamment du poids du
cavalier, avaient encore à porter une armure très-pesante, et ordinairement le ser-
vant ou vilain attaché au service de chaque
écuyer.

Plus on est devenu habile dans l'art de la
guerre, et plus on a senti le besoin de secon-
der par une cavalerie légère les foudroiemens
du canon, plus il a fallu aussi multiplier les
chevaux, en admettre qui fussent moins étof-
fés, afin de multiplier les corps de cavalerie. Ce fut principalement sous Henri IV qu'on
songea à s'occuper de former des haras; il y
eut alors des haras royaux et des haras particuliers. Chaque grand seigneur, sous Louis XIV,
avait son haras : ces haras, il faut le dire,
étaient mieux institués ou combinés qu'ils ne
le sont en 1829, parce qu'alors le gouvernement n'avait point pour conseillers des sa-

vans théoriciens, mais de bons producteurs, propriétaires fonciers, exercés par une longue expérience ; parce qu'alors chaque haras avait un grand domaine herbeux en parcours, tandis qu'aujourd'hui on fait prévaloir le système de la stabulation, et qu'on lui conseille même d'élever les poulains aux rateliers.

Dans la guerre de sept ans, les chevaux hongres manquaient partout ; il fallut de nécessité recourir au service de la jument ; et déjà en 1760, on était généralement revenu des préventions élevées contre elle ; il est juste, au surplus, de faire observer que les Anglais les premiers sont revenus à faire considérer la cavale comme étant digne de rivaliser avec le coursier.

A la révolution, tout a été bouleversé ; les haras ont été dépouillés de leurs domaines fonciers, *qu'on a vendus.* La guerre s'entreprenait sur tous les points ; et de toutes parts les généraux réclamaient de la cavalerie, quand les révolutionnaires ne voulaient que du fer. Mais déjà la cavalerie ennemie avait prouvé que le fer ne suffisait pas : on eut recours aux réquisitions et au terrible maximum ; on enleva partout les jeunes chevaux ;

que les théoriciens conseillers-nés du comité
de salut public, et certains vétérinaires en
renom faisaient soumettre à la castration, et
partir immédiatement pour les destinations.
Cette époque a été calamiteuse pour la production des chevaux; ce fut même alors un
calcul en France d'avoir des chevaux tarés,
pour échapper aux réquisitions.

Les Juifs, qui n'ont point de patrie, offri-
rent leurs secours à la France; mais il fallut
payer en or leurs chevaux, le double et le
triple de leur valeur. N'accusons pas le gouvernement révolutionnaire de ce recours,
puisqu'il est encore adopté par le gouvernement du roi; il nous sera permis du moins de
faire observer que, si on donnait pendant cinq
ans, en primes, à des propriétaires de haras
et à des éducateurs de chevaux pour la cavalerie, la moitié de la somme qu'on paie à l'é-
tranger pour les remontes, la France pourrait non seulement suffire à tous ses besoins,
mais en vendre à l'étranger : ce serait d'ailleurs arrêter bien des gaspillages.

Les généraux de la grande armée, il faut
en convenir, n'ont pas peu contribué à mettre en crédit le service de la jument pour le
service militaire, même dans les masses

d'escadrons ; cette opinion a passé chez les gens du monde ; et aujourd'hui, le prince qui se permet de monter à cheval, le général, le financier millionnaire et les femmes élégantes, préfèrent, par expérience, le service d'une jument à celui d'un cheval hongre (1). Ainsi, il a fallu près d'un siècle et une révolution terrible, pour faire apprécier le service de la jument. Combien de temps faudra-t-il pour faire opérer une même révolution d'opinion en faveur du cheval entier, que la France seule et ses adjacens repoussent? Elle commence ; l'armée française n'a point vu les Andalous ainsi mutilés ; et déjà aux courses des Champs-Elysées et de Longchamps à Paris, on voit un grand nombre de cavaliers montés sur des chevaux entiers ; des dames même les imitent, et tous se trou-

---

(1) En voyage, ou dans les concours de chevaux, tel qu'à Longchamps de Paris, on ne voit jamais un cheval entier (qui n'a pas été étalon public) s'abattre sous son cavalier, et très-rarement une jument ; mais c'est *toujours un cheval hongre*. A la quatrième année de sa castration, il commence à butter, ou à signaler de la faiblesse aux jambes de derrière ; à la septième année, il faut le réformer ; tandis qu'un cheval entier, à cet âge, est encore dans toute sa force et sa vigueur.

vent bien de la docilité, de l'aplomb et de la grâce d'un tel coursier, tandis que le cheval hongre, à la quatrième année de sa castration, n'a plus la jambe sûre, ce qu'on n'a jamais à craindre du cheval entier ; s'il y en a qui ne peuvent s'y décider, je leur conseille hautement de préférer du moins la jument au cheval hongre (1).

Dans l'acception commune aujourd'hui, il y a plusieurs sortes de jumens : les unes servent à la reproduction, les autres à la selle,

____

(1) L'Europe occidentale fait exception à toute la terre, pour la castration du cheval. Les campagnes d'Egypte, de l'Espagne et de la Grèce n'ont encore pu faire changer ou modifier cette opération barbare, qui coûte chaque année, à la France, plus de dix millions, par l'usement rapide de ce noble quadrupède. En 1822, j'avais adressé au conseil de la guerre, un mémoire fort de preuves, de faits et de raisonnemens ; on avait paru le comprendre ; mais, ayant réitéré cet avis en 1829, j'en ai reçu une réponse, comme on pourrait en faire une à celui qui proposerait de substituer des taureaux, des buffles ou des mulets à la cavalerie actuelle.

Il nous a fallu quatre siècles pour faire adopter la cavale dans l'armée : il en faudra peut-être autant pour renoncer à l'usage des chevaux hongres, tout absurde, ridicule ou abusif qu'il soit, d'après la nature et l'expérience, *dans les trois quarts et demi du globe.*

et un très-grand nombre au trait. Il serait utile cependant, du moins pour la langue agronomique, de s'entendre généralement ; ainsi il conviendrait de rendre à celle qui est destinée à la reproduction, le nom primitif de *cavale*, que Delille, au surplus, a lui-même adopté, et qui serait pour le moins aussi noble que celui de *jument poulinière* qu'on lui donne. L'autre dénomination s'entendrait par la différence de service ; ainsi on dirait, en termes de haras, *jument de cavalerie, de trait,* ou *de selle*.

Cette digression sur la cavale était nécessaire pour reposer l'attention du lecteur, et pour lui laisser une juste idée de la supériorité des Grecs dans tout ce qui a rapport au théâtre des champs, et spécialement à l'éducation du plus noble quadrupède que l'homme doive à la nature. Revenons aux Grecs.

Les rois et les héros grecs n'avaient point imaginé de mépriser ou de déprécier la cavale, surtout quand elle provenait d'une race illustre ; et pourtant nous ridiculisons sans cesse, dans nos petits aréopages, l'esprit d'ordre et la sagesse des anciens.

Agamemnon montait de préférence la cavale Aythé. (*Iliad.*, l. 23, v. 295.)

L'attelage de Nestor était exclusivement composé de cavales (1).

Hector disait à Ajax : « Je sais combattre avec des cavales (2). »

Les cavales d'Eumélus, roi de Phérès, passaient pour les plus belles de l'armée, dont elles faisaient l'admiration. Elles étaient du même poil, du même âge et de même taille. *Ad perpendiculum pares* (3).

Iphynoüs, que toute l'armée surnommait *le Brave*, était le plus habile dompteur de cavales (4).

Toutes les fois qu'il s'agit de grands exploits de vîtesse, Homère ne manque jamais de dire : « Telles sont les cavales de la plaine de Troie (5). »

Lorsqu'une fois une race était déterminée

----

(1) *Nestoreas equas famuli curabant.* (*Iliad.*, l. 8, v. 113.)

(2) *Scio etiam pugnam in equabus, postquam insilluerim currum.* (*Id.*, l. 7, v. 240.)

(3) *Ad perpendiculum pares..... ambœ fœminœ, terrorem belli inferentes.* (*Id.*, l. 2, v. 763.)

(4) *Equas veloces insiliens.* (*Id.*, l. 7, v. 15.)

Le premier quadrige de cavales qui parut à Olympie, fut celui de Cimon.

(5) *Sic, equœ Trojanœ.* (*Id.*, l. 16, v. 393.)

belle, les rois ne manquaient pas de la reproduire ; ainsi le fameux Balius, de l'attelage
d'Achille, était fils de la fameuse Podarge,
renommée elle-même comme le Xanthe et
Aythé.

Si je ne devais pas me restreindre aux mentions d'Homère sur les cavales, je pourrais
opposer ici, avec bien des avantages, la
science et la conduite des anciens dans l'art
d'élever des chevaux de race ; surtout si je
parlais des courses de Paris et de quelques
départemens, en faveur desquelles des vétérinaires et leurs compères félicitent chaque
année le gouvernement d'une pareille institution, osant dire que c'est un des plus sûrs
moyens d'obtenir et de soutenir les belles
races. Ces courses existent depuis vingt ans
au moins : qu'on nous dise donc le cheval ou
la jument vainqueur qui a reproduit sa race ;
qu'on nomme un seul éducateur qui a pris ou
qui voudrait prendre pour étalon ou pour cavale un de ceux qui ont été vainqueurs à Paris ;
qu'on offre donc au roi, qui donne le grand
prix, les rejetons des vainqueurs couronnés.
N'y a-t-il pas absence de toute raison et de
tout raisonnement, à dire, à croire, à répéter
qu'un vrai cheval de course et qu'une jument

de ce genre sont aptes à faire et propager
leurs races mêmes? N'est-il pas évident, pour
le moindre paysan de Normandie, qu'il ne
résulterait qu'un avorton d'un tel accouple-
ment? mais la voie est faite, et on s'y jettera
jusqu'à ce qu'il arrive un ministre de l'intérieur digne de son titre.

DES MULETS, DES MULES

CHEZ LES GRECS.

L'existence du mulet est manifestement
due aux premiers ébats de la perversité de
l'homme; car il est impossible de supposer,
d'une part, que l'âne de la nature ait recher-
ché la cavale, et, de l'autre, que la cavale de
la nature se soit abaissée au saut de l'âne.
L'un et l'autre, dans le principe de toutes
choses, ont vécu comme les autres animaux,
en troupeaux de famille; ils n'éprouvaient
pas alors le besoin absolu de satisfaire leur
passion amoureuse, pour laquelle la nature a
déterminé des périodes ou des retours à chaque espèce. L'existence du mulet n'est point
l'œuvre de la nature; elle en a eu elle-même
tant d'horreur, qu'elle a aussitôt condamné
cet être-monstre à la stérilité.

Dans l'origine, les animaux, abandonnés à eux-mêmes, étaient chastes. Leurs penchans d'amour avaient des époques, parce qu'ils vivaient tous selon les lois de la nature, espèce par espèce, famille par famille, et, comme encore à présent, le trait qui brûlait le cœur et les sens de l'âne, n'avait point atteint ceux de la cavale; les êtres mêmes de chaque famille avaient de l'aversion pour les individus d'une autre famille qui se rapprochait de la leur.

La domesticité, les acclimatemens (1) ont fait susciter des perversités dans les procréations; mais tels essais fortuits que l'homme ait pu faire pour obtenir un être mixte, il lui a fallu, car il lui faut encore, recourir aux agaceries de la lubricité; ce qui se pratique dans les pays les plus renommés par leurs mules.

Homère cependant, dont je vénère tant la science et les témoignages, a parlé de mules sauvages, qu'il fait venir du pays des Enètes

______

(1) L'âne est de tous les quadrupèdes de nos climats, celui qui s'est le plus tard acclimaté. Au temps d'Ambigat et de Brennus, il ne pouvait pas vivre dans l'intérieur des Gaules.

(côtes de l'Adriatique). Il aura été trompé, à moins qu'il n'ait entendu par mules sauvages, des mules non domptées (1).

Le service des mulets, dans Homère, consistait à traîner des chariots (2) et à transporter les bois des forêts, ou d'autres charges. Les mules étaient employées, comme on vient de le voir, à faire les deuxième et troisième labours, qui précédaient l'ensemencement des blés ; les plus belles servaient encore aux chars des lices d'Olympie (3). Elles ont même fait donner un nom spécial à leurs courses (*l'apèné*). Il était de règle, chez les Grecs, de ne dompter les mules qu'à la sixième année. Que cette observation ne soit pas perdue pour ceux qui s'occupent de l'éducation et du service des chevaux.

Le joug des mulets était ordinairement fait avec du buis (4). Ce bois en coupes ne faisait

______

(1) *Ex Enetis, undè mularum genus agrestium.* (*Iliad.*, l. 2, v. 252.)

(2) *Muli quatuor rotarum rhedum trahebant.* (*Id.*, l. 24, v. 266.)

(3) Elles avaient lieu tous les quatre ans, et duraient six jours.

(4) *Jugum mulinum buxeum..... mulos jugales.* (*Iliad.*, l. 24, v. 266.

pas tant de tort que le frêne ; car le buis sté-
rilise à son profit le sol qu'il occupe ; il en
dévore toute la terre et l'humus ; il en laisse
bien moins encore que l'if.

Les Grecs mettaient un grand prix à posséder surtout de belles mules. Achille, aux
jeux funéraires en l'honneur de Patrocle,
donna en prix une cavale portant un mulet
dans ses flancs (1). Il annonça en outre, pour
un autre prix, une jeune mule de six ans,
qu'on n'avait pas encore pu dompter (2). Le
roi Iphytus domptait lui-même ses mules.
On sait que Nausicaa, fille d'un roi, attelait
elle-même ses mulets. Toutefois, il est difficile de croire qu'elle les laissait aller paître
librement (3). Cet abandon des mulets dans
les pâturages doit étonner ; car encore à présent on n'oserait pas abandonner ainsi des
mulets, dont la passion amoureuse est d'autant plus terrible, qu'elle est impuissante ; on
a vu souvent des mulets échappés étrangler
les jumens qu'ils pouvaient atteindre. On se--

---

(1) *Mulum in utero gestantem.* (*Iliad.*, 1. 23, v. 265.)
(2) *Mulam sexenam indomitam.* (*Id.*)
(3) *Ut gramen dulce ederint* (*Odyss.*, 1. 6, v. 70.)

rait porté à croire que les mulets de Nausicaa avaient subi la castration.

Médée, pour aller au temple d'Hécate,
faisait atteler par ses jeunes esclaves non mariées ses mules à son char.

D'après Homère, les mules et mulets étaient
nombreux dans l'Épire. Ménélas en offrit des
attelages à Télémaque. Au nord de l'Épire
cependant, on était obligé d'envoyer les cavales dans la partie méridionale (1), pour les
faire saillir par les ânes étalons. Homère dit
que les plus belles provenaient de la Trinacrie. Homère désigne presque toujours les
mulets par cette épithète : *Fortibus ungulis
mulos.* (*Iliad.*, l. 6, v. 253.)

______

(1) Dans la Magnésie, où étaient les plus beaux ânes,
on les distinguait par les dix plis qu'ils avaient au cou.
Callimaque, de son temps, faisait dire à un de ses personnages : *Est mihi magnesius asinus cum decem plicis in
collo.*

CHAPITRE VII.

DE LA VIGNE ET DU VIN.

La culture de la vigne est connue de toute antiquité dans la Grèce (1). Que faut-il donc penser de ce dicton sans cesse répété dans nos livres : « Que les Gaulois, qui avaient envahi la Grèce, *long-temps avant la prise de Rome*, n'avaient franchi les Alpes que pour aller boire du vin en Italie. » C'est un mensonge absurde de Tite-Live, qu'on se plaît à croire, tant la paresse a de charmes, et tant il est difficile au vulgaire des poëtes et des historiens de se mettre sur la voie de la vérité ou des réalités.

J'ai déjà indiqué, d'après Homère, les vignobles les plus fameux ; j'ai nommé Trézène,

---

(1) A Lacédémone, on délivrait aux rois du vin et de la farine pour les sacrifices.

Épidaure, Ithaque, Lemnos, Pédase, Chio, Ismare, Pramne, etc.

L'attrait de l'homme pour le vin a dû donner partout et promptement une grande impulsion à la culture de la vigne. Il est établi, au surplus, qu'il y a eu beaucoup plus tôt des cultures de vignes, que des vignobles composés. Long-temps cette impulsion a été favorisée à la fois par les sacerdoces et par les rois; il est même remarquable que les Grecs eurent la sagesse d'abord d'affecter à la culture de la vigne les terrains secs et montueux, tels que ceux d'Ithaque (1).

On disposait la vigne par rangées; elle était appuyée sur des échalas (2).

Les vendanges étaient une époque de fêtes et de plaisirs (3). Elles s'y faisaient par de jeunes filles et garçons, dont les uns étaient employés à couper les raisins, et les autres à les porter dans des paniers ou corbeilles

----

(1) *Solum, vitibus areæ consitæ.* (*Odyss.*, l. 1, v. 278.)

(2) *Stabat palis enixa, ex ordine vindemiali.* (*Id.*, l. 24, v. 340.)

(3) Au milieu du dix-huitième siècle encore, les vendanges étaient aussi, en France, des jours de fêtes : elles n'y sont plus maintenant que des corvées, tant la capitale et les théâtres ont changé les mœurs.

tressés(1); d'autres, pendant ce temps, étaient
chargés de distraire les vendangeurs en jouant
de la flûte et en dansant. (*Iliad.*, l. 18, v. 568.)

Le mode de faire le vin n'est point indiqué
dans Homère ; mais le mode y existe de fait.
Lorsqu'Ulysse s'arrêta chez Alcinoüs, il y
vit faire vendange. Les uns, est-il dit, étaient
occupés à vendanger ; les autres à faire sécher
les raisins au soleil ; d'autres à les fouler (2).
La dessication au soleil ne devait pas néanmoins amortir le gaz vineux. Il faut croire
qu'ils avaient trouvé le moyen de prévenir
l'excès de la fermentation. On mettait alors
le vin dans des amphores. Télémaque, à son
départ, se fait donner par la fidèle Euryclée
douze amphores garnies de leurs couver-
cles (3). Les amphores, pointues par le bas,
étaient destinées à être enfoncées dans la terre.
La fraîcheur persistante du sol devait amoin-
drir ou neutraliser le gaz. On mettait aussi du
vin dans des outres faites de peaux de chèvres.

---

(1) *Textilibus qualis.*

(2) *Pars siccatur sole ; alteram vindemiant, aliam vero
calcant.* (*Odyss.*, l. 7, v. 123.)

(3) *Vinum in amphoris duodecim vero imple et opercu-
lis apta.* (*Id.*, l. 2, v. 353.)

On veut qu'il y ait eu des amphores en pierres(1). Ulysse vit, chez Alcinoüs, des meules pour moudre le grain, d'autres pour l'olive; mais il n'est pas question du pressoir pour les raisins. On peut en induire qu'il n'y existait pas encore. Il y en avait cependant chez les Hébreux, au temps de Samuel, contemporain d'Homère.

Le vin se réduisait manifestement à un état syrupeux ou à sec. C'est à cause de cet état même qu'on y a établi l'usage général de mêler les vins avec de l'eau. Agamemnon, Ulysse et Priam se réunissent pour assister au combat entre Ménélas et Pâris. Les hérauts mêlent du vin dans la coupe du festin (2).

Le vin était mêlé dans des urnes, dans des cratères ou sur des trépieds.

Idoménée refusait d'obéir; Agamemnon, pour le persuader de son estime, lui représente que, dans toutes occasions, il a toujours fait mêler pour lui le vin dans des urnes, et que lui-même remplissait sa coupe la première.

---

(1) *Intùs verò lapidea*. (*Odyss.*, l. 13, v. 105.)

(2) *Ad fœdera fida deorum, cratere vinum miscebant præcones conspicui*. (*Iliad.*, l. 3, v. 269.)

C'était toujours du vin rouge qu'on mêlait
dans les grandes occasions. Le cratère consacré à Delphes par Crésus, tenait six cents
amphores (1).

Achille reçoit Ajax et Ulysse, envoyés
d'Agamemnon; il ordonne aussitôt à Patrocle
d'apporter la grande coupe du festin, et de
mêler le meilleur de ses vins (2).

Tous les jours, les amans de Pénélope mê-
laient les vins (3).

Les sacrifices commençaient par des libations. Pallas presse Télémaque de partir; elle
fait aussitôt mêler les vins et disposer le sacrifice à Neptune (4).

Ulysse arrive chez Alcinoüs, qui ordonne
aussitôt à Pontonoüs de mêler les vins (5).
Le vénérable Eumée était occupé à mêler
le vin du jour, quand Télémaque le surprit

---

(1) *Quandò honorarium, vinum nigrum Argivorum pro-
ceres in crateribus miscent.* (*Iliad.*, l. 4, v. 260.)

(2) *Majorem craterem, meraciusque misce.* (*Id.*, l. 9,
v. 223.)

(3) *Alii quidem vinum miscebant in crateribus et aquam.*
(*Odyss.*, l. 1, v. 110.)

(4) *Agite... miscete vinum...* (*Id.*, l. 3, v. 332.)

(5) *Cratere mixto, vinum date omnibus; Pontonous autem vinum miscuit et libarunt Jovi* (*Id.*, l. 7, v. 180.)

par son retour inopiné. De saisissement, il
laissa tomber le vase de sa main (1).

Ulysse reçut en présent d'Alcinoüs douze
amphores d'un vin si généreux, que, mêlé
dans vingt mesures d'eau, il exhalait encore
une odeur de nectar (2).

Le vin, dans cet état de siccité, se conservait si long-temps, que Nestor fit servir
un vin de onze années (3).

Homère a distigué deux sortes de vin : le
vin doux et le vin rouge, que tous les traducteurs font *noir*. Ulysse fit donner du
vin doux à ses compagnons, parce que le
vin rouge n'était pas encore sorti des vais-

---

(1) *Ex manibus ceciderunt vasa quibus miscebatur
vinum generosum.* (*Odyss.*, l. 16, v. 14.)

(2) *Aquæ vigenti mensuras, dulcis autem odor divinus
spirabat.* (*Id.*, l. 9, v. 210.)

(3) *Vini dulcis, quod undecimo anno, aperuit proma,
hujus senex, craterem miscuit.* (*Id.*, l. 3, v. 391.)

Un de nos hellénistes en crédit et en fonctions, traducteur d'Homère, s'inquiétant fort peu des réalités, a dit
tout simplement que « Nestor fit *percer* des tonneaux d'un
vin de onze années ; » quand, dans le texte, il y a positivement : *Operculum dempsit.* Est-il besoin de dire qu'il
n'y a eu des tonneaux vinaires reliés en cercles, que vers
le règne de Trajan.

seaux (1). Le vin doux devait être celui qu'on faisait immédiatement après les vendanges, et qui se conserve tel pendant quelques mois, surtout en Grèce, où le raisin est plus éminemment sucré.

Le vin de libation était toujours rouge : c'était le vin d'honneur, et le meilleur pour la santé (2). Machaon conseillait de boire du vin rouge. Ce fut d'un tel vin qu'Hécube offrit à Hector pour réparer ses forces (3).

Le vin était déjà un grand objet de commerce. Le roi de Lemnos apporta devant le camp des Grecs mille mesures de vin à échanger pour du fer, des peaux, des bœufs, des esclaves, etc. (4). Dans la suite des temps, les Grecs ont observé qu'à certain vent du ponent les vins devenaient troubles; ce qui les avait déterminés à faire des sacrifices à l'apparition de ce vent, qu'ils nommaient *prostatirios*.

----

(1) *Vinum dulce, nondum è navibus, vinum rubrum.* (*Odyss.*, l. 9.)

(2) *Viro defatigato robur vinum valdè auget.* (*Iliad.*, l. 6.)

(3) *Vinum..... ut libes Jovi et reficiaris..... vinum enim utile viro utique defatigato.* (*Id.*, l. 6, v. 257.)

(4) *Vini mille mensuras; alii ære, alii splendido ferro,*

alii pellibus , bobus , mancipiis , vinum cmebant. (Iliad.,
l. 7, v. 470.)

Il est très-probable que les Grecs, au temps d'Homère,
ont connu les moyens de faire des liqueurs spiritueuses,
soit avec le miel, soit avec des fruits pulpeux , et auxquelles on a donné le nom. de *vin ;* mais Homère n'en
parle pas. Artemidore , le premier, je le présume du moins,
a parlé du vin de coing.

CHAPITRE VIII.

DES ARBRES FRUITIERS ET FORESTIERS.

Le chêne, en Grèce comme sur toute la terre, tient le premier rang (1); il l'emporte même sur le cèdre du mont Liban et sur les plus beaux pins des régions boréales; il ne s'agit pas sans doute de la beauté, de l'aspect ni de l'élévation des cimes, mais de son utilité et de sa majesté, quand l'homme lui laisse voir, pendant quelques siècles, le lever et le coucher du soleil; c'est l'arbre dont la fibre est plus dense, plus forte et plus élastique, et dont la résistance peut triompher des

---

(1) Voici, au surplus, l'ordre ou le rang des arbres que les Grecs ont consacrés : à Jupiter, le chêne; à Minerve, l'olivier; à Vénus, le myrte; à Hercule, le peuplier; à Pan, le pin; à Pluton, le cyprès.

tempêtes (1). Le pin cependant servait aussi aux constructions navales. (*Iliad.*, l. 13.)Homère nomme le platane et l'orme; le premier à l'occasion d'un serpent qui ayant aperçu des petits oiseaux dans un nid, s'était dirigé vers la cime de l'arbre (2). Le second, quand il est dit qu'Achille, poursuivi par le Scamandre, s'était saisi d'un grand orme, et s'en était fait un pont (3).

Homère attachait beaucoup de prix à l'aune; il lui assigne au surplus sa juste place, les bords des eaux; il paraît qu'il s'élevait très-haut (4):

Le hêtre et l'érable, le frêne et le peuplier sont sans cesse rappelés pour faire des lances, des essieux, des chars, des roues; ils devaient être alors bien clair semés sur les monts, puisque déjà les vents de tempête

---

(1) *Quercus radicibus magnis late extensis hærentes.* (*Iliad.*, l. 12, v. 133.)

(2) *Horribilis draco nidum ad platanum perrexit.* (*Id.*, l. 2, v. 310.)

(3) *Ulmum ingentem… junxitque tanquam ponte.* (*Id.*, l. 21, v. 242.)

(4) *Alnorum aquis nutritarum nemus.* (*Odyss.*, l. 17, v. 239.)

les renversaient (1) (ce qui arrive dans les Pyrénées et dans les Vosges).

Le saule était d'un grand secours pour les paniers et les corbeilles ; il servait encore à former les rebords des chars, des chariots et même des vaisseaux (2)

Les cyprès, à ce qu'il paraît, parvenaient à une grosseur considérable, puisque c'était de ce bois qu'on faisait les portes des temples et des palais. (*Odys.*, l. 17.)

Le buis couvrait les coteaux arides ; son bois servait à faire des jougs aux mulets et à ceux des autres animaux.

Ces bois occupaient la partie moyenne des coteaux (3). Adraste fut renversé de son

---

(1) *Fagum, fraxinum, cornumque corticosam.* (*Iliad.*, l. 16, v. 767.)

(2) *Cratibus salignis.* (*Odyss.*, l. 5, v. 256.)

(3) Depuis bien des siècles, le buis, le tamarin et le figuier sauvage ont envahi tout le territoire hellénique. Comme les chèvres ne touchent à aucun de ces arbres, elles se sont jetées à bâtons perdus sur les coteaux couverts d'arbustes et de jeunes arbres : il en est résulté un abroutissement général progressif, auquel a succédé l'abrutissement des Turcs De sorte que, partout, la reproduction des grands végétaux a été détruite ; et avec eux ont disparu des sources et des fleuves. En France, on ne croira pas

char, parce que son attelage s'embarrassa dans une cepée de tamarin (1).

Le figuier sauvage développait une grande ramification et un tronc volumineux; combien devait être grand celui où Hector fit faire halte à son armée (2)!

Lycaon réparait son char avec des branches de figuier, quand il fut pris par Achille (3).

Le platane y était commun, sa bonne fortune doit être attribuée aux poëtes, d'après lesquels Jupiter avait dormi avec Europe sous un platane, dans l'île de Crète, où cet arbre est vénéré.

Parmi les arbres fruitiers, il faut mettre au premier rang l'olivier, si précieux par l'huile qu'il fournissait. Il y avait deux sortes d'oliviers, l'un cultivé dans les jardins, l'au-

---

cette cause; car on y détruit arbitrairement tous les grands bois, et on y subit déjà les mêmes effets. On peut compter d'innombrables cours d'eau, de ruisseaux, et de rivières, qui ont disparu du sol, et même depuis la carte de Cassini.

(1) *Adrastes ramo impeditus myrcino.* (*Iliad.*, l. 6, v. 39.)

(2) *Ad caprificum stetit Hector.* (*Id.*, l. 6, v. 434.)

(3) *Caprifici ramos novellos incidebat ad ambiendum currum.* (*Id.*, l. 2, v. 37.)

tre croissait de lui-même sur des coteaux, où il assurait sa reproduction. Homère fait observer que l'olive des jardins était plus douce et plus grosse. L'immense consommation de l'huile portait partout à cultiver l'espèce franche. L'onction avec de l'huile ne se bornait point aux hommes, on oignait encore la crinière des coursiers; les déesses mêmes ne dédaignaient pas ce cosmétique. Patrocle ne laissait pas le soin d'oindre la crinière de ses coursiers à des serviteurs, il y procédait lui-même (1).

Les Hébreux étaient plus avancés pour l'emploi de l'huile ; car ils faisaient frire leur farine dans l'huile; car ils avaient des luminaires, quand les Grecs ne s'éclairaient que par des copeaux de bois résineux secs qu'ils allumaient sur des trépieds.

Il y avait en outre dans les vergers, des pommiers, des poiriers, des cormiers, des figuiers et même des coignassiers. (*Odys.*, l. 23, v. 233.)

------

(1) *Ipse oleum humidum jubis infundebat.* (*Iliad.*, l. 23, v. 283.)

CHAPITRE IX.

DU RÉGIME DIÉTÉTIQUE,
OU RÉGIME DE VIE DES GRECS, AU TEMPS D'HOMÈRE.

Modes de préparation des viandes. — Formes des tables pour les repas. — Les Grecs faisaient peu de cas des poissons. — Ils mettaient tout le lait des troupeaux en fromages. — Ils consommaient leurs blés en bouillie, et non en pain. — Réflexions inédites sur la consommation des fruits des arbres, en vert. — Réfutation des récits sur le gland du chêne, comme nourriture.

Pour bien connaître le caractère, les mœurs et l'industrie d'un peuple, il suffit presque de pénétrer dans l'intérieur des familles et dans les divers sanctuaires de son culte; tout se rapporte là, même les influences des climats et celles des lois. Les Grecs forment une honorable exception dans l'histoire des civilisations, par leur tendance première et constante à substituer, pour vivre, les céréales à la chair des animaux. Me tromperais-je, en attribuant à ce changement de vie leur supériorité pour les œuvres de l'esprit et du génie sur tous les autres peuples connus, et spécialement sur les Béotiens? Je me borne à indiquer cette cause, que je livre aux réflexions du lecteur.

Il est certain, et d'après Homère, qu'à l'époque de la guerre de Troie, les vivres des Grecs consistaient en viandes et en laitage : c'était le résultat nécessaire du régime pastoral absolu et des immenses sacrifices, qui, le culte satisfait, servaient à nourrir le peuple. Les sacerdoces, les rois, les pères de famille et les bergers, manifestaient respectivement une sorte de luxe dans les sacrifices. Les premiers par des hécatombes, les seconds par des festins solennels, et les autres par des circonstances renaissantes à chaque saison; il suffisait d'une épizootie, d'un oubli envers un dieu, ou d'un malheur, pour faire ordonner aussitôt une hécatombe, et souvent de premiers nés (1). Pendant la durée du siége de Troie, on immolait chaque jour un bœuf par tente. (*Iliad.*, liv. 17, v. 665.)

____

(1) *Iratus Apollo clangorem sagittæ dederunt.* (*Iliad.*, l. 1, v. 44.)

Ulysse avait cinquante-deux rameurs; le rpi des Phéaciens lui donna, pour un court trajet, douze moutons, huit porcs gras, deux bœufs, de la farine et du vin. (*Odys.*, l. 8.)

On jetait la viande sur des brasiers ardens, afin que, dans les sacrifices, la fumée et l'odeur parvinssent jusqu'au dieu : on en faisait autant pour les simples festins, afin de faire dissiper l'humide aux surfaces et de faciliter la consommation. Dans les festins solennels, on faisait rôtir des bœufs entiers, ce qui se fit au grand repas d'Agamemnon, et ce qu'à la même époque, ou peu après, ont fait les Hébreux. Lorsque la viande rôtissait, on la saupoudrait d'abord de sel, ensuite de farine (1). (*Iliad.*, l. 9.)

Dans les festins, il y avait le morceau d'honneur; chez les Grecs, c'était le dos; Agamemnon recevant Ajax, fit rôtir le dos d'un superbe taureau (2); quand Achille reçut Ulysse, il fit jeter dans un brasier le dos d'un porc gras, et ce fut lui-même qui le coupa.

---

(1) *Ambos porculos in verrubus farinam albam inspersit.* (*Odyss.*, l. 14.)

(2) *Tergo honoravit Ajacem.* (*Iliad.*, l. -.)

Chez les Gaulois, la cuisse (femur) était le morceau d'honneur ; chez les Hébreux, c'était l'épaule.

Les vivres-viandes des Grecs provenaient du bœuf, du jeune taureau, de la génisse, des agneaux et des chevreaux ; il n'est jamais question de la vache, de la chèvre, ni de la brebis ; il faut croire cependant que ces viandes étaient consommées par le peuple et les esclaves. Les Egyptiens réputaient la vache impure (Hérodote). Quant au porc, il était très-cher aux Grecs et à tout âge : les sacrifices et les festins d'honneur le prouvent. Homère, de son côté, relève toujours le nom de ce quadrupède par d'aimables épithètes, soit pour la blancheur de ses dents, soit pour son embonpoint (1).

Le porc, qui fut si cher aux Grecs d'Homère, est aujourd'hui proscrit ou méprisé ; dans les mêmes climats, il est réputé impur, indigeste ou maléficient.

Des élégans puristes du grand siècle, et nos romantiques, à la voix de leur chef de file, de Lamothe, se sont livrés à toutes les

____

(1) *Albis dentibus.. .. florentes pinguedine.* (*Odyss.,* *Iliad.*)

saillies du ridicule contre le grand et simple Homère, parce que, dans un poëme épique peuplé de rois et de héros, il faisait emplir de graisse et de sang, entremêlés d'herbes aromatiques, des entrailles de victimes ; ce superbe dédain manifeste de nouveau, que tous ces messieurs ont pris une bien fausse idée de l'histoire et des mœurs des anciens ; car pour ceux qui regardent encore la poésie comme la première muse de l'histoire, il suffit de faire observer que, dès que l'usage existait, Homère a dû le dire ; autrement il n'eût fait qu'un poëme d'imagination, comme celui de Milton, et comme on les aime aujourd'hui. Quoi qu'il en soit, Homère n'a pas hésité à dire chaque chose au vrai (1).

Il n'y a pas de doute que les Grecs aussi tenaient de la viande salée, puisque c'est l'unique moyen de la conserver ; on peut du moins justement l'induire de ce passage, où Télémaque ordonne de mettre les viandes dans des vases (2).

Les Grecs consommaient aussi du gibier ;

---

(1) *Adipem saginati porci undiquè eructans.* (*Iliad.*, l. 21.)
Pinguedine et sanguine impletos. (*Odyss.*, l. 18, v. 485.)
(2) *Viatica in vasis conde.* (*Id.*, l. 2.)

mais il était plus spécialement réservé aux rois, qui avaient des meutes, des équipages de chasse, et qui dressaient des oiseaux de proie. Homère en donne les détails à la fin de l'*Odyssée ;* il a désigné le sanglier, le chevreuil, le lièvre, les oies, les grives ; il y en avait d'autres encore ; mais je me restreins ici au texte d'Homère.

Les tables des repas des Grecs étaient hautes ; à chacune d'elles il y avait un marche-pied : Charis, femme de Vulcain, mit un escabeau sous les pieds de Thétis (1).

Les Grecs consommaient aussi beaucoup de légumes ; Homère n'a désigné que les fèves, les pois, les oignons. (*Iliad.*, l. 13, 8.) Il a désigné le safran, mais seulement pour la suave odeur qu'il exhale. (*Iliad.*, l. 14, v. 348.) Il a parlé du pavot, mais une seule fois, dans une de ses belles comparaisons déjà citées ; on ne peut qu'augurer que la graine était au moins un assaisonnement ; les Grecs, en effet, devaient bien connaître une plante dont la fleur, entremêlée d'épis, formait la couronne de Cérès.

---

(1) *Polila mensa juxtaque scabellum.* (*Odyss.*, l. 8.)
Scabellum cui pedes dùm convivaris. (*Iliad.*, l. 14 et 18.)

Il est très-remarquable et singulier que les Grecs, qui touchaient sur tant de points aux mers ; que les Grecs, qui avaient des lacs et des fleuves, et à qui la nécessité a dû faire sentir souvent le cruel besoin de la faim, se soient prononcés, par une aversion constante, contre la consommation des poissons dans leur régime diététique : cette répugnance a tenu à quelque cause encore non expliquée ; la même répugnance existait alors chez les Hébreux.

Ménélas était retenu en Egypte par les dieux ; ses compagnons en murmuraient ; de temps en temps, pour ne pas mourir de faim, ils jetaient quelques hameçons dans la mer ; les Hébreux, à qui la viande manquait, jetaient avec chagrin des lignes d'hameçon dans le fleuve (1). Homère une seule fois a parlé de l'hameçon du pêcheur : Iris, est-il dit, plongeait encore plus vîte dans la mer que le plomb du pêcheur ; les Grecs cependant connaissaient l'art de faire et de tendre des filets ; on en trouve la preuve, quand il compare les amans de Pénélope, chassés du

____

(1) *Mœrebant mittentes hamum in flumen.* (*Lib.*, Isaï.)

palais d'Ulysse, à des poissons haletans qui se débattent dans des filets. (*Odys.*, l. 22.)

Les Grecs faisaient peu de cas du lait pur; ils employaient celui que donnaient les vaches, les brebis et les chèvres, à faire des fromages, qu'ils aimaient beaucoup, et qu'ils avaient su rendre durables et transportables. Homère a dit que les pasteurs faisaient caïller le lait avec du suc de figuier (1).

La belle Hécamède composait des sorbets avec du fromage et du vin de Pramne (2). Homère n'a désigné le lotos que pour les coursiers; il est de fait pourtant que les Egyptiens en mangeaient habituellement; le mot seul *lotophage* le prouve.

Les abeilles étaient chères aux Grecs par leur miel; on en faisait usage pour les mets et pour condimenter les vins; elles se réfugiaient principalement dans les creux des rochers et dans ceux de certains arbres; toutes les espèces d'arbres en effet ne pouvaient leur convenir : le frêne a une sève

---

(1) *Fici succus, lac album festino motu in coagulum cogit.* (*Iliad.*, l. 5.)

Calathis, casei gravabantur. (*Odyss.*, l. 9.)

(2) *Caseum caprinum rasit.* (*Iliad.*, l. 11.)

trop âcre, et sa feuille d'ailleurs attire les cantharides; les abeilles ont une sorte d'horreur des arbres verts; l'orme et le bouleau jettent au printemps trop de flots de sève; celle du peuplier est trop aromatique, et sa fibre n'a pas assez de consistance pour préserver des excès du froid et de la chaleur; il n'y a donc que le chêne et le hêtre, le charme et quelques fruitiers, qui aient pu leur offrir des asiles pour leur couvain (1). On composait des sorbets avec du miel, du vin, de la farine et du lait. (*Odys.*, l. 11.) On s'en servait encore pour adoucir les vins durs. (*Iliad.*, l. 11, v. 640.)

Achille versa sur le bûcher de Patrocle plusieurs amphores de miel et d'huile. (*Iliad.*, l. 21.)

Il n'est question de la cire qu'une seule fois dans l'*Odyssée*, l. 12, v. 173.

---

(1) Redisons toujours, et jusqu'à la fin de l'*Histoire de l'agriculture*, si nous pouvons y arriver, que les ruches ou nids d'abeilles ont composé un fort revenu spécial, même aux cours des comptes, pour nos rois et pour nos grands féodaux, et qu'aujourd'hui on ne trouverait pas, dans toute la France, cent ruches d'abeilles dans le creux des arbres.

Le régime domestique des Grecs offre
deux questions bien intéressantes, desquelles
nos savans et nos érudits n'ont pas daigné
s'occuper, que je sache du moins. La première se rapporte à la farine dans ses emplois
alimentaires; la seconde, à la consommation
des fruits verts.

Tous nos traducteurs ont pris le mot grec
σιτον pour du pain, qui n'a été connu que plusieurs siècles après Homère; dans toutes les
circonstances, ils font offrir du pain et du
vin. Homère a nommé la farine de froment
la *moelle des hommes*. (*Odys.*, l. 2, v. 354.)
Les traducteurs disent tous qu'Alcinoüs
donna du *pain* et du vin à Ulysse pour son
trajet. Mais définissons ici le mot *pain*, pris
dans une acception générale et pour toutes
les époques.

Le pain est la fleur de farine mise en pâte
ferme et cuite au feu; or, Homère ne fait aucune mention de cette préparation, qui avait
lieu déjà chez les Hébreux pour les azimes.
Calypso donna de la farine à Ulysse, σιτον, et
ce fut dans des outres; ce n'était donc pas
du pain. On pourra objecter que dans le
premier livre de l'*Odyssée*, v. 147, il est
dit que les femmes vinrent offrir à Ulysse

σιτον dans des corbeilles ; le savant helléniste Clark n'a point traduit le mot grec par *du pain*, mais il a dit : *Alter, molas in canistro.* (*Odys.*, l. 3.) Si le mot en question eût signifié une substance cuite, solide, Homère n'eût pas dit que Circé y mêla des substances pour enchanter les compagnons d'Ulysse : *Commiscebat medicamina.*

Je ferai observer à mon tour, que si la panification eût existé du temps d'Homère, il n'eût pas manqué de le dire, de l'expliquer, et de déclarer à qui on devait cette invention. La farine cependant composait en grande partie les vivres, pris en-dehors des viandes ; les Hébreux, sous ce rapport, étaient plus avancés que les Grecs, comme nous le verrons dans leur histoire.

La consommation des fruits verts n'a occupé aucun historien ni aucun naturaliste ; et cependant elle en était digne par ses causes, comme par ses effets. Homère a nommé plusieurs sortes d'arbres, qu'il regarde comme utiles ou précieux, et sans aucun doute à cause de leurs fruits ; cela est si naturel, qu'au premier aspect, on serait tenté de regarder le silence d'Homère comme un oubli ; mais quand on considère que plusieurs siècles après ce grand homme, il n'est pas question davantage de fruits verts chez les Grecs et dans leurs repas, le doute alors n'existe plus.

Aristippe, qui vivait six cents ans après Homère, et dont toute la philosophie se réduisait à vivre dans la bonne chère et la joie; qui, dans les grandes occasions, se plaisait à énumérer tous les mets d'un festin, n'a jamais compris les fruits verts; on remarque le même silence dans Théophraste, dans Artemidore, et il en sera de même de la part des Romains.

Les traducteurs interprêtant le mot χαρπος à leur manière, ont tous signalé comme fruit des arbres, ce qui n'était offert que comme fruit de la terre. Cet éloignement des Grecs, pendant une si longue période; ce même éloignement chez les anciens peuples pasteurs, guerriers et nomades, n'est-il pas encore un grand argument de la tendance primitive de l'homme à vivre de chair? Cet éloignement enfin ne tient-il pas à des effets physiques sur les organes, je veux dire à une crudité trop active? Mais pour nous éclaircir sur une telle question, ne cherchons pas dans les commentaires des érudits une cause qui n'appartient qu'à la greffe.

Combien de fruits à pepins et à noyaux qu'il eût été impossible de manger et d'avaler ! Je ne citerai que les pommes et les poires sauvages, les prunes, les nèfles, les cormes, si elles n'étaient amollies par les gelées.

Le climat de l'Orient étant plus énergiquement fécond, devait donner aux fruits une exubérance de sucs acides, que les climats tempérés, les transplantations et l'art si merveilleux de la greffe ont de plus en plus adoucis, et qui, par suite d'un sol mieux préparé, ont fait augmenter le volume des pulpes. Les voyageurs modernes disent encore qu'il y a du danger même pour la vie, de manger en Syrie ou en Perse, des pêches immédiatement cueillies (1).

Le régime céréal en Europe a dû modérer sans doute ces effets acides, et préparer ainsi les organes à ce nouveau genre d'aliment, duquel encore il faut user modérément. Les Hébreux ne consommaient leurs figues et leurs raisins, qu'après les avoir fait sécher au soleil.

Il y a une autre sorte de fruits qui plaît beau-

____

(1) *In perside exitiosa.* (*Colum.*)

coup aux détracteurs de l'antiquité, c'est le gland. A toute occasion d'une origine, ils répètent que les premiers humains ont vécu de glands; ce dicton a parcouru tous les siècles de civilisation; il y a eu aussi des négatives, et pour les établir, il suffit d'examiner la nature du gland. On s'est jeté alors dans des exceptions de climats, d'espèces ou variétés de chênes, dont le gland était plus doux, et qui se mangeait en vert; on a cité les côtes d'Espagne et de Portugal, et des parties de l'Asie mineure.

Les sages naturalistes ont combattu ces exceptions; ils ont d'abord opposé à ceux qui préfèrent croire plutôt que de vérifier, que dans notre langue on spécifiait, comme fruits du chêne, des fruits d'arbres de la famille des amentacées; entre autres la châtaigne, la noix, la faîne, etc., qui porte le nom gland, *glans fagea, castanea,* etc. Il peut y avoir des glands de chêne, moins âcres ou styptiques, mais ces modifications appartiennent au sol, au climat et aux variétés de l'arbre.

Je n'élève point cette discussion pour combattre une opinion que la saine botanique repousse; mais je la reproduis, parce que nos historiens modernes, fort étrangers au théâtre des champs, aux différences des climats, et conséquemment fort crédules sur tout ce qui s'y passe, répètent à l'envi que dans les temps antiques, les humains, comme les porcs, allaient à la glandée ; dans toutes les disettes, les bulletins et les journaux parlent de pain fait avec du gland. Un de nos jeunes poëtes, caressé par les hommes du pouvoir et par certains journaux, a dit que les Gaulois allaient dans les forêts *se gorger de glands,* et l'Académie l'a couronné.

On ne peut omettre, quand il s'agit du régime de vie des Grecs, de parler des heures de leurs repas et des usages qu'ils suivaient. Ces rappels n'ont pas pour but l'heure stricte, ce qui est indifférent ; mais ils offrent des idées ou des traits de lumière sur d'autres points inaperçus jusqu'alors, tels que ceux qui se rapportent à l'économie domestique, à la division du temps, aux emplois du peuple, etc. Homère dit qu'Agamemnon donna le signal du combat à l'heure où le bûcheron prend ordinairement ses repas (1). Ulysse

---

(1) *Quo tempore lignator in saltu parat prandium.* (*Iliad.*, l. 11.)

allait périr dans le gouffre de Charybde, c'était à l'heure où le juge quitte la place publique (1). Les femmes grecques, avant de prendre leur repas, allaient au bain, et elles s'oignaient d'huile lorsqu'elles sortaient de table (2).

---

(1) *Quandò ad cœnam vir judicans lites è foro surgit.* (*Odyss.*, l. 12, v. 440.)

(2) *Fœminæ lætæ et pingui oleo unctæ.* (*Id.*, l. 6. *Iliad.*, l. 14.)

Il n'y a pas un siècle, qu'assez généralement, en Europe, les retours des laboureurs dans les campagnes, et ceux des ouvriers dans les villes, déterminaient les heures des repas du soir, comme la quatrième heure après le lever du soleil, déterminait ceux du matin ; mais l'agrandissement immense et successif de la capitale et des villes, si fatal à la prospérité agricole, et l'ardeur extrême et générale pour les théâtres, ont fait tout bouleverser dans l'ordre des mœurs et de l'emploi du temps. Les grands écrivains ont accusé les Romains de cette ardeur, qui nous domine encore plus qu'eux. Les théâtres n'occupaient que Rome ; tandis qu'en France Paris a douze grands théâtres ; et il n'y a plus de petites villes qui n'ait le sien : on ne pouvait pas mieux s'y prendre pour faire déserter les champs.

CHAPITRE X.

DES VÊTEMENS ET CHAUSSURES DES GRECS,
FOURNIS PAR L'AGRICULTURE.

L'industrie des Grecs, pour préparer et orner les peaux, pour faire des tissus de laine. — Question sur l'emploi du lin. — La navette pour tisser était inventée. — Les voiles de la marine étaient en partie de toiles ou tissus.

Comme chez les Gaulois, et plus tard chez les Romains, les peaux ont fait le vêtement commun des Grecs. Les rois, les héros, les navigateurs se distinguaient par des peaux de bêtes féroces. Pâris avait une peau de léopard quand il vint défier les Grecs. (*Iliad.*, l. 3, v. 18.) Agamemnon portait ordinairement une peau de loup blanc; Dolon celle d'une fouine, etc.

Achille donna à Phénix des peaux de brebis toutes préparées, et une tunique, teinte couleur fleur de lin. (*Iliad.*, l. 9. v. 656.) Il paraît que déjà les Grecs connaissaient l'art de teindre ; ils employaient au même usage le *safran ;* les mentions du moins en sont fréquentes dans les âges qui ont suivi celui d'Homère : le meilleur était celui de Cilicie.

Les peaux de bœufs servaient à faire des boucliers : celui d'Ajax était fait de sept doubles de peaux de bœufs, pliées dans leur entier, et recouvertes d'airain. (*Iliad.*, l. 7, v. 222.) Ces mêmes peaux servaient encore à faire des casques aux jeunes gens (1).

L'usage du cuir le plus général se rapportait aux chaussures, et pour toutes les classes. L'industrie encore avait su y trouver des formes gracieuses et des ornemens. Agamemnon, avant de partir pour une revue, mit des bottines (2) superbes (3). Homère, comme nous venons de le dire, désigne sans cesse les Grecs par l'épithète de *guerriers bien bot-*

------

(1) *Ad tuendum caput adolescentium.* (*Iliad.*, l. 10, v. 259.)

(2) Un helléniste en renom traduit le mot *bottines* par des *cuissarts.*

(3) *Ocreas circà tibias posuit pulchras.* (*Iliad.*, l. 11, v. 17.)

Pedibus nitidis ligavit pulchros calceos. (*Id.*, l. 14.)

tés (1). Patrocle, allant combattre, met des bottines artistement jointes par des tringles. Il avait un bouclier fait de peaux de bœufs, et un casque surmonté de la crinière d'un cheval (2).

La laine tenait le premier rang après les peaux. C'était un usage commun dans toute la Grèce, de filer la laine, non seulement dans les palais des rois, mais encore dans les maisons des particuliers. Commençons nos citations par cette pauvre femme, mère de famille, qu'Homère met en scène, et dont le métier était de filer la laine, avec la condition de prélever la moitié du poids pour son salaire. Des commentateurs ont prétendu que cette femme était la mère d'Homère; j'en adopte avec empressement l'affirmative. Homère d'ailleurs, dans sa belle comparaison, fait de l'asile de cette femme un sanctuaire de justice : la mère était donc digne du fils, et le fils de la mère (3).

Les reines et leurs filles s'exerçaient à filer

---

(1) *Achivi bènè ocreati.* (*Iliad.*, l. 3, v. 343.)

(2) *Ocreas circà tibias argentis fibulis, aptè junctis; thoracem circà pectus, frontem setis equinis comatam.* (*Id.*, l. 16, v. 140.)

(3) *Ut lances, mulier lanificio victum quæritans, state-*

la laine. Le manteau de Nestor était de laine ;
il s'attachait avec une agrafe ; il était ample,
et de couleur pourpre ; le dessus offrait un
lainage admirable (1).

Les manteaux, en général, étaient blancs,
et avec un léger rebord en couleur (2).

Agamemnon portait ordinairement une tunique moelleuse (3).

Hélène avait amené avec elle une compagne
qui excellait dans l'art de travailler la laine ;
Pâris aimait cette compagne (4).

Agamemnon offrit à Achille sept femmes
habiles et renommées pour travailler la laine.
(*Iliad.*, l. 9, v. 128.)

Achille portait ordinairement un manteau
capable de garantir du vent. Sa tente offrait
des tapis dont la laine était fort épaisse (5).

---

ram et lanam tenens... exæquans, ut liberis, tenuem mer-
cedem. (*Iliad.*, l. 22, v. 433.)

(1) *Clœnam fibulis connexit, punicea et ampla erat,
super, cano florebat lanugo.* (*Id.*, l. 10, v. 133.)

(2) *Pallia candida tenui linteo.* (*Id.*, l. 8, v. 345.)

(3) *Mollemque inducit tunicam.* (*Id.*, l. 2, v. 45.)

(4) *Pulchras enim carpebat lanas et ipsam diligebat.*
(*Id.*, l. 3, v. 388.)

(5) *Clœnas, ventum arcentes, villosisque tapetibus.*
(*Id.*, l. 16, v. 224.)

Le lin a été le sujet d'un grand nombre de dissertations, même récentes : mais il s'en faut de beaucoup que la question soit éclaircie. Je ne prétends pas le faire ; je me borne à citer des faits et des dates avoués.

Le lin a été connu de toute antiquité. Il est presque impossible de supposer que l'homme pieux de la nature, en voyant la fleur du lin, qui est bien la couleur la plus céleste, n'ait pas cherché à le cultiver. On a vu que les Gaulois, dans une haute antiquité, avaient connu le lin. Cette question, au surplus, rentrant dans les généralités de l'agriculture, n'a point occupé les historiens, et moins encore les traducteurs ; et sans y attacher aucune importance, ils ont appelé *lin* tout ce qui pouvait se mettre en fil et tissu. Quant à Homère, n'oublions pas de rapporter qu'il dit qu'Ulysse trouva Calypso occupée à faire de la toile avec une *navette* d'or. Le métal ici peut être de l'invention du poëte ; mais la mention de la navette est historique. La cuirasse d'Ajax, fils d'Oïlée, était de lin : *Lineum thoracem* (1).

Télémaque dit assez durement à sa mère :

---

(1) *Iliad.*, l. 2, v. 529.

« Occupez-vous de vos œuvres propres, de toiles, de fuseaux et de vos servantes (1). »

Dans la marine, les voiles étaient de tissus. Homère dit : « On leva les mâts, on pavoisa (2). Hécube vint en pompe, avec ses femmes, mettre sur les genoux de Minerve un superbe voile (3). Pâris avait amené de Sydon une colonie de femmes habiles à travailler la laine et le lin. » (*Iliad.*, l. 6, v. 292.) Agamemnon préférait Criséis à Clytemnestre, sa femme, parce qu'elle avait plus d'esprit, et qu'elle excellait à travailler la laine (4).

---

(1) *Tua opera administra, telamque columque, et ancillis impera.* (*Odyss.*, l. 1.)

(2) *Malis erectis, velisque albis explicatis.* (*Iliad.*, l. 9, v. 77.)

Albaque vela panderunt. (*Id.*, l. 5, v. 480.)

(3) *Peplum præclarum.* (*Id.*, l. 6.)

(4) *Quod mente et operibus.* (*Id.*, l. 1, v. 115.)

CHAPITRE XI.

DE LA SCIENCE PHYSIQUE D'HOMÈRE.

JE ne crois pas qu'on puisse rendre un plus juste hommage au chantre des Grecs qu'en consacrant, dans l'histoire de l'agriculture de son temps, un chapitre particulier sur sa science propre, qu'il faut regarder comme des révélations de la nature même; car elle a toujours été la muse inspiratrice de son génie. Cette considération vient à l'appui de tous les motifs que j'ai donnés dans mon *Traité de poésie géorgique*, et d'après lequel j'ai établi, comme principe incontestable, que, pour être grand poëte épique ou géorgique, il fallait absolument avoir long-temps étudié et observé soi-même toutes les choses du domaine de la nature, sur lesquelles on doit s'expliquer. Toutes les citations que j'ai faites doivent avoir déjà convaincu le lecteur de cette réalité fondamentale pour le génie, et je m'y réfère pour le titre qui m'occupe en ce moment. (*Voyez* deuxième volume de mes *Géorgiques françaises*, 1825.)

Quelle pensée occupait l'esprit d'Homère, quand il disait aux Grecs, que chaque année Jupiter envoyait aux mortels des neiges, jusqu'à ce qu'il eût couvert les profondeurs des hautes montagnes, leurs sommets les plus élevés, et les terres fertiles cultivées par la main des hommes (1)? Il y voyait la profonde sagesse du souverain des dieux, qui, en couvrant les monts, les vallées profondes et les plaines, de grands amas et de couches épaisses de neige, assurait ainsi la pérennité des sources, des rivières et des fleuves, et conséquemment la fertilité de la terre. Homère fait encore une différence entre les monts ordinaires et ceux dont les cimes vastes et majestueuses dominaient au loin toute la Grèce, c'est-à-dire les hautes montagnes de la Thrace, où il place le trône de Jupiter, qu'il surnomme *Providus*, expression admirable, qui seule

____

(1) *Zeus nives ad mortales mittit, donec operuerit celsorum montium vertices et cacumina summa et hominum pinguia culta.* (*Iliad.*, l. 12, v. 280.)

comporte autant de science que de sagesse. (*Iliad.*, l. 12, v. 302; l. 14, v. 227.)

Les savans qui ont expliqué d'une manière satisfaisante les causes des tremblemens de terre et des éruptions volcaniques, doivent ici prendre une haute idée de la science d'Homère, lorsqu'il les attribue au courroux de Neptune; il est reconnu en effet qu'il n'y a d'éruptions volcaniques que lorsque les eaux de la mer se sont fait une issue vers un cratère. Quelle belle pensée encore d'avoir dit que l'Océan était le père des dieux! (*Iliad.*, l. 14, v. 201.)

Homère, il y a trois mille ans, a déclaré les Ethiopiens vers l'Océan méridional; quelques Cratès l'ont accusé d'ignorance et de présomption; mais Strabon, qui est encore le plus savant des géographes anciens; mais notre Danville, qui a le plus justement deviné les positions des mers, des îles et des continens, ont justifié Homère; et l'Ethiopie, dans les cartes les plus nouvelles, occupe la place même qu'Homère avait annoncée.

Tous les investigateurs de la Grèce antique prennent Homère pour guide; c'est un Homère à la main que les Anglais, épris d'admiration pour le chantre des Grecs, et que M. de Choi-

seul lui-même et M. Lechevalier, ont marqué
les lignes et les places des villes, des sources,
des rivières et des monumens qui ont disparu.

Il n'y a qu'un agronome exercé par l'observation qui ait pu caractériser, avec autant
de vérité, les diverses contrées par leurs productions respectives : Larisse, Tarné, la Lycie, l'Ephire, sont renommés par leurs blés;
la Thessalie, Anthée, la Messénie, Ptélée,
possèdent les plus riches pâturages; on a vu
ce qu'il dit des vignobles et des produits industriels. Mais ce qui doit le plus étonner, si
dans le monde, même savant, on prenait
quelque intérêt à l'agriculture, c'est de voir
qu'Homère, il y a trente siècles, a reconnu
et dit que, pour réparer l'épuisement d'un
sol par des moissons consécutives, il fallait
recourir aux fumiers des étables; cela pourra
paraître tout simple, pour ne rien dire de
plus, à ceux qui n'y verront qu'une vérité
élémentaire pratiquée et avouée par les pay-
sans les plus grossiers; mais que diront-ils,
quand on leur opposera que les Romains,
auxquels ils accordent tant de science et tant
de génie, n'avaient pas encore apprécié la
pensée d'Homère, plus de douze cents ans
après son âge; quand on leur citera le vers

de Virgile qui les met sur cette voie, et que le chantre latin prend même une sorte de précaution oratoire pour les décider :

Ne saturare fimo pingui pudeat sola...

Delille a si peu senti le précepte et l'à-propos à l'égard des Romains, qu'il a omis la traduction de ce vers, pourtant bien remarquable.

Dans toute poésie géorgique, même d'après Hésiode, on ne peut rien trouver qui soit plus heureux, plus juste et plus vrai que la fiction par laquelle Plutus est né de Cérès, qui avait dormi avec Jasion dans un champ labouré pour la troisième fois. Combien cette pensée est féconde et digne d'être mise en préceptes didactiques ! Elle est d'autant plus précieuse en ces temps, qu'elle accuse les faux savans qui prêchent l'abolition des jachères, sans daigner s'occuper de la pensée d'Homère, qui conseille des fumiers pour réparer un sol épuisé par la succession des récoltes.

Je pourrais facilement, en prenant quelque soin, agrandir et embellir la science d'Homère par tout ce qu'il dit du luxe, des ornemens, par la beauté des tissus de laine ou de lin, éclatans de pourpre ou d'autres couleurs, et représentant d'ailleurs des sujets historiques dignes des héros qui les portaient; mais je veux laisser au jeune lecteur qui pourra s'étonner de la science et de la poésie d'Homère, le soin de s'en assurer lui-même : trop heureux si je peux en être cause.

Il m'est imposé, relativement à la science d'Homère, de rappeler ici la métallurgie et ses progrès. Le fer était fort rare alors; Achille en donna un globe en prix aux jeux de Patrocle : il était cependant connu; et on aime à voir Homère citer que le tombeau d'Oreste, en Lydie, était de fer; on n'en doute point, quand, dans la Bible, il est dit que le lit du géant *Dog* était de ce métal.

La trempe du fer, sortant de la forge ardente et de dessous le marteau, est encore une belle et précieuse découverte, à laquelle on ne fait pas la moindre attention dans l'histoire de l'industrie; elle est même une science vraie pour certaines applications, telles que pour les glaives des combats, pour les enclumes et pour les gros étaux. Mais écoutons sur ce point le grand Homère, qui, sans prétention aucune, déclare que cette trempe

fait la force du fer : *Hoc enim ferri robur.* (*Il.*,
l. 7, v. 473.)

Le fer et l'argent étaient les deux métaux
les plus rares. Il commençait cependant à y
avoir des ouvrages en fer (1). On cite comme
extraordinaire qu'Agamemnon avait des tringles en argent. Il est dit encore que le char de
Rhésus resplendissait d'or et d'argent. (*Iliad.*,
l. 10, v. 435.)

L'argent des Grecs provenait d'Alybes, à
l'extrémité du Pont-Euxin, où il était en ex-
ploitation. (*Iliad.*, l. 2, v. 89.)

Ils tiraient l'étain des îles Cassitérides ; ce
fait seul atteste bien des siècles de navigation
et d'industrie : il n'y a pas de meilleures
preuves.

Les Grecs, en travaillant le fer, étaient
parvenus à fixer un jeu de couleur sur certains ouvrages. Homère cite le bouclier d'A-
gamemnon, qui offrait au coup-d'œil des
zones bleues et noires. (*Iliad.*, l. 11, v. 24.)
Quelques doctes d'érudition écrite, pour ôter
toute espèce de gloire à Homère et à son
siècle, ont prétendu, par un olim de leur

---

(1) *Ferrum artificio multo elaboratum.* (*Iliad.*, l. 11,
v. 133.)

imagination, qu'il avait existé en Thrace une substance métallique qui donnait *le bleu de mer :* ils devaient donc la décrire ; mais en supposant le fait vrai, les Grecs n'en avaient pas moins su bronzer ou moirer les boucliers et d'autres armes. La jouissance des pseudo-poëtes et de certains érudits, c'est de désenchanter sur Homère.

Les anciens ont peut-être été plus habiles que nous dans l'art de fondre et de composer des métaux par de justes proportions de quantités, pour telle ou telle œuvre, et surtout pour celles qui devaient être sonores. Ainsi le bouclier d'Achille était composé d'airain, d'or, d'argent et d'étain. (*Iliad.*, l. 18, v. 475.) Telle était sans doute encore la niche fatidique du temple de Delphes.

Chaque sorte de métal se gardait en barres ; le dépôt en était confié à la magistrature ou au sacerdoce. Le nombre des forges, du reste, était très-considérable. Elles étaient placées dans de vastes cavernes, où Homère, dont la vie et le bonheur étaient d'apprendre, ne dédaignait pas de pénétrer. (*Iliad.*, l. 18, v. 470.)

Homère donnait une grande importance à la marine ; il avait pu l'apprécier lui-même

par ses trajets avec Phéréclus, qu'il a im-
mortalisé. Il avait observé et cité, dans ses
comparaisons, la puissance de l'équilibre
qu'un constructeur donne à un vaisseau en
chantier (1). C'est par Homère encore, et
non *par les historiens*, que nous savons quelles
étaient les formes des vaisseaux, en raison
de leur destination, le moyen de les amar-
rer et de les mettre sous voiles ; les uns étaient
simplement voiliers et pour les voyages ; les
autres étaient très-larges, et servaient aux
approvisionnemens de l'armée ou des cités ;
d'autres étaient profonds, et servaient aux
transports de divers quadrupèdes (2). Homère, selon les circonstances, les désigne
par des épithètes (3) relatives.

------

(1) *Ut faber navium benè callet.* (*Iliad.*, l. 5 et 15,
v. 410.)

(2) Quand saint Louis exécuta sa première croisade, ses
vaisseaux de transport, dit un historien, avaient la forme
de ceux des Grecs ; ils étaient faits de chêne ; mais le même
historien du grand siècle ajoute : « Le chêne est devenu si
« rare, qu'il serait impossible aujourd'hui de réaliser une
« pareille expédition. » C'est une triste vérité qui n'occupe
ni nos hommes d'Etat ni ceux de la législature. En administration d'Etat, aujourd'hui, l'avenir est le présent.

(3) *Cavæ naves, oncrariæ naves.* (*Iliad.*, l. 2 et 5,
v. 25 et 154.)

Le chêne était le bois de force dans les constructions ; mais il a disparu de la Grèce : c'est au commerce du Nord qu'il en faut demander pour tout le midi de l'Europe , et même pour tous les ports des Gaules. Une grande malédiction va s'élever incessamment contre nos législateurs et nos gouvernemens : car, sans marine, le midi et l'occident de l'Europe sont destinés à subir la barbarie que la sainte-alliance aura la gloire d'avoir préparée. C'est par la marine seule que les petits-fils d'Homère luttent avec tant d'héroïsme contre le barbare mahométan. Que la Grèce succombe, la lèpre de la stérilité et le silence du désert règneront sur la belle patrie d'Homère et de ses derniers héros : le sage Calchas le prédirait avec autant d'assurance : reprenons le cours de l'histoire de l'ancienne Grèce.

Dans un pays où les temples, les palais, les maisons étaient habituellement inondés des flots du sang des victimes, il était bien nécessaire de recourir à un agent purificateur. Les Grecs avaient découvert et adopté le soufre. (*Iliad.*, l. 16, v. 227.) C'était le mode des Hébreux (1).

______

(1) *Aspergatur in tabernaculo sulphur.* (*Job.*, 18 et 15.)

La préparation du cuir y avait acquis de
grands perfectionnemens; il faut le croire,
d'après tous les usages auxquels il était soumis. Le mode par tension a été le premier;
mais il paraît certain que les Grecs lui faisaient subir d'autres préparations pour l'a-
mollir et pour le teindre, sans lui ôter de sa
force; ainsi, par exemple, il supportait la
couture pour la confection des bottes (1). Le
peuple portait à sa chaussure le poil en dedans; on se servait de cuir encore pour cordages à la marine (2). Les adolescens portaient des casques en cuir, mais sans élévation
et sans ornemens (3).

Homère avait observé que les corps couverts de blessures étaient plutôt sujets à la
corruption, et il en explique la cause par
les mouches, qui engendrent les vers 4).

---

(1) *Ocreas sutiles bubulas circà crura.* (*Odyss.*, l. 2 et
23, v. 24.)

(2) *Vincula coriacia aptarunt.* (*Id.*, l. 8, v. 54.)
Loris benè tortis vela colligebant. (*Id.*, l. 2, v. 424.)

(3) *Galeam taurinam clavis et cristâ carentem, qualis
pubescentium juvenum.* (*Iliad.*, l. 10, v. 258.)

(4) *Timeo ne muscæ per vulnera aere infecta, vermes
intùs generent deturpentque cadaver; vitâ namque ademptâ
omnia in corpore putrescunt.* (*Id.*, l. 19, v. 25.)

CHAPITRE XII.

DE L'INFLUENCE DE L'AGRICULTURE
SUR LES MŒURS ET LA MORALE DES GRECS.

L'agriculture est la base et la cause persistante de la sociabilité.
— Elle a fait établir la loi sacrée de la propriété. — Elle a donné
les premières idées du juste et de l'injuste. — Homère a la
gloire d'avoir le premier porté les Grecs à substituer les céréales à la chair, et d'avoir ainsi rendu leurs mœurs plus douces. —
Il fait un grand éloge des Ippémolges. — Plus on s'est éloigné
de l'agriculture, plus les mœurs se sont perverties. — Il a im-
primé un grand respect pour les morts. — Le tableau d'une
fête d'hyménée. — Les principes d'Homère sur la foi jurée, sur
l'hospitalité et la liberté. — Homère justifié de maints reproches sur ses poèmes. — Il est le plus grand et le plus sage de
tous les poëtes de la terre.

On est si loin de croire dans le monde que
l'agriculture, bien exercée et duement pro-
tégée, puisse avoir de l'influence sur les
mœurs et la morale, qu'on est d'avance convaincu que l'histoire de l'agriculture ne peut
offrir aucun intérêt, ni à l'homme de génie,

ni au philosophe, ni même à l'homme d'Etat,
et je ne sais quelle révolution il faudrait pour
en persuader les trois académies et leurs
poëtes adhérens. Je ne m'adresse donc point,
pour persuader le contraire, à nos philosophes doctrinaires, à nos idéologues, et moins
encore à tous ceux qui usurpent le titre et les
fonctions d'hommes d'Etat; j'élimine de même
les poëtes dramatiques, qui se persuadent trop,
sous l'influence de la capitale, qu'ils sont les
premiers des poëtes ; mais je m'adresse à ces
hommes qui, encore assez libres ou assez
forts, peuvent apercevoir ou saisir les vérités dont on leur fait voir les reflets ou les
conséquences ; je m'adresse surtout à ces
bons jeunes gens que les écoles du temps
n'ont point encore égarés, et qui, croyant à
toutes les réalités laissées par Homère, se
persuaderont plus facilement, qu'en connaissant bien l'histoire de l'agriculture, ils en
posséderont mieux et plutôt la clef de toutes
les autres sciences et arts. Les études de l'a-
griculture ne sont pas seulement utiles aux
lettres et aux sciences de méditations, elles
sont encore essentielles à ceux qui suivent la
carrière administrative ou législative, et qui,
dans leurs principes, font remonter toutes

les sources de l'industrie et du commerce à
la connaissance vraie de l'agriculture ; elles
sont utiles enfin à ceux qui suivent la carrière
militaire.

Quoique l'influence de l'agriculture au siècle d'Homère n'ait eu qu'un instant fugitif,
relativement au cours de l'histoire et des
siècles, il est toujours utile de le rappeler ;
c'est même un devoir pieux ou philosophique.
Ainsi l'homme de bien, le vrai sage, gémit
des sectes impies ou ridicules, et il cède au
torrent des erreurs ; il ne cherche point à
prosélyter, il se borne à dire, à toutes fins et
sans ostentation, à ses semblables, ses principes de foi sur l'adoration due au maître du
monde, et que partout l'homme astucieux
exploite exclusivement à son profit.

Dans le principe, rien n'était plus simple
de la part de l'homme, que de s'incliner devant le vice-gérant du Créateur, qui a bien
voulu en faire descendre les rayons jusqu'à la
terre ; mais les hommes impies et audacieux,
cédant à leur imagination déréglée, ou plutôt
à leur ambition, ont détourné les hommes
de cette première voie d'adoration. La tyrannie est intervenue, et, semblable à la Chimère, qui ne cherche qu'à dévorer, elle a

suscité des guerres d'extermination et des
ténèbres, afin de dominer plus tranquille-
ment la multitude. L'agriculture, en soi, est
en quelque sorte une science révélée par Dieu
même pour le bonheur de l'homme, pour ses
générations, et pour l'ordre des climats. Plus
les besoins de l'homme se sont multipliés et
agrandis, plus il lui a fallu mettre à contri-
bution sa raison et son expérience, pour suppléer aux ressources qu'il avait trouvées dans
la nature, afin de faire vivre sa famille. Il est
arrivé presqu'en même temps, que les chefs
de tribus, ou que chaque grand prêtre a imposé des lois pour qu'on obtînt, par le travail, ce que les hommes forts s'arrogeaient
par violence. C'est donc sur la loi divine du
travail que s'est établie la base de toute sociabilité, c'est-à-dire, la propriété.

Le fondateur de la religion chrétienne en a
fait le commandement; mais combien il a été
méconnu ! Un seul parmi les rois de la terre
a commandé l'agriculture au nom du ciel; et
pour prouver la légitimité et la sainteté du
commandement, il s'y est soumis le premier;
il y a été constamment fidèle; car la Chine
aujourd'hui est la seule monarchie de la terre
qui compte autant de siècles de paix et de

prospérité. Si on ne peut douter que l'institution du labour royal en Chine n'ait eu une
grande influence sur les mœurs et la morale
du pays le plus peuplé du globe, on ne peut
donc refuser aux Œuvres d'Homère, qui a
élevé si haut l'agriculture, l'influence qu'on
avoue exister dans cette grande partie de l'A-
sie. Rappelons seulement sa législation morale, par laquelle on décernait des moissons
du domaine sacré aux héros qui avaient bien
mérité de la patrie; rappelons encore les
thesmophories, ou fêtes de Cérès, si chères
à toute la Grèce; rappelons enfin ce culte
consacré par Homère, qui mettait en divini-
tés tout ce qui peut faire la richesse et le bonheur de l'homme, les sources, les rivières,
les monts, les bois, les arbres : toutefois, ces
cultes isolés, ainsi que les dieux et déesses
qui y présidaient, étaient soumis à l'empire
du Dieu suprême.

Dès que l'homme égaré s'est créé des crimes et des vertus fantastiques, il a successivement abandonné le domaine de la nature,
qu'il a fait considérer comme une idolâtrie;
il s'est jeté, pour les idées religieuses, dans
ce qu'on nomme aujourd'hui *le beau idéal*, et
il n'y a plus eu que des abstractions incom-

préhensibles ; tandis que le culte des champs, simple et sublime à la fois, offrait des satisfactions à tous les esprits, comme à tous les cœurs. Ces divergences ont fait créer d'autres mœurs, qui n'ont presque plus rien de l'antique simplicité de celles des Grecs.

Homère a chanté, pourra-t-on dire, la guerre de Troie, qui n'était rien moins que juste; mais les motifs de l'*Iliade,* l'amour de la patrie et de la liberté, le feront toujours absoudre par les moralistes les plus sévères. La philosophie austère peut lui reprocher quelques traits de rigueur et de cruauté ; mais avant de faire un tel reproche, il faudrait considérer la double force des usages et de l'opinion de son temps. Son *Odyssée* sera toujours, quoi qu'on dise, un monument sacré élevé à l'amour de la patrie, à la liberté et aux vertus civiques.

Il en est des mœurs comme des opinions : les premières sont toujours entraînées dans l'orbite des secondes, tandis que la morale, la vraie morale, est invariable. Quel peuple pourrait-on citer en Europe qui, depuis l'ère d'Auguste, ait conservé les mêmes mœurs, seulement pendant un siècle? Les mauvais rois, les despotes, les tyrans et les prêtres hypocrites, n'ont cessé, dans tous les temps, d'empoisonner la morale, qui les importunait encore bien plus que les mœurs. A force de violence pour les uns, et d'abstractions mensongères pour les autres, ils sont parvenus, fidèles à leurs écoles respectives, à faire mettre en lois d'Etat des offenses ou des attentats imaginaires. L'esclavage et le droit de vie et de mort ont été leurs premières conquêtes ; tandis que partout la liberté, fondée sur un pacte social, a eu le beau privilége de créer et de maintenir une bonne morale et d'excellentes mœurs.

Les climats ont sans doute une grande influence sur les mœurs ; le régime de vie a en aussi la sienne. Homère, vers lequel je reviens toujours pour me guider et m'éclairer, Homère a résolu lui-même cette question d'influence, en donnant une grande prééminence de vertus morales aux peuples qui vivaient exclusivement de fruits, de laitage et de céréales ; aussi déclare-t-il, avec l'assurance de la persuasion, que les Ippémolges sont les peuples les plus justes et ceux qui vivent le plus (1).

---

(1) *Ippemolgorum lacte victitantium, longævorum justissimorumque hominum.* (*Iliad.*, l. 13, v. 5.)

Homère ne pouvait blâmer les Grecs de vivre de chair ; mais on voit qu'il attachait à l'agriculture, à l'usage des céréales et du lait, l'adoucissement des mœurs. Peut-on trouver un plus beau trait pour la faire aimer et honorer, que celui où un héros, tenant son sceptre, vient lui-même encourager des laboureurs, et leur verser, au bout de chaque sillon, une coupe remplie d'un vin excellent ? Ces laboureurs sont heureux de s'associer ainsi, avec les prêtres du sacerdoce, pour honorer les héros de la patrie. C'est dans un tel sens que l'opinion sur l'agriculture est favorable aux mœurs. Il est de fait, au surplus, d'après l'histoire, que, dans les âges suivans, les mœurs des Grecs n'ont jamais été plus douces que lorsqu'ils ont presque exclusivement vécu de céréales, de légumes et de fruits. Pour démontrer ces adoucissemens de mœurs, et conséquemment l'influence de l'agriculture, il suffirait d'opposer les Hellènes aux Scythes et aux Paphlagoniens ; mais sans recourir à l'antiquité, plusieurs peuples modernes pourraient offrir encore la preuve de la juste pensée d'Homère.

Depuis dix à douze siècles, la France gauloise, mise sous l'influence ou l'empire du

christianisme, a successivement renoncé à
l'usage de la viande, telle que la mangeaient
les Gaulois. Par suite, la population entière
s'est adonnée à la consommation des céréales.
L'Angleterre, au contraire, a très-long-temps
persisté dans son régime de viande crue.
Combien aussi ses peuples ont prolongé les
mœurs des nations barbares? C'est l'histoire
à la main qu'on peut démontrer que l'époque
la plus saillante de leur civilisation date de
l'invasion de Guillaume, duc de Normandie,
qui y importa des habitudes françaises, dont
l'agriculture était le mobile et le soutien. Le
peuple anglais, d'ailleurs, est encore celui de
toute l'Europe qui tient le plus au régime de
la viande, et qui la mange moins cuite. On
pourrait opposer des exceptions à ces considérations ; mais si on en sépare celles dues
au fanatisme, la vérité de la conséquence
reste entière.

Si nous étions dans un temps où les loisirs
de la paix et une sage liberté dans les idées
laissassent les moyens de composer un ouvrage philosophique sur l'influence que peuvent avoir sur les mœurs, le régime de vie, les
cultes divers, le despotisme et une monarchie tempérée ou représentative, telle que la

voulait Polybe, on pourrait, en commençant
par les Grecs à leur premier âge, et en suivant chaque nation, faire un très-bel ouvrage,
et de plus fort utile, sur toutes les vicissi-
tudes des mœurs et des opinions, et sur leurs
causes d'influence; mais quel homme fort et
bien éclairé par les études de l'histoire oserait l'entreprendre? Les savans routiniers,
pires que les rustiques et les plébéiens des
villes, les envieux et les flatteurs, plus vivaces
que les fourmies et plus irritables que les
guêpes, ne manqueraient pas d'alarmer les
chefs des écoles, même les trônes, et de se
faire au besoin des agens de fanatisme ou de
révolution.

Un des plus forts liens des mœurs grecques, dû à la sagesse d'Homère, a été l'hospitalité. C'est moins un conseil qu'il donne,
qu'une imprécation qu'il fait au nom du Ciel,
et par laquelle il atteint tous les hommes,
depuis le roi le plus puissant jusqu'au simple
bouvier : *Que chacun*, dit-il, *ait horreur d'offenser l'étranger qui demande l'hospitalité* (1).

Comme la guerre éclatait le plus souvent

---

(1) *Ut quisque horreat hospitem injurid afficere.* (*Iliad.*,
l. 3, v. 353.)

entre les rois, Homère ne manque pas de
rappeler aux anciennes familles les pactes
que leurs pères avaient faits sur la foi du serment, pour s'allier ou se soutenir les uns les
autres, afin d'assurer l'hospitalité dans les
voyages, et conséquemment la vraie civilisation. Il cite à ce sujet un grand exemple : le
signal du combat était donné; Diomède allait
se mesurer avec Glaucus; il se ressouvient
que sa famille est liée avec celle de Glaucus
par le pacte d'hospitalité; il s'élance de son
char; il embrasse Glaucus, échange ses armes, et ne songe plus à le combattre.

C'est Homère encore qui a eu cette belle
pensée, que les dieux, pour soustraire le
faible à l'insolence et à la dureté des hommes
riches et puissans, prenaient, dans ce dessein,
toutes sortes de formes pour surveiller les
grands (1). Ulysse était en habit de pauvre,
quand il reçut de riches présens et un aimable accueil de la part des rois, de leurs femmes et de leurs filles.

Toujours à ce pieux sentiment envers le

---

(1) *Dü hospitibus peregrinis, similes omni modo se fe-
rentes versantur per urbes, hominum insolentiam inspi-
cientes. (Odyss.,* l. 17, v. 485.)

pauvre, Homère donne à Jupiter le titre d'*hospitalier* (1), et c'est lui qui a laissé aux mortels cette belle pensée : *Les pauvres sont aussi les enfans de Jupiter.* (*Odyss.*, l. 14, v. 47.) Il pensait aux pauvres et aux faibles, quand il disait aux rois *que la faim et la misère faisaient les grandes révolutions.* (*Odyss.*, l. 9, v. 34.) Une telle maxime devrait être gravée dans les cabinets de tous les rois.

Quel moraliste a mieux fait sentir l'égalité entre les hommes, et humilié l'orgueil de la naissance, que le chantre des Grecs? Le fils de Tydée allait engager un combat avec le fils d'Hippolocus; il s'arrête, et lui demande qui il est pour oser se mesurer avec lui. « Les « hommes, répondit le héros troyen, sont « sur la terre ce que sont les feuilles dans les « forêts : elles en sont aujourd'hui l'orne- « ment; demain, elles seront le jouet des « vents. La nature se ranime au printemps; « la forêt produit des feuilles nouvelles : il « en est ainsi des humains; une génération se « passe, et l'autre est florissante. » (*Iliad.*, l. 15, v. 146.)

––––––––––

(1) *Jupiter hospitalis, supplicum hospitumque cultor.* (*Odyss.*, l. 9, v. 270.)

Le prince des poëtes a déclaré, au nom du souverain des cieux, dont il a été le plus noble interprète, *que l'homme perd la moitié de sa vertu, le jour qu'il perd sa liberté* (1). (La traduction de cette pensée pourrait être plus sévère.)

Hector allait partir pour l'armée ; selon l'usage des Troyens, il devait consacrer la coupe de la liberté. « Le temps presse, dit « le héros, partons ; il sera plus doux de la « consacrer après la victoire (2). »

Les mœurs des Grecs se manifestaient encore dans la foi jurée. Les peuples juraient en se donnant la main, et les rois en levant le sceptre : c'était pour eux le plus grand des sermens (3).

Le sceptre pour les Grecs, et dont les modernes ont fait un si haut attribut, n'était tout simplement qu'une branche coupée au premier arbre rencontré. « Mon sceptre, di-

---

(1) *Dimidium virtutis suæ, late sonans Jupiter aufert viro quem dies servilis corripuerit.* (*Odyss.*, l. 17, v. 322.)

(2) *Eamus… componemus craterem libertatis, quando…* (*Iliad.*, l. 6, v. 528.)

(3) *Magnum juramentum… sceptrum.* (*Id.*, l. 1 et 20, v. 233 et 321.)

« sait Achille, ne portera plus de feuilles; car
« l'airain l'a dépouillé de son écorce (1). »

Homère accable l'homme parjure d'une
imprécation qui fait sentir toute la force des
mœurs : *Qu'il ne sente jamais sur ses genoux le
doux poids de son enfant* (2). Il jette une malédiction sur tous ceux qui suscitent ou en-
tretiennent la guerre civile. « Ceux-là, dit
Homère, sont sans famille, sans loi, sans
dieux pénates (3). »

Aux yeux du philosophe, Homère est en-

---

(1) *Nec folia, nec ramos producet, æs enim delibravit
corticem. (Id.,* l. 1, v. 236.)

(2) *Numquam genibus filius imponatur. (Id.,* l. 5 et 9,
v. 408.)

Si nous sommes encore destinés à quelque refusion législative, que les hommes pieux et sages s'entendent pour
frapper le célibat de honte, et pour le priver de certains
avantages dus aux pères de famille; qu'ils rendent le di-
vorce et la répudiation très-rares; mais qu'ils mettent au
néant la loi improvisée d'un certain personnage, qui s'é-
tait fait, moyennant finances, le référendaire politique de
Napoléon; qu'ils considèrent surtout quel immense bienfait il en résulterait pour la société, pour la paix publique
et pour les mœurs, si, par suite de ce principe, il n'y avait
plus que des exceptions.

(3) *Sine tribu, sine lege, sine lare... qui in bello intes-
tino. (Iliad.,* l. 19, v. 64.)

core plus grand, par ses nobles sentimens, par son amour pour la patrie et la liberté, que par son génie poétique.

Ulysse aborde une île que d'autres eussent regardée comme un bienfait des dieux. Tout ce qui peut flatter l'homme et ses sens lui était offert; il dépendait de lui d'être roi, et de rendre heureux enfin tous ses fidèles compagnons; il pouvait vivre avec une femme éclatante de beauté, séduisante par ses grâces, par son esprit et par les plus aimables talens; mais rien ne l'ébranle dans sa résolution de retourner dans sa patrie et de revoir sa famille.

Quel plus touchant tableau de mœurs peut-on voir que celui d'Hector! Il venait d'embrasser sa mère; il s'arrête, et dit : « Je ne vois pas ma femme et mon fils? » Ils arrivaient à lui. Hector embrasse sa femme, et se tourne vers son fils pour l'embrasser aussi; le casque effraie l'enfant, qui se détourne et cache son visage. Hector, sans hésiter, dépose son casque, et prend son fils entre ses bras; il l'embrasse tendrement, et le rend à sa mère. Cette simplicité de mœurs antiques est pleine de charmes.

Les Grecs sont peut-être les plus remarquables de tous les peuples de la terre, par leur respect pour les morts, et par leurs mœurs dans les cérémonies funèbres.

L'institution du céramique en est un monument ; car il était consacré à ceux qui avaient bien mérité de la patrie par les armes et par les beaux-arts.

Priam, baisant la main d'Achille pour obtenir le corps d'Hector, est le plus grand trait qu'on puisse citer. Quelle solennité encore que celle décernée à Patrocle ! Les rois seuls pouvaient ordonner et faire de telles dépenses ; mais tous les Grecs, sans exception, faisaient *des festins* dans de telles occasions. Achille ne crut pas devoir s'en dispenser ; il dit : « Nous ferons le festin, *ut par est*, quand tous les jeux seront accomplis. » (*Iliad.*, l. 23, v. 5o.)

Homère a laissé un admirable tableau sur les cérémonies nuptiales. Il n'a point pris son sujet parmi les rois, ni dans les grandes cités, mais parmi les hommes des champs. Combien de lecteurs encore pourront faire des applications de la description d'Homère à celles mêmes qu'ils auront pu voir dans les villages de nos départemens. Pour ne pas l'affaiblir, j'en fais la traduction littérale :

« De nouvelles mariées sortent de leurs
« maisons ; elles traversent le village en cor-
« tége et à la lueur des flambeaux ; l'air reten-
« tit des chants de l'hyménée ; des troupes de
« jeunes garçons précèdent, et d'autres sui-
« vent le cortége nuptial, en dansant (1) au
« son des trompettes et des flûtes ; toutes les
« femmes sortent alors de leurs maisons pour
« jouir du plaisir d'entendre les cris de joie
« et les chants de l'hyménée ; elles souhaitent
« à l'envi et à haute voix toutes sortes de
« bonheur aux époux. » (*Iliad.*, l. 18, v. 490.)

La Grèce avait fait aussi une règle de
mœurs, de ne permettre le mariage qu'à vingt
ans ; on a vu que les Gaulois étaient sur ce
point encore plus sévères (2).

---

(1) La danse était un exercice cher aux Grecs, et même
consacré par le culte : je ne parle pas de celle qui avait
lieu aux fêtes de Bacchus. Je ne rappelle cet usage que
pour faire observer à nos philosophes et à nos docteurs en
fait de mœurs, toutes les révolutions que la danse a subies, et qu'il ne faut pas regarder les interdictions de certains caffards, comme des perfections dans les mœurs
publiques.

(2) Tous nos régulateurs de sciences, de morale et de
religion admettent sans difficulté, au mariage, des filles
de treize à quatorze ans, et des jeunes gens de quinze ou

Dans leurs mœurs, les filles grecques ne donnaient leur main qu'à ceux qui étaient braves et fidèles, et qui en avaient donné des preuves.

---

seize. Je ne parle pas de ces mariages politiques qu'on fait à tout âge, et jusqu'à celui de l'enfant qui est dans le sein de la mère. Tous nos publicistes, tous nos faiseurs de codes et de constitutions, constamment d'accord avec les prêtres et *les médecins*, n'ont pas même jeté un regard sur le but, le vœu et les lois de la nature. Si les uns et les autres avaient mieux connu l'organisation humaine; s'ils avaient su apprécier les différences de climats, ou, en d'autres termes, la marche de la nature, ils auraient vu et su que, dans l'homme même, les germes de la fécondation ont aussi un complément de maturité; et que, pour les filles, il faut au moins un lustre à parcourir, depuis le premier signe de la nubilité jusqu'au perfectionnement des organes destinés à sécréter le lait et à le porter dans le sein de celle qui sera mère. Sous l'empire actuel de nos mœurs, nous revenons insensiblement aux nourrices mercenaires. Ainsi, l'éloquence de J.-J. Rousseau n'aura brillé pour nous que comme un météore. Le silence des médecins, et de ceux mêmes qui sont renommés, étonne et afflige d'autant plus, qu'on les voit peu à peu rentrer dans la vieille Faculté, et montrer la docilité qu'ils suivaient sous le siècle de Louis XIV : ils semblent tout à fait méconnaître ou abjurer les sages principes que Vicq-d'Azyr avait fait substituer à la servilité politique et religieuse de l'ancienne Faculté de Paris.

Des puristes extrêmes ont reproché à Homère d'avoir fait dire par Agamemnon, rendant Briséis, qu'il ne s'était jamais mêlé avec elle, quand le mot grec signifie plus sûrement *cohabiter*.

Ne perdons pas de vue que si la morale était chez les Grecs une loi suprême, les mœurs en étaient les gardiennes actives ; elles consacraient la justice, l'égalité des droits, la propriété, et l'amour de la patrie ; c'est en ce sens qu'Homère a lancé les foudres de Jupiter sur les juges prévaricateurs, en leur disant qu'ils étaient causes des fléaux qui frappaient si souvent les peuples (1).

Des critiques n'ont vu dans Homère qu'un poëte à imagination ; ils l'ont accusé de toutes sortes d'exagérations sur la force de ses héros ; ils ont cité le fils de Télamon, qui lança contre Hector une énorme pierre qui servait à retenir les vaisseaux, *saxa retinacula navium* ; ils ne veulent pas qu'Achille ait manœuvré avec légèreté une lance de onze coudées, et que pour traverser le Scamandre il ait renversé un orme. Les hommes qui

____

(1) *Zeus iratus sævit in eos qui in foro perversa judicia præstant* (*Iliad.*, l. 5, v. 385.)

nient toute force supérieure, parce qu'ils
sont faibles, qui réputent faux et menson-
gers des récits qui leur paraissent impossi-
bles, parce qu'ils jugent de la puissance des
autres par eux-mêmes, ont accusé Homère
d'avoir imaginé des fables sur ses héros. Je
ne veux point les combattre, mais je veux
leur opposer des preuves de forces non
moins extraordinaires que celles des héros
grecs, et ces preuves sont historiques.

Louis de Boufflers, guidon des gendarmes
du duc d'Enghien, en 1550, rompait un fer
de cheval avec ses doigts.

Debout, il défiait l'homme le plus fort de
le faire avancer d'un pas.

Il enlevait un cheval de dessus ses quatre
jambes, et le portait à une grande distance.

Il franchissait des rivières de vingt-cinq à
trente pieds de large.

Il tuait à coups de pierres des quadrupèdes
en course et des oiseaux au vol.

Armé de toutes les pièces de l'armure du
temps, il s'élançait sur son cheval sans se
servir de l'étrier.

Dans une lice de deux cents pas, il devan-
çait un cheval espagnol à la course. On ne
regardera pas j'espère de telles prouesses

historiques, faites en présence de l'armée, dans le camp, comme des exagérations suggérées par l'imagination.

Homère s'est autant élevé par ses mœurs et par sa morale que par son génie; on ne trouve rien d'impur ni d'équivoque dans ses descriptions; les chantres hébreux ont été infiniment plus hardis que lui; il faut lui faire honneur de ce qu'il se tait sur un vice alors commun, et qui l'était bien davantage au temps et sous l'école de Platon (1), duquel on fait aujourd'hui un coryphée de philosophie et une sorte de précurseur; il y avait pour ce vice, en Crète, à Sparte, à Athènes, à Corinthe, sinon des lois, des règles du

---

(1) On regrette que M. Cousin ait mis tant de soins et de temps à reproduire Platon, dont le caractère n'était rien moins que vertueux, qui déclamait contre Homère, qui n'a rien laissé d'utile, ni à la raison ni à l'humanité, et qui ne plaît encore qu'aux idéologues et aux illuminés. Notre illustre professeur pouvait faire un meilleur emploi de son temps et de son talent; mais il s'est tellement identifié avec le platonisme, qu'il semble vouloir en être un nouvel apôtre.....

C'est ainsi qu'on s'ouvre un nouveau Bas-Empire : les élémens en foisonnent déjà dans la capitale.

moins qui en avaient la force, et qui tari-
faient les salaires de cette infâme débauche.

Achille pleure Patrocle, Sténélus est épris
d'amitié pour Déipile, mais leur amour est
chaste et mutuel.

Si dans ses compositions Homère offre
quelque scène de volupté, les voiles de l'hymen les couvrent aussitôt; ses expressions
n'offensent jamais les oreilles les plus chastes. Jupiter un instant est épris d'amour
pour Junon; il la presse de céder à son désir; elle s'excuse par la pudeur; Jupiter la
rassure : un nuage d'or que les rayons du soleil ne pourront pénétrer, va nous dérober
aux regards des autres dieux; le père des
dieux et des hommes dormit avec elle : mot
pudique et charmant qui se répétait à la cour
du roi David.

Quelle plus grande et utile pensée pourrait-on trouver dans les œuvres des philosophes, que celle qui cite les rois à leurs de-
voirs envers les peuples, et qui leur interdit
le repos? Cette pensée n'a pas besoin de
commentaires. Il les rappelle par suite à
leur origine légitime, et il les fait ressouvenir qu'après une victoire, ils n'ont droit
qu'à une part dans le butin. Qui avait donc

instruit de ce droit le Sicambre de Reims à
l'égard de Clovis?

Pour épuiser tous les genres de critique,
on a reproché à Homère d'avoir fait sacrifier douze jeunes Troyens sur le bûcher de
Patrocle; mais long-temps après lui, Sophocle, Euripide, Virgile ont consacré l'u-
sage des victimes humaines, que dans le
monde lettré de la France, on est convenu
de ne reprocher qu'aux seuls Gaulois. Du
reste, presque tous les traducteurs, en rap-
portant ce passage, omettent d'ajouter ce que
dit Homère : *tant le courroux d'Achille le porte
à une mauvaise action.* (*Iliad.*, l. 23, v. 276.)

Homère a été l'interprète des sciences et
des arts de sa patrie ; il a fait assigner à la
liberté le juste rang quelle doit tenir dans l'ordre social. Dans le monde et les écoles, on ne
le considère cependant que comme un poëte;
et ce titre seul en éloigne la jeunesse, dont le
but seul est de s'instruire. On n'a pas voulu
remonter à ce double point de fait si essen-
tiel, si important et si vrai, que la poésie a été
le premier dépôt de l'histoire, et que ce n'est
qu'après plus de quatre cents ans, depuis
l'âge d'Homère, qu'on a commencé à écrire
l'histoire en prose.

Homère n'a pas été épargné même dans le grand siècle ; des Lamotte se sont impunément érigés en Zoïles ; ils ont jeté à pleines mains le sel de la critique sur le genre de poésie du chantre immortel des Grecs ; ils ont signalé les tableaux qu'il emprunte de la simple nature ou de la vie civile, comme choses indignes de la noble poésie ; mais outre qu'ils n'en ont pas compris le sens ou le but, ils ont osé communiquer à l'Académie française même leur sacrilége contre l'homme divin. Dans quels poëtes ont-ils trouvé des idées plus grandes que celle où il compare les armées qui s'ébranlent à l'incendie d'une forêt ? quel tableau plus suave que celui où il décrit la ceinture de Vénus ? quelle pensée que celle où il dit que les prières sont les filles les plus chères à Jupiter !

Le culte à Cérès atteste la haute philosophie d'Homère ; car il déclarait que le maître des dieux l'avait choisie pour enseigner l'agriculture aux hommes, sans laquelle il n'y avait plus ni société ni trône. Les sacerdoces ont à l'envi, et dans leur intérêt, jeté de l'alliage sur une matière aussi pure ; mais le vrai philosophe n'en reconnaît pas moins la profonde sagesse du chantre antique des Grecs.

L'homme vraiment sage, ou qui l'est devenu après avoir bien observé la nature, doit encore plus s'étonner de la science d'Homère que de son génie poétique, qui souvent, comme l'arc d'Achille, a eu des détentes. S'il se recueille sur l'ensemble de ses œuvres, il ne trouve pas seulement un poëte, mais un législateur, mais un philosophe pieux, grand et modeste, qui connaît le ciel et ses astres, la terre et ses entrailles, le vaste Océan et toutes les autres mers ; qui connaît les lois de la nature et de la sociabilité, la sagesse divine et les passions humaines. Descendant de ces hautes pensées, on trouve qu'il connaît encore les caractères et les mœurs des animaux domestiques et sauvages, les arbres et les plantes utiles à l'homme, tous les genres d'industrie, l'art de la guerre, et tous les élémens d'une solide agriculture.

Quel était donc ce mortel, qui, réduit à une humble condition et revêtu de la robe du pauvre, a su révéler et constituer tant de choses divines et humaines, et dont le génie survit à tous les dieux de l'Olympe, ainsi qu'aux plus grands hommes de la terre, aux législateurs, aux rois et aux conquérans ; contre lequel se sont usées les dents de tous

les serpens de l'envie, depuis Zoïle jusqu'à
Saint-Sornin ? Est-il donc en effet un simple
mortel, celui qu'on retrouve toujours avec un
nouveau plaisir mêlé d'admiration ; que tous
les poëtes et les justes philosophes contem-
plent avec respect, et qui, comme un digne
fils du ciel, est depuis trois mille ans assis sur
un trône de gloire ?

SECONDE PARTIE.

CHAPITRE PREMIER.

Notice sur Hésiode. — Extraits de son poème *des Ouvrages et des Jours*, et de celui *des Jours.*

Il est juste de commencer cette *seconde partie* par Hésiode. Je ne prétends pas cependant juger la question d'antériorité entre Homère et lui, et sur laquelle il y a eu tant de gloses et de commentaires. Cicéron cependant croyait Homère plus ancien qu'Hésiode, et il en donne la preuve par le fait que, du temps d'Homère, l'art agricole était connu (1). Mais je ne me défends pas,

(1) *At Homerus, qui multis, ut mihi videtur, antè sœculis fuit, Laertem... colentem agrum et eum stercorantem facit.* (Cic.)

après avoir lu toutes les notices qui s'y rapportent, de regarder Homère aussi comme le plus ancien d'âge. Hésiode ayant d'ailleurs écrit sur l'agriculture, il m'est imposé de donner une analyse de son poëme : cette analyse, du reste, aura l'avantage de confirmer sur plusieurs points, l'agriculture indiquée par Homère, et de désabuser plusieurs personnes sur l'opinion qu'elles se sont faite dans les écoles, d'un génie rival ou supérieur même à Homère. C'est dans ce dessein encore que je poursuivrai toutes les notions agronomiques éparses dans les ouvrages des plus illustres savans, historiens ou poëtes de la Grèce, et que je ferai apparaître successivement au lecteur, afin de fortifier les diverses mentions d'Homère et de compléter une histoire inédite et véritablement précieuse : elle embrassera tous les âges, depuis Homère jusqu'à celui de Théocrite.

Hésiode appartient essentiellement à l'histoire de l'agriculture ; car, dans *l'opinion*, il est le premier apôtre ou chantre de l'agriculture ; et sur ce point, il jouit exclusivement d'une grande réputation ; Pline en a donné le signal, et on y est encore fidèle. « Hésiode est le premier des poëtes, dit-il, qui ait enseigné l'art de cultiver la terre (1). »

Cependant, on est plus qu'étonné de cette déclaration de Pline, quand on a lu les Œuvres d'Hésiode. Sa *Théogonie* est un amas informe et gigantesque de pensées incohérentes, d'images repoussantes et d'épithètes sonores, presque toutes stériles. Le chaos et la nuit sont les deux génies qui semblent l'avoir inspiré. La naissance de Vénus est dégoûtante, et le cortége des Grâces ne peut faire oublier les germes bizarres et les détails de cette naissance. Les ruses et les ébats de Japet, de Vulcain et de Jupiter sont absurdes ou ridicules; les allusions contre les femmes sont du plus mauvais goût; les filiations des dieux et déesses sont inextricables; et hors l'allégorie de Cérès, je ne sais quelle citation on pourrait faire dans sa *Théogonie*, pour justifier les idées du poëte (2).

En lisant le bouclier d'Hercule, on ne

---

(1) *Hesiodus qui princeps omnium, de agriculturâ præcepit... qui in primis, cultum agrorum docendum arbitratur viam.* (Plin.)

(2) Ceux qui voudront prendre une juste idée des œuvres de Milton, n'ont qu'à relire les œuvres d'Hésiode : ils verront que le poëte anglais avait mieux étudié *la Théogonie* d'Hésiode que la nature.

peut se défendre de l'idée qu'Hésiode avait
connaissance de celui d'Achille; et pour
me servir de l'expression d'un ancien et res-
pectable helléniste, je dirai : « Hésiode, en
« son *Aspis*, n'a fait que rebattre le bouclier
« d'Achille, forgé par Homère. »

Hésiode dit et révèle la naissance d'Hercule; il la signale plutôt par des lubricités
que par des passions; il est dans un délire
perpétuel, pour peindre les combats des héros, qu'il arme de poutres d'or et d'argent. Il
décrit les horreurs des Gorgones et des Furies qui déchirent les victimes avec leurs on-
gles, et se désaltèrent en buvant du sang
noir; le tableau des femmes qui se meurtris-
sent et déchirent les joues, est tout ce qu'il
y a de plus horrible; immédiatement après
ces scènes burlesques et sanglantes, il décrit
les jeux et les ébats des Grâces et des Amours.

Oubliant tout à fait son précepte géorgique
nudus arato, il fait tracer de longs sillons par
des laboureurs revêtus de tuniques brillantes
d'ornemens; après les laboureurs, il montre
une fête de vendangeurs, et après ceux-ci il
fait une description de chasse aux lièvres,
qui, ajoute-t-il, tremblent d'être pris par les
chiens. Il termine enfin par le grand combat

de Cygnus et d'Hercule, qui, dès qu'ils s'a-
perçoivent, s'élancent de leurs chars; il n'est
plus question dès lors que de chars fracas-
sés, de chocs de chevaux qui se heurtent
épouvantablement; il entasse comparaisons
sur comparaisons : celle d'un sanglier qui
écume de fureur, et par contraste, celle de
la cigale qui vit de rosée; de suite celle de
deux lions qui se disputent un cerf qu'ils ont
tué : celle enfin de deux vautours qui fon-
dent à la fois sur une même proie; Cygnus
tombe sous les coups d'Hercule, semblable
à un vaste chêne que le bûcheron vient de
couper et à un rocher énorme qui se déta-
che d'une haute montagne, etc., etc.

Le poëme des *Ouvrages et des jours* d'Hésiode, je me hâte de le dire, est sans contredit
son meilleur poëme; mais est-il digne de tous
les éloges qu'il a reçus, et que, sur la foi de
quelques maîtres, on lui prodigue encore?
peut-il autoriser à le comparer à Homère, à
faire dire ou répéter qu'il a servi de modèle
à Virgile? Je suis loin de le croire, et je vais
tâcher d'en faire juge le lecteur, en lui mettant sous les yeux la notice de cet ouvrage
géorgique.

J'avais d'abord disposé cette notice d'après

l'ordre que j'ai suivi pour les œuvres d'Homère ; mais j'ai promptement reconnu qu'a-
vec le désir le plus sincère de produire le
poëme d'Hésiode, il me serait impossible de
le faire avec méthode, de suivre des séries
agronomiques sur les choses les plus essentielles qui composent un ordre d'agriculture.
Je n'ai plus hésité quand j'ai vu que ce chantre n'a pas même parlé des engrais qui favo-
risent si puissamment la fertilité. Cicéron
avait mieux jugé Hésiode que Pline ; car il
fait observer que le chantre d'Ascrée n'avait
pas même compris dans ses préceptes l'art
de fertiliser la terre par les fumiers (1) ; il a
gardé le même silence sur le cheval, qui
brille d'un si grand éclat dans Homère ;
tant d'oublis, d'incohérences et d'erreurs
m'y ont fait renoncer. Je vais tâcher cependant de rendre le plus fidèlement que je
pourrai, l'ordre et les pensées du chantre
d'Ascrée ; j'ai pris cette détermination par
respect pour la gloire d'Homère, auquel
tant de poëtes et d'érudits osent le comparer ; je n'ai négligé, du reste, aucuns des

____

(1) *De utilitate stercorandi... de quá Hesiodus ne ver-
bum quidem fecit.* (Cic.)

traits qui décèlent du génie dans Hésiode,
et qui se rapportent à l'art de cultiver, ou à
l'histoire qui m'occupe.

Je réclame de l'indulgence pour cette notice ; car le poëme des *Ouvrages et des jours*
est très-difficile à traduire et trop souvent à
comprendre ; il est d'ailleurs immensément
chargé de détails superflus et de répétitions
fatigantes ; mais, dans le doute, j'exprimerai
toujours le sens le plus favorable au poëte.
Si, en poésie, il y a un ouvrage dont on puisse
dire qu'il ressemble à une marqueterie, c'est
bien celui d'Hésiode ; car on n'y trouve point
cet esprit d'ordre des bonnes compositions,
ces premiers jets d'inspirations, ni une sage
et belle ordonnance, qui caractérise, avant
tout, les vrais et grands poëtes. Je prie le
lecteur de faire quelque attention à la composition même de cette notice, car on pourrait croire, en voyant tant de transitions dis-
parates, qu'il y a eu de ma part des omissions affectées ; le poëte d'ailleurs a eu des
traducteurs ; on peut les consulter ; et je ne
pense pas, qu'ayant à donner une notice historique du poëme d'Hésiode, il soit possible
d'en composer une qui soit plus juste et
même plus favorable.

LES OUVRAGES ET LES JOURS D'HÉSIODE.
(Extrait.)

L'*invocation* est remarquable ; je la copie,
parce que des hellénistes anciens et des érudits modernes ont reconnu presque unanimement qu'elle était l'ouvrage d'un étranger ; et, s'il m'est permis de donner mon avis,
je pense qu'elle est infiniment postérieure
à l'âge d'Hésiode. Il y a dans cette invocation un ensemble qui fait un contraste frap-
pant avec le style et la marche du poëme.

« Muses, accoutumées à chanter la gloire,
« je vous invoque ; célébrez dans vos hym-
« nes le grand Jupiter, qui, des célestes
« demeures, élève ou abaisse selon sa vo-
« lonté les mortels de toute condition ; qui
« confond aussi facilement l'homme superbe
« ou célèbre, qu'il donne d'éclat à un mor-
« tel obscur, et qui punit de même le mé-
« chant. O maître du tonnerre ! daigne jeter
« un regard sur moi et m'écouter ; inspire-
« moi de sages conseils ; je veux instruire et
« dire des choses vraies (1).

---

(1) Cette invocation, dans le fait, est très-belle : on ne

« Il y a deux sortes d'émulations sur la terre, ô Persa! l'une est bonne, l'autre est blâmable; elles varient dans leurs effets, selon les esprits ; celle-ci enfante la guerre et accroît les discordes; elle est funeste; aucun mortel ne peut l'aimer, mais les dieux dans leur sagesse le permettent. La nuit a enfanté l'autre; Saturne est son appui; l'homme paresseux est forcé par elle de travailler; s'il s'anime, il aspire à devenir riche; il se hâte de labourer, de planter et de bien gouverner sa maison.

« Ainsi donc, l'émulation est utile aux hommes ; le voisin qui voit son voisin prospérer, travaille de son côté à se faire des richesses ; le potier et le forgeron s'enflamment de zèle et d'envie ; le mendiant est jaloux du mendiant, et le poëte du poëte.

« O Persa! mets bien ces choses dans ton esprit; qu'une mauvaise émulation ne t'enlève pas à tes ouvrages ; fuis les procès et les discoureurs ; ce n'est pas lorsque sa maison est sans provisions, qu'on doit fréquenter les

---

pourrait en citer qu'on puisse lui comparer, même dans Virgile.

tribunaux ou les places publiques, et se mêler des querelles d'autrui.

« Il ne t'est plus permis de te conduire
ainsi désormais ; réglons nos intérêts selon
la justice divine ; tu as assez flatté les rois,
pour faire juger en ta faveur : les insensés !
ils ne savent pas combien on est heureux
quand on a assez de mauve ou d'asphodèle.

« Les dieux ont caché aux hommes leurs
vivres ; et si tu pouvais en un seul jour t'en
procurer assez pour l'année, tu laisserais le
manche de la charrue sur le fumier, et tu ne
ferais pas travailler tes bœufs et tes mulets.

« Pour prévenir les machinations des mortels, Jupiter indigné avait caché le feu à
Prométhée, qui l'avait trompé ; le fils de Japet l'ayant dérobé de nouveau, Jupiter cour-
roucé lui dit : « Tu m'as trompé, Prométhée,
et tu t'en réjouis ; mais tu as fait ton malheur et celui des mortels, car au lieu de feu,
je vous donnerai des maux dont vous serez
tous épris, et dont vous serez esclaves. »
Calmant alors son courroux, il ordonne à
Vulcain de mêler de l'eau et de la terre, et
il manda près de lui les autres dieux et
déesses.

« Vulcain, sous les auspices de Jupiter, composa une figure semblable à une vierge timide ; Minerve se chargea de la parer ; les Grâces l'entourèrent, et placèrent sur elle divers ornemens ; les Heures aux belles chevelures, la couronnèrent des fleurs du printemps ; Pallas acheva tous les ornemens, et Mercure lui inspira toutes ses supercheries.

« Un héraut des dieux, par ordre de Jupiter, la nomma *Pandore*, parce qu'elle était l'ouvrage de tous ceux qui habitent les célestes demeures. Après avoir accompli ce fatal ouvrage, Jupiter donna à cette femme une boîte fermée d'un grand couvercle, pour la porter à Prométhée. Son frère Epiméthée, ignorant ce qui avait été défendu, et ne présumant rien de mal d'un présent fait par le roi des dieux, remit la boîte : à l'instant même, Prométhée éprouva une douleur jusqu'alors inconnue ; car auparavant les hommes vivaient sans peines, sans maladies et sans les maux qui affligent la vieillesse. Pandore ayant ôté le couvercle, tous les maux s'envolèrent, et de tous les biens, il ne resta au fond que l'espérance.

« Depuis ce temps, la terre et les mortels

sont en proie à toutes sortes de maux, qui frappent sans pouvoir avertir : car tel est le décret de Jupiter.

« Si tu désires en savoir davantage, je te le dirai ; mais grave bien dans ton esprit cet arrêt du destin.

« Le premier âge des dieux et des immortels, a été l'âge d'or : Saturne régnait alors. Les mortels, semblables aux dieux, vivaient dans le repos, sans chagrins et sans peines ; ils passaient leur vie dans les festins et dans l'abondance ; ils étaient chers aux dieux ; la mort n'était qu'un dernier sommeil ; la terre produisait d'elle-même toutes sortes de fruits, et chacun, selon son désir, réglait ses occupations.

« La terre absorba cet âge, Jupiter en fit des dieux (démons) ; les bons se chargèrent de guider les hommes, d'observer et de juger leurs actions et de distribuer des richesses : tels furent les premiers rois.

« Jupiter fit ensuite le siècle d'argent, qui n'avait rien de commun avec l'âge d'or. L'enfance durait un siècle, les douleurs survenaient dans l'âge adulte. Les hommes ne pouvaient s'abstenir de se faire du mal entre eux ; ils ne voulaient ni pardonner, ni honorer les dieux, ni faire de sacrifices : Jupiter les fit disparaître.

« L'âge d'airain survint, et avec lui la force, la violence, la guerre et les cruautés ; les armes et les toits étaient d'airain : car le fer noir n'était pas encore ; les mortels s'exterminaient ; la mort s'en empara, et ils ne virent plus la lumière du soleil.

« Jupiter, dans sa bonté, créa l'âge des héros, ou celui des demi-dieux. Thèbes a vu leurs combats pour venger l'enlèvement·des troupeaux d'Œdipe ; d'autres ont bravé les abîmes des mers pour la belle Hélène ; ils vivaient loin des humains ; Saturne est leur roi, la terre suffit à leurs besoins.

« Plût au Ciel que je n'eusse jamais vu le cinquième âge, car je suis né dans le siècle de fer ; il n'y a plus de bonheur pour les hommes, ni le jour ni la nuit ; les biens et les maux sont confondus ; l'union n'est plus entre le père et ses enfans. Il n'y a plus d'amis. Les étrangers ne reçoivent plus d'égards de la part des hôtes, les frères mêmes sont désunis ; on ne craint plus la vengeance des dieux ; les vieillards n'excitent plus de respect. Le pillage et les injustices ont succédé à la pudeur, la calomnie et la sombre envie répandent leurs poisons; les vertus ont quitté la terre pour rentrer dans le ciel : le mal est sans remède.

« Ecoute, ô Persa ! l'apologue que je fais sur les rois :

« Un épervier emportait dans les airs un rossignol qu'il tenait dans ses serres ; il se lamentait. « Malheureux, dit l'épervier, de quoi te plains-tu? tu vas où je te conduis; que me fait ta belle voix? Je te dévorerai, ou je te lâcherai, si cela me plaît. Imprudent! tu oses disputer avec un plus puissant que toi! Puisque tu es vaincu, c'est à toi de souffrir : » ainsi dit l'épervier.

« Toi, ô Persa! sois juste, et ne fais point de tort à qui que ce soit ; l'injustice accable l'homme faible, et elle est insupportable aux riches ; mais la justice finit toujours par triompher. Le dieu suprême est sans cesse à la poursuite des méchans et des juges prévaricateurs ; il accable de maux ceux qui vivent dans l'iniquité. Les magistrats qui veillent aux droits de leurs citoyens et des étrangers, voient leurs villes et leurs peuples prospérer : pour eux la divine paix est sur la terre.

« L'abondance les rassure, les festins se

succèdent; sur les monts, les chênes se char-
gent de glands, le miel découle des rochers,
les brebis ont d'épaisses toisons, les enfans
ressemblent à leurs pères. Il est inutile de
tenter des trajets sur les mers, partout la
terre se couvre de fleurs et de fruits.

« Le grand Jupiter, au contraire, punit les
méchans; et souvent un peuple entier est
victime; la peste et la faim les tourmentent,
les femmes sont stériles ; quelquefois le peuple et le roi se ruinent par des combats sur
mer.

« O rois! réfléchissez à ces maux; les
dieux vous voient de près, et il en est plus
de trente mille sur la terre occupés à observer toutes vos actions.

« La Justice est une vierge auguste : fille
de Jupiter, elle est respectée des dieux; et
si elle éprouve le moindre affront, elle se
retire aussitôt auprès de son auguste père,
pour s'en plaindre. Trop souvent le peuple
expie les fautes ou les crimes des rois.

« O rois! qui dévorez les dons du peuple,
corrigez-vous, et cessez vos injustices; on
tend des piéges à celui qui en tend, et celui
qui en conseille est toujours puni. Jupiter
voit tout, jusque dans le sein des villes;

mais si on est plus rigoureux que le droit, Jupiter ne le souffrira pas.

« O Persa! fais bien attention à ces choses; sois juste, et oublie le mal : c'est la loi de Saturne. Les poissons, les hôtes des forêts et les oiseaux se dévorent, parce qu'ils sont sans justice; mais Dieu l'a donnée à l'homme. Jupiter rendra riches ceux qui diront la vérité publiquement; mais l'homme qui, par des mensonges, empêchera la justice, sera irrévocablement châtié; sa race restera obscure, quand celle de l'homme juste sera illustre dans la postérité; que de choses à te dire sur cela, insensé Persa! car il est facile de résumer la méchanceté des hommes. Le chemin qui conduit à la vertu est étroit; mais il est tout près de toi. Les dieux soumettent à de pareilles épreuves ceux qui veulent y entrer; il est long et ardu; les commencemens en sont rudes, mais une fois parvenu au sanctuaire, tout est facile autour d'elle; le vrai sage est celui qui pense ainsi, ou qui en étant averti, suit ce conseil; mais celui qui pense autrement, est au moins inutile.

« Toi, ô Persa! n'agis que d'après ce précepte; la triste faim n'approchera pas de toi; Cérès couronne tes travaux; car la faim est

toujours sur les pas du paresseux ; les dieux
s'en indignent ; il ressemble au limaçon, qui
consomme, sans bouger, le miel des abeilles.
Pour toi, ne fais rien que de convenable, et tu
rempliras tes greniers.

« L'homme laborieux devient opulent ; il en
est plus cher aux immortels, car ils haïssent
fort les lâches. Le travail honore ; la paresse
est une honte ; si tu travailles, Persa, tu seras
en exemple ; la vertu et la gloire accompagnent la richesse ainsi acquise, et tu seras
semblable aux dieux. Travaille, ne t'occupe
pas d'autrui, et, comme je te l'ordonne, songe
à te procurer des vivres.

« La timidité qui sert et nuit tant aux
hommes, sert mal le pauvre ; avec de la har-
diesse, on devient riche ; pourtant il ne faut
rien ravir. Les dieux ont doué les femmes de
beaucoup de pudeur.

« Celui qui devient riche par violence ou
par de méchans discours, comme on en voit
tant aujourd'hui, et qui, séduit par les attraits
de la richesse, a préféré l'impudeur à la pudeur, les dieux le punissent, sa famille di-
minue, et il n'est riche que pour un temps.

« C'est un crime de maltraiter un étranger
ou un pauvre, d'usurper le lit de son frère,

de méditer un adultère, de tromper des or-
phelins, d'offenser son père : Jupiter punit
de tels crimes.

« Mais toi, chasse ces criminelles pensées
de ton esprit; fais des sacrifices aux dieux
selon tes moyens; sois juste et pur, quand tu
feras brûler les cuisses de tes victimes; fais
des libations; répands des parfums le soir
quand tu te couches et le matin quand tu te
lèves, afin que ton cœur et ton esprit soient
calmes; te conduisant ainsi, tu pourras acheter le champ d'un autre, et ne jamais vendre
le tien.

« Invite des amis et jamais des ennemis;
préfère ton proche voisin pour ces invita-
tions, car quand il survient un accident, les
bons voisins accourent sans s'habiller, tandis
que les parens perdent leur temps à mettre
leur ceinture; autant un bon voisin est précieux, autant un mauvais est fâcheux; ton
bœuf ne périra jamais que par un mauvais
voisin. Sers-toi toujours d'une bonne mesure, quand tu vends à tes voisins, ajoute
même à la mesure, si tu le peux. Ne cherche
point des gains honteux, ils sont toujours
préjudiciables. Aime ceux qui t'aiment, et ne
recherche point l'homme qui te porte envie.

Donne exclusivement à ceux qui te donnent ;
ce n'est pas l'usage : celui qui donne de bon
cœur se réjouit, mais celui qui ravit par impudeur, telle modique que soit la chose, livre
son esprit aux remords. En ajoutant souvent
de petites choses à ton avoir, tu deviendras
riche, et tu ne sentiras jamais les horreurs de
la faim ; ce qu'on a chez soi n'inquiète plus,
tandis qu'on peut perdre ce qui est dehors. Il
est sage de s'occuper du présent ; on se tourmente pour les choses qu'on n'a pas : réfléchis bien à toutes ces choses.

« Sois toujours juste envers un ami, ob-
serve-toi quand tu joues, même avec ton
frère. La crédulité et la défiance sont également nuisibles ; défie-toi des agaceries de ta
femme, quand tu t'habilles, car s'abandonner ainsi à la femme, c'est comme si on se
confiait à un voleur.

« Un fils unique doit être préposé à la
garde de la maison paternelle ; l'opulence y
naîtra ; et vieux encore, le père aura des enfans. Jupiter se plaît à enrichir les nombreuses familles : si tu désires des richesses,
conduis-toi ainsi.

« Au lever des pléïades, commence à moissonner : quand elles se couchent, il faut la-

bourer; elles disparaissent pendant quarante jours et quarante nuits. Quand l'année est révolue, prépare tes outils : c'est la loi du laboureur, comme elle est celle des marins qui partent pour les pays lointains.

« Sois nu quand tu sèmes, quand tu laboures et quand tu moissonnes, si tu veux faire accomplir les dons de Cérès ; veille à la maturité de chaque chose, pour ne pas t'exposer à aller emprunter chez les autres : crains les reproches. Travaille donc, ô Persa ! les dieux l'ordonnent, de peur d'être forcé d'aller mendier avec ta femme et tes enfans ; tu pourras obtenir une ou deux fois ; mais si tu reviens, attends-toi à des refus, malgré tes belles paroles. Je t'ordonne donc de payer tes dettes et d'éviter la faim. Il faut d'abord te pourvoir de bœufs de labour, et t'attacher une femme non mariée pour suivre les bœufs. Prépare à la maison tous tes outils, et ne t'expose pas à recourir pour cela à ton voisin. Le temps passe vîte ; n'attends pas au lendemain, car qui fuit le travail, ne remplit jamais son grenier ; l'activité, au contraire, accroît la richesse. Le temporiseur est toujours pauvre.

« Lorsque le soleil est à son déclin, Jupiter agite le corps humain, qui est plus à l'aise, parce que le soleil n'échauffe que par intervalle; mais on est plus souffrant dans la nuit.

« Quand la terre se couvre de la feuille des forêts, souviens-toi que c'est la saison de couper des bois pour les harnois ; tout ce qui se coupe alors est moins sujet à se gâter. Coupe un mortier de trois pieds et un manche de trois coudées ; un essieu de sept pieds, c'est la juste mesure ; s'il a huit pieds, tu y prendras le maillet. Pour un chariot de dix palmes, il faut des jantes de roues longues de trois : coupe en outre plusieurs pièces qui soient courbes. Quand tu auras trouvé un chêne qui t'offre tout disposé le soc et le manche de la charrue, hâte-toi de l'emporter à la maison; ce bois résiste mieux à la force du bœuf, surtout si le laboureur fixe la dentille au timon par une cheville de bois d'olivier. Aie toujours deux bois de charrue disposés, afin que si l'une vient à se briser, tu en trouves une autre de suite ; le manche doit être de bois d'orme ou de laurier, et la dentille de chêne, la partie inférieure d'yeuse.

« Les bœufs de labour doivent avoir neuf

àns; ils sont plus forts, mieux exercés, et ils
ne se battent plus dans le sillon.

« Le laboureur doit avoir quarante ans;
qu'il trace des sillons bien égaux; il est propre, en outre, à bien ensemencer, afin de
ne pas semer deux fois : c'est un désir qui
occupe la jeunesse.

« Observe bien le passage, et la voix des
grues : elles annoncent la saison du labour
et les pluies de l'automne. L'homme qui n'a
pas de bœufs de labour, gémit dans son
cœur; toi, soigne bien les tiens; il est aisé
de dire : *Prêtez-moi des bœufs*, mais on peut
les refuser.

« L'homme opulent dédaigne ces précautions; l'insensé! il ne sait donc pas qu'il y a
cent sortes de bois à faire des chars et des
charrues.

« Dès que la saison du labour est venue,
il faut que toi-même et tes serviteurs, vous
vous mettiez tous à l'œuvre; le labour du
matin est propice; défriche au printemps.
Si tu refends tes sillons, à l'automne tu rempliras tes greniers. Si la surface d'une novale
est en poussière, ne crains pas les imprécations, ni la faim pour tes enfans; adresse ta
prière à Pluton, à Cérès, en mettant la main

à la charrue. Qu'un jeune serviteur s'occupe à chasser les oiseaux, les blés en seront plus beaux.

« Songe alors à ôter les toiles d'araignées de tes vases ; tu seras joyeux de les remplir. Riche, tu arriveras ainsi jusqu'au printemps. Le labour d'hiver donne peu de gerbes ; peu envieront ton sort en . les voyant porter. Jupiter aura détourné ses regards de ton champ ; mais si tu sèmes tard, il en sera tout autrement.

« Lorsque le coucou vient réjouir la terre, Jupiter alors verse d'abondantes pluies.

« Que le labour ne cache pas la corne du pied du bœuf ; le second labour en sera plus égal. Observe bien toutes ces choses, et le cours du printemps et des pluies des saisons. Quand le rigoureux hiver retient l'homme, laisse libres les forges et les tavernes ; alors l'homme prévoyant augmente ses richesses. Évite la pauvreté et les infirmités. En vain le paresseux se nourrit d'espérances ; il souffre de la faim ; il se tourmente, et trame de mauvaises actions.

« Au milieu de l'été, dis à tes serviteurs : *Faites-vous des toits, car l'été ne dure pas long-temps.* Il y a des jours funestes aux

bœufs. Crains les frimas que Borée ramène
de la Thrace. La terre et les forêts en sont
opprimées ; il arrache les plus grands arbres; toute la forêt répète son bruit horrible,
les bêtes féroces mêmes sont épouvantées :
elles serrent leurs queues entre les jambes,
le poil et la peau la plus épaisse ne les garantissent pas des traits de Borée. La brebis
seule, par son épaisse toison, lui résiste. Le
vieillard en marche courbé; mais son souffle
ne peut atteindre la jeune fille vierge, qui
habite avec sa mère, et qui ignore les œuvres
de Vénus ; son tendre corps, toujours propre
par les bains et assoupli par l'huile, lui fait
braver le plus rigoureux hiver, dans la maison la plus froide et dans les plus tristes ré-
duits.

« Il n'y a plus alors de pâturages, le soleil
n'éclaire que l'Ethiopie, et il ne fait que
se montrer à la Grèce. Partout les bêtes à
cornes, pour éviter la neige, s'enfuient en
grinçant des dents dans les bois. Dans cette
saison, toi-même porte un manteau et une
longue tunique, et fais passer dans le tissu de
longs fils de laine.

« Mets des chaussures qui soient faites d'un
cuir de bœuf tombé par le fer. Pour te pré-

server de la pluie, réunis plusieurs lanières de cuirs de taureau, de peaux de chevreaux des premiers nés. Couvre-toi la tête d'une cape, pour garantir l'oreille du froid, car sous le souffle de Borée, l'aurore est très-froide. L'air du matin réjouit les champs, le vent se charge de l'eau des fleuves, et il pleut souvent sous le souffle de Borée ; préviens les intempéries, rentre à ta maison, crains d'être inondé par un orage.

« Ce mois est funeste aux bêtes à laine comme aux hommes ; on consomme davantage. Les longues nuits viennent au secours des uns et des autres ; règle-toi toute l'année sur la longueur des jours et des nuits, et jusqu'à ce que la terre annonce ses fruits. Après soixante jours du retour du soleil, tu verras sortir l'ourse des eaux sacrées de l'Océan, et éclairer l'horizon du soir. La fille de Pandion alors vient annoncer le retour du printemps : taille alors la vigne ; c'est le meilleur temps.

« Quand le limaçon quitte la terre pour monter aux plantes et que les pléiades se cachent, cesse de travailler à la vigne, aiguise ta faucille, et dispose tes serviteurs à faire moisson.

« Evite de dormir à l'ombre des arbres, dans le temps de la moisson; le soleil alors épuise trop les corps. Hâte-toi de faire tes récoltes et de les déposer dans ta maison; commence au point du jour, le tiers de l'ouvrage doit être fait à l'aurore : l'aurore avance la marche du voyageur et le travail de l'homme des champs. L'aurore fait mettre en route un très-grand nombre d'hommes : c'est à l'aurore qu'on impose les jougs aux bœufs.

« Quand le chardon fleurit, et que la cigale par ses ailes fait entendre un doux bruit, les chèvres sont grasses, le vin est excellent, les femmes sont plus amoureuses, les hommes sont infiniment moins forts; les grandes chaleurs dessèchent la tête et les genoux. Il importe alors d'avoir en provision du vin de Biblos, des gâteaux de lait, du lait de chèvres qui ont cessé de nourrir, et de la viande de génisse nourrie avec des feuilles, et de celle de chevreau : préfère le vin rouge.

« Assis à l'ombre, place-toi de manière à sentir directement le zéphyr; recherche une source limpide: prends y trois mesures d'eau que tu mêleras avec une de vin.

« A la première apparition d'Orion, fais

battre tes grains sur une aire bien unie, exposée au vent ; mesure tes grains et mets-les
dans des vases : tout cela étant fait, occupe-
toi de louer un serviteur qui n'ait pas de toit
à lui, et une servante qui n'ait pas d'enfans ;
elles sont ordinairement fâcheuses.

« Nourris bien tes chiens, pour que le voleur ne profite pas de ton sommeil. Fais provision de paille et de foin pour tes bœufs et
pour tes mulets. Laisse ensuite tes domestiques se divertir et tes bœufs errer en liberté.

« Quand Orion et Sirius occuperont le
milieu du ciel, et quand l'aurore signalera
le retour de l'ourse, fais alors, ô Persa ! couper tes grappes de raisin ; laisse-les exposées
à l'air pendant dix jours et dix nuits ; place
ta vendange ensuite dans un lieu sombre et
frais : six jours après, verse le moût dans des
vases.

« Après la disparition des pléïades et des
hyades, souviens-toi de la saison du labour.
L'année agricole ainsi sera bien disposée.

« Si tu désires faire une longue navigation,
attends que les pléïades aient fui le fougueux
Orion. Crains les luttes des vents ; ne t'expose plus à rester en mer, et reprends les
occupations que je t'ai prescrites pour la

terre. Amarre ton navire à des pierres sur la plage; prépare les divers agrès de navigation; suspends le gouvernail à la cheminée. Attends la saison favorable pour remettre ton navire à flot; alors charge-le de marchandises du commerce. Ainsi, mon père et le tien, insensé Persa, manquant du nécessaire, s'embarqua pour chercher un meilleur sort et abandonna l'Elide, ne fuyant ni l'indigence ni l'opulence, mais la honteuse pauvreté que Jupiter inflige. Il se fixa dans le bourg d'Ascra, près de l'Hélicon, et dans un misérable village où l'hiver est violent, l'été insupportable, et où l'on n'est jamais bien. Mais toi, ô Persa! pour tes travaux comme pour ta navigation, choisis toujours un temps propice; préfère une barque à un navire. On met plus de choses dans un grand vaisseau; mais il y a plus de bénéfice avec un petit, quand les vents sont favorables.

« Quand tu voudras faire le commerce, pour fuir les créanciers et la faim, je te donnerai des conseils pour ta navigation, quoique je n'aie jamais fait de longs trajets sur mer et que je n'aie pas construit de vaisseaux; si ce n'est pour aller de l'Eubée en Aulide, où les Grecs autrefois réunirent une

si grande armée devant Troie, célèbre par
ses belles femmes.

« J'assistai au combat du valeureux Am-
phydamas, dans la Chalcide ; l'élite de la jeunesse y proclama des prix ; je me félicite d'y
avoir emporté celui d'un trépied d'or que je
consacrai aux muses de l'Hélicon, qui m'a-
vaient inspiré.

« Cinquante jours après le retour du soleil, la navigation est heureuse, si Jupiter
et Neptune sont favorables ; car ils peuvent
le bien et le mal. Les vents alors laissent la
mer tranquille. Empresse-toi de mettre ton
navire en mer et de le charger, pour être
plus tôt de retour ; n'attends pas surtout l'é-
poque de la vendange et les pluies de l'automne ni la première atteinte de l'hiver. Le
notus rend aussi la mer dangereuse.

« Il y a d'autres indices pour la navigation ;
c'est quand la corneille fait de la poussière
en se promenant sur la plage ; c'est encore
quand les premières feuilles paraissent aux
branches du figuier.

« Je n'approuve pas cependant les trajets
en mer, parce que les malheurs y sont trop
fréquens ; mais l'homme brave tout pour la
richesse : il est triste de mourir dans les flots.

« Réfléchis bien à ces choses ; ne mets point toutes tes ressources dans le navire : fais des réserves chez toi ; car il serait malheureux de perdre sa cargaison, comme de voir rompre l'essieu d'un char plein de denrées. Il y a un juste milieu en tout : observe-le bien.

« Dans ce temps, fais choix d'une épouse qui ait au moins trente ans ; le mariage alors a une heureuse issue.

« La femme doit passer quatre années en puberté ; à la cinquième on peut épouser ; c'est le moyen de conserver de bonnes mœurs. Préfère une femme qui demeure près de toi ; prends des informations, pour n'être pas le jouet de tes voisins ; car rien n'est meilleur ou pire qu'une femme qui sans feux consume un époux robuste, et le livre promptement à la triste vieillesse.

« Sois respectueux envers les dieux ; on ne doit pas traiter un ami comme un frère ; mais si on le fait, il n'est plus permis de l'offenser.

« Ne mens jamais ; si c'est ton ami qui commence, ou s'il se montre ingrat, souviens-toi de l'en avertir deux fois ; s'il se repent, pardonne ; car le malheur est sacré pour un ami ; que ton visage soit toujours serein pour lui.

« Ne te prodigue point pour aller chez les autres. Ne reçois pas trop d'hôtes à la fois ; évite la compagnie des méchans ; ne dis jamais de mal des bons ; ne souffre pas qu'on reproche à un malheureux sa misère. Le talent de la parole est un grand trésor pour l'homme ; mais combien il faut s'observer ! Si tu parles mal de quelqu'un, tu pourras entendre pire sur ton compte. Sois joyeux dans un festin d'amis, et pour lequel il doit y avoir plus de gaieté que de dépense.

« Ne fais jamais de libations à Jupiter, avec du vin noir, sans t'être lavé les mains ; ta prière serait rejetée.

« Garde-toi d'uriner au soleil, si ce n'est après son coucher. Pour cela ne t'arrête pas en voyage ; ne marche point le corps nu ; car les dieux se sont réservé la nuit pour errer sur la terre. L'homme sage et respectueux envers les dieux, pour faire autre chose, s'arrête dans une cour bien fermée tout autour. Assis auprès du foyer, garde-toi de montrer la moindre souillure. Ne fréquente point ta femme en sortant d'un festin funéraire ; tu le peux, si tu sors d'un festin en l'honneur des dieux.

« Ne passe jamais à pied une rivière limpide, sans avoir invoqué les eaux et sans y avoir fait une ablution ; celui qui ne le ferait pas serait puni.

« Quand tu es dans un festin sacré, ne coupe point avec le fer, un bois sec, après un bois vert. Ne pose jamais sur la coupe à boire, le vase qui sert à puiser le vin ; il en arriverait malheur.

« Ne prête point sur un immeuble ; cela n'est pas bien.

« Ne te baigne point dans une eau d'où sort une femme ; tu dois également interdire ce bain à l'enfant qui a douze ans révolus, comme à celui qui a douze mois ; car il en serait énervé, et tu pourrais t'en repentir.

« Dans les sacrifices, n'argumente point contre les rites et les mystères : les dieux ne le souffrent pas.

« N'urine jamais dans un fleuve ni dans une fontaine ; garde-toi encore d'y rien faire de pire : c'est offenser les dieux.

« Evite une mauvaise renommée ; celle qui vient rapidement est difficile à garder. La renommée que font les peuples, ne périt jamais : elle est celle même que font les dieux. »

DU POËME DES JOURS.

(Par Hésiode.)

CETTE œuvre, fort extraordinaire par sa composition, est une preuve nouvelle de la bizarrerie et du triste laisser aller des érudits et des lettrés sur les ouvrages littéraires des anciens; les uns et les autres, en crédit par leur position, les ont préconisés; et ce qui est plus bizarre encore, c'est qu'à aucune époque, ils n'aient pas osé soumettre les œuvres d'Hésiode à une discussion, au raisonnement que prescrit l'analyse, que dicte le goût, et que les temps anciens comportaient. Loin, au contraire, que le *Poëme des jours* ait fait élever la moindre atteinte au génie et à la gloire du chantre d'Ascrée, il y a eu un concert d'éloges sur toutes ses œuvres poétiques; je n'ai pas l'intention d'en faire un extrait; car il suffit, pour en bien juger, d'offrir quelques citations de ce poëme.

« Observe les jours d'après les lois de Jupiter; instruis-en tes serviteurs.

« Le troisième jour du mois est bon pour aller reconnaître des ouvrages en litige. Jupiter favorise ces jours.

« Le premier de la nouvelle lune, le quatrième et le septième sont des jours sacrés ;
c'est ce jour-là même que Latone enfanta
Apollon, armé d'une épée d'or.

« Le huitième et le neuvième sont éminemment favorables pour s'occuper des ouvrages des mortels. Le onzième et le douzième sont également bons ; l'un pour tondre les brebis, l'autre pour faire moisson ;
le douzième cependant est meilleur que le
onzième. Au tiers du jour, l'araignée tend ses
toiles ; la fourmi se met en campagne ; la
femme ourdit son fil et commence sa toile.

« Défie-toi du treizième jour d'un mois.
Commence à semer ; il est excellent pour
planter. Le milieu du sixième est funeste aux
plantes. Il est bon pour créer des enfans ;
mais il n'est pas utile aux filles que l'hymen
ou l'amour sollicite ; il n'est pas meilleur
pour engendrer des filles ; mais il est très-
favorable pour châtrer les chevreaux et les
agneaux et pour enclore une étable. Un
homme qui engendre, aime les agaceries,
les leurres, les paroles douces et les colloques
secrets.

« Le huitième du mois est bon pour *châtrer le taureau* qui mugit.

« Le douzième est meilleur pour faire cette opération *aux mulets*.

« Dans le vingtième, au milieu du jour, engendre un homme ; il sera prudent et sage.

« Le dixième est bon pour les garçons ; le milieu du quatorzième pour les filles.

« Dans ce jour, fais-toi connaître de tes brebis, de tes bœufs, de tes chiens et de tes mulets : flatte-les de ta main.

« Souviens-toi d'éviter le quatrième d'un mois qui finit et commence, pour t'occuper de la vigne ; car ce jour est sacré. Conduis ton épouse à ta maison ; observe pour cela les oiseaux qui sont excellens pour ces choses.

« Evite les cinquièmes, parce qu'ils sont funestes ; c'est ce jour-là que les Furies se promènent, afin de recruter pour l'enfer.

« Au milieu du septième, occupe-toi diligemment de vanner les dons de Cérès, sur une aire bien unie. Le bûcheron, ce jour-là, doit couper du bois de force pour les vaisseaux. Mais le quatrième, assortis et fixe les pièces de bois. Le milieu du neuvième, après midi, est le meilleur pour cela ; il est tout à fait indifférent pour les hommes ; mais il est bon pour les hommes et pour les femmes qui veulent engendrer.

« Il n'y a plus alors de jour absolument mauvais ; mais peu d'hommes savent que le troisième du mois est très-bon pour préparer des vases et pour imposer le joug aux bœufs, aux mulets, aux coursiers. Conduis ton vaisseau en mer ; mais peu affirment que cela soit bon. Le quatrième, ouvre tes vases vinaires. Le milieu du jour est éminemment favorable. Peu d'hommes, encore, savent que le vingtième est excellent, dès le lever de l'aurore ; après midi, le jour est détestable ; tous ces jours, néanmoins, servent bien les intérêts des hommes ; les autres jours intermédiaires sont à peu près nuls ; chacun les loue, mais peu les connaissent.

« Quelquefois un jour est funeste, d'autres fois il féconde : ceux qui s'occupent de cela peuvent être heureux, si toutefois ils observent les augures, et si on évite d'offenser les dieux. »

CHAPITRE II.

Observations sur les œuvres d'Hésiode et sur sa réputation, comparées à celles d'Homère. — Homère a eu des zoïles, et Hésiode n'a eu que des louangeurs. — Hésiode ne connaissait pas la pratique de l'agriculture. — Hésiode n'a point inspiré Virgile.

ON ne sait en vérité pourquoi les érudits et les lettrés, dans tous les temps, se sont attachés à donner des supériorités à Hésiode sur Homère; est-ce parce que le chantre d'Ascrée n'a pas été compris? Est-ce parce qu'ayant dit des choses merveilleuses sur les œuvres de la création, il a été considéré comme un homme de génie? Ne serait-ce pas plutôt parce qu'Homère ayant produit deux chefs-d'œuvre de poésie en l'honneur de la Grèce, le vulgaire des érudits et des poëtes a mis une sorte de jouissance à déprécier ce chantre simple et sublime, et à lui opposer Hésiode, qu'ils ont voulu faire considérer à

la fois comme un poëte épique et géorgique?
Ils ont cru d'abord déférer une première supériorité à Hésiode, en le disant plus âgé
qu'Homère, et en faisant présumer qu'Homère avait emprunté d'Hésiode une partie
de ses inspirations. Pour légitimer cette présomption, ils ont imaginé qu'Homère s'était
engagé dans une lutte littéraire, scientifique
et philosophique, et qu'il avait été vaincu
par Hésiode. Il faut, en vérité, n'avoir jamais
lu avec attention l'*Iliade* et l'*Odyssée*, si belles
dans leur ensemble, dans les détails et dans
l'ordre admirable qui y règne, soit pour l'intérêt, soit pour le but qu'Homère se propose
dans l'un et l'autre poëmes. Pour démontrer
l'immense supériorité d'Homère sur Hésiode,
il suffit au contraire de lire sa *Théogonie*, ses
Ouvrages et ses *Jours*, dans lesquels il n'y a
pas seulement absence d'ordre poétique,
mais une absence continue de jugement, de
bon sens, et de connaissances au vrai, des
choses de la nature et du théâtre des champs.
Quant à la prétendue lutte qu'on a osé supposer, c'est, dans toute la force du mot, un
mensonge, avec des amplifications. Le caractère d'Homère est trop connu : c'était
un homme éminemment modeste; et, pour

une telle lutte, il faudrait lui supposer bien
de l'orgueil et de l'ambition. Les divers sujets des dialogues imaginés sont si contraires
aux idées et à la science acquise d'Homère,
que l'imposture s'en décèle à chaque ligne.
Hésiode, dit-on, a lui-même déclaré qu'il
avait remporté en prix un trépied d'or, proposé par la jeunesse de l'Elide à celui qui se
montrerait le plus habile poëte ; mais il suffit de faire observer qu'Homère n'a jamais dit
un mot ni de ce concours, ni d'Hésiode ; et
qu'Hésiode, de son côté, en disant qu'il a
remporté le prix de poésie, n'a pas dit un
mot d'Homère. Au surplus, je prie le lecteur
de prendre seulement une légère connaissance de cette prétendue lutte pour dissiper
tous ses doutes, et que les Aristarques de
bonne foi et de vraie science auraient déjà
dû signaler comme une supposition injurieuse
au chantre des Grecs, et à tous ceux qui sont
épris d'admiration pour lui.

Si on examine maintenant les œuvres
avouées d'Hésiode, sa *Théogonie*, ses *Ouvrages*
et ses *Jours*, on ne peut pas même se permettre, avec quelque pudeur, de comparer
l'un des poëmes d'Homère avec ceux d'Hésiode. Je conçois que ceux qui admirent les

Paradis perdu de Milton (1), soient portés à faire honneur à Hésiode de la création de ses dieux et déesses, et qu'ils le regardent comme le législateur de l'organisation théogonique, sur laquelle Milton a fait la hiérarchie de son *Paradis;* mais à tel ciel qu'on puisse faire l'application du système d'Hésiode, il n'en reste pas moins pour constant que, de la part du chantre d'Ascrée, comme de celle de Milton, c'est une aberration continuelle, ou l'ouvrage d'hommes en délire. Le simple échantillon de sa *Théogonie* que je viens de donner, suffit pour la faire bien juger et pour faire mettre le poëme entier à l'index de la vraie poésie, du bon sens, et même de l'orthodoxie mythologique.

Ses *Ouvrages* et ses *Jours* ont à la vérité des rapports avec la poésie géorgique didactique, puisque le poëte y donne des préceptes

----

(1) Car il y en a deux; c'est-à-dire, *le Paradis conquis,* dans lequel plusieurs lettrés trouvent plus d'art et de sagesse dans l'ordonnance du plan, qui, du moins, a un but, ce qui est le complément d'un vrai poëme. Faisons observer à nos jeunes littérateurs, qui jurent encore sur la foi des Lamotte et Delille, que Milton lui-même donnait la préférence à son *Paradis conquis.*

qui ne sont pas sans doute marqués au coin
de l'expérience de son temps; mais encore
indiquent-ils les intentions du poëte. La notice que je viens d'en offrir décèle manifestement un homme qui a voulu faire un poëme
géorgique, mais qui, faute de connaissances
et de pratique, a jeté sans mesure ses idées
et ses préceptes à travers des sujets bizarres
et absolument étrangers à un poëme didactique.

On répète avec complaisance son précepte, qu'il faut être nu pour semer, pour
labourer et pour moissonner; mais lui-même
a dit qu'à l'aurore il fallait imposer le joug
aux bœufs; et qu'alors, dans la saison du labour, la température est très-froide. Est-ce
un précepte raisonnable de prescrire que le
bœuf du labour ait neuf ans? qu'un laboureur
doive être âgé de quarante ans? Connaissait-il
les bêtes à cornes, celui qui les fait s'enfuir
en grinçant des dents? Mais ce qui manifeste
le plus qu'Hésiode n'était pas un vrai poëte
géorgique, ou du moins qu'il ignorait absolument l'agriculture, c'est qu'il ne parle ni
de l'éducation des troupeaux, ni de celle des
coursiers, qui attiraient pourtant alors l'attention de toute la Grèce, et dont Homère a

laissé des descriptions si justes et si brillantes. Dans Homère, on trouve des notions
sur toutes les parties de l'agriculture, de l'é-
conomie rurale et des mœurs des champs,
et cependant il s'agit d'un poëme épique;
dans Hésiode, au contraire, on ne trouve
que quelques mots sur l'agriculture, et une
série continue de maximes étranges ou étrangères à son sujet.

Je ne veux pas dire cependant que ses
compositions soient sans prix; car je pense
comme notre aimable philosophe Dupont
(de Nemours), soutenant à l'Institut national, auquel on proposait de mettre au pilon
tous les livres de prières des catholiques,
qu'il n'y a pas de mauvais livres. Je suis donc
loin de condamner tout Hésiode; car il y a
des pensées d'une haute sagesse, des digres-
sions agréables ou d'un sens profond, et qu'en
définitive, s'il n'a pas bien connu l'agriculture,
ce qu'il dit du moins de la charrue, du labour,
de la moisson, de la vigne et de la vendange,
sert à fixer l'histoire sur les premiers essors
des Grecs dans l'art de cultiver. Ses *Jours
heureux et malheureux*, quoique absurdes au
fond, contiennent néanmoins un fait précieux sur la castration, de laquelle Homère

n'a rien dit. Celle du mulet m'a paru plus extraordinaire, en ce qu'elle suppose qu'il allait paître aux champs; en ce que l'opération
est plus difficile pour la sûreté de la vie de
l'animal; en ce que le mulet, enfin, pour être
fort et pour vivre long-temps, a besoin de
conserver l'organe qu'on lui enlève.

Comme le lecteur est à portée maintenant
de juger des œuvres d'Homère et d'Hésiode,
je désire lui soumettre quelques réflexions
sur la direction qu'ont donnée à l'opinion les
Aristarques anciens et modernes, et presque
tous les lettrés de chaque âge, sur le mérite
transcendant d'Hésiode, et même sur sa supériorité à l'égard d'Homère. N'est-il pas bizarre qu'Homère ait eu des zoïles en Grèce,
à Rome et à Paris, tandis qu'Hésiode a ob-
tenu des éloges successifs et une vénération
en quelque sorte universelle?

Pourrait-on affirmer qu'il n'en sera pas
ainsi de Delille à l'égard de Virgile, par suite
de l'engouement général pour le traducteur
des *Géorgiques* latines, qui n'est au fond qu'un
habile versificateur?

Ceux qui jugent, sur la foi d'un maître,
du mérite des ouvrages littéraires, et ce nombre est immense, s'autorisent des suffrages

de Pline, d'Horace, de Virgile, de Cicéron,
pour proclamer Hésiode le plus grand et le
plus ancien des poëtes; mais de la part des
uns et des autres, c'est moins un jugement
porté sur les œuvres d'Hésiode qu'une mention d'honneur pour son genre de poésie. Il
était bien sans doute de la part de Virgile
d'honorer de son hommage le premier chantre géorgique; mais ce qui prouve sans ré-
plique que Virgile ne le jugeait pas sur ses
Ouvrages et ses *Jours*, c'est qu'il a fait lui-
même des *Géorgiques* qui n'ont rien de commun avec celles d'Hésiode. Horace, il est
vrai, a parlé avec gloire du chantre d'Ascrée, parce que lui-même aimait la vie des
champs, et qu'il mettait du prix à signaler un
poëte qui avait consacré sa muse à chanter
l'agriculture. On sait d'ailleurs qu'Homère
n'amusait pas toujours le chantre de Tibur,
dont le genre et le sautillement étaient si loin
de la manière large et grandiose du chantre
des Grecs. Quoi qu'il en soit, il n'en a pas
fallu davantage pour perpétuer, dans la tradition des lettrés, un hommage unanime en
l'honneur d'Hésiode. Cet hommage a eu une
influence très-fâcheuse; car on a regardé le
poëme des *Ouvrages* et des *Jours* comme un

modèle à suivre. On admire Virgile dans
ses *Géorgiques* par sa science, par l'ordre et
les détails qu'il a suivis, comme on l'admire
par la richesse de sa poésie; mais voyez les
Saisons de Thompson et de Saint-Lambert,
les œuvres de Rosset et de Roucher, voyez
l'*Homme des champs* et les premiers *Jardins* de
Delille, la *Maison des champs* de Campenon,
et le *Printemps d'un proscrit* de Michaud,
toutes leurs compositions sont au ton de celles
d'Hésiode, c'est-à-dire remplies de hors-
d'œuvres, relativement au titre et au sujet;
tous ont en horreur les détails qui se trouvent dans Homère et dans Virgile; les traducteurs mêmes se sont fait une tâche ou une
règle de goût de les absorber, ou de les en-
joliver à leur manière, en dénaturant à la fois
les choses et les êtres.

J'avais besoin de faire ces réflexions, qui me
sont suggérées par la différence immense que
je trouve entre Homère et Hésiode; j'en avais
besoin surtout pour faire sentir à tout jeune
lecteur, ami des lettres, et non prévenu par
la tradition des écoles actuelles, qu'avant de
se prononcer pour les auteurs anciens, il
doit avant tout lire leurs œuvres, et les apprécier d'après les principes qu'avouent la

nature, le goût, et surtout le bon sens ; j'ai
voulu encore le faire tenir en garde contre
tant de réputations usurpées, et qui n'ont
d'autres fondemens que de basses sollicita-
tions, des éloges ou des flatteries de circonstance ; j'ai voulu enfin, s'il se rencontre un
jour quelque jeune poëte, élevé aux champs,
doué du génie de l'observation, et qui rapporte moins les hautes applications du génie
poétique à la connaissance des hommes, dans
les grandes cités et dans les cours, qu'à celle
des choses et des êtres qui constituent le domaine de la nature, qu'il n'ait point, comme
les poëtes en crédit, horreur ou mépris pour
des détails qui font la vie des poëmes d'Homère et de Virgile, les deux princes de la
poésie.

J'ai donc cru nécessaire, pour l'honneur
et pour l'avancement de la poésie en France,
de faire cette digression anticipée ; je l'offre,
au surplus, comme dans les édifices impar-
faits on laisse des pierres d'attente pour des
constructions ultérieures.

Je poursuis donc maintenant le cours de
l'histoire sur l'agriculture des Grecs.

CHAPITRE III.

CALLIMAQUE. (600 *ans avant Jésus-Christ.*)

Des thesmophories et des fêtes d'Eleusis.

———

JE crois me rattacher à l'ère même d'Homère et d'Hésiode, en rappelant ici les célèbres solennités des Grecs en l'honneur de Cérès et de Bacchus, desquelles Callimaque, qui vivait six cents ans avant Jésus-Christ, s'est principalement occupé. Ce rappel, s'il est bien compris, doit seul donner une juste et grande idée du prix que les Grecs attachaient à l'agriculture.

Dans les thesmophories et les éleusines, tout était grand, divin et profond : le but, les cérémonies, les différences et même les mystères. Ils étaient dignes d'être législateurs, ceux qui ont conçu l'idée d'un culte solennel à Cérès, et qui en ont déterminé la périodi-

cité, le concours général, la base et les accompagnemens ; ils étaient purs envers le
Ciel et pieux envers l'humanité, ceux qui faisaient dépendre l'abondance et la prospérité
publique, de la science et de la vénération
pour l'agriculture ; ils étaient de vrais apôtres, ceux-là qui voulaient que l'homme sanc-
tifiât ses travaux par des prières et par des
offrandes à la Divinité. Ceux donc qui ne verraient, dans ces grandes solennités, qu'une
institutions bizarre ou mythologique, seraient
dans une grande erreur ; car le culte à Cérès
embrassait les grands travaux des champs
dans les quatre saisons : il se justifie par les diverses cérémonies usitées pour les semailles,
pour les moissons et pour les récoltes des
fruits. La pompe imprimée à ces augustes cérémonies ne fait que donner une plus haute
idée de la sagesse des premiers Grecs, qui,
au surplus, imitaient en cela les Égyptiens,
les premiers agriculteurs de la terre.

Les thesmophories et les fêtes d'Eleusis
comportaient deux grands caractères : le premier avait rapport au besoin de faire aimer
et honorer l'agriculture, en déclarant que les
dieux et les déesses mêmes l'avaient exercée ;
le second concernait le dessein de favoriser

la population, pour soutenir la patrie, l'empire et le sacerdoce, et pour répondre en outre au commandement universel de Dieu sur les procréations.

Les thesmophories étaient les plus solennelles et les plus pompeuses : elles embrassaient d'ailleurs la double cause de l'agriculture et de la population.

Les fêtes d'Eleusis appelaient les initiés de tous les points de la Grèce. Aux thesmophories, il n'y avait exclusivement que des femmes; aux éleusines, il y avait concours d'hommes et de femmes. Celles-ci avaient toujours lieu à la saison des semailles. La première condition pour y être admis, était d'avoir été initié. Les rois mêmes ambitionnaient cet honneur, et il a été refusé à beaucoup d'entre eux, armés du sceptre de la tyrannie. Les thesmophories duraient cinq jours. Les femmes, pour s'y préparer, devaient s'abstenir, pendant neuf nuits, de dormir avec leurs maris; afin de conserver plus sûrement leur continence, elles parsemaient leurs lits des fleurs de la plante dite *agnus castus* (1). Pendant le jour, elles en mâchaient

____

(1) *Ad castitatem, Venerisque impetum cohibere, non*

les feuilles. Elles devaient jeûner, et s'abstenir de toutes choses qui pouvaient troubler leur recueillement.

Les lustrations avaient lieu pendant la nuit. Avant de se mettre en marche, un héraut criait à haute voix aux hommes de s'éloigner : *Procul, impius omnis.* On partait du temple en chantant des hymnes, et on se dirigeait vers un bois sacré, composé d'arbres odoriférans, d'ormes, de vignes, de pins et d'arbres à fruits (*Cereris lucus*). Il était défendu sous peine de la vie, aux hommes, d'y assister; il était encore sévèrement interdit de se placer sur des hauteurs pour voir le cortége.

Les éleusines avaient aussi leurs mystères, sur lesquels il fallait garder un secret absolu.

Aux thesmophories, les chars étaient traînés par des bœufs; aux éleusines, par des chevaux blancs, *albis equis curru quàdrijugo.* Les roues aux chars des femmes n'étaient pas radiées, mais en bois plein. Une bande de fer fixait l'aire, l'essieu et la corbeille mysté-

---

tantium esu, sed potu foliisque agni casti cubitus sibi sternunt. (Théoph., l. 1.)

rieuse dans laquelle étaient les choses propres aux initiations, le sel, le miel et des instrumens de sacrifices. Les vierges, qui
suivaient le char des prêtresses de l'initiation, portaient sur leurs têtes des corbeilles
remplies de fleurs et de fruits; d'autres tenaient à la main des épis; d'autres divers
fruits et des toisons de laine, *velleribus lanæ...
textricibus virginibus et omnes fruges.* (Id.)
Toutes marchaient pieds nus, *discalciatæ.*
Malheur à celles dont les cheveux étaient
flottans! Il était donc imposé de les contenir
par des bandelettes, *perpera quos capillos
dispergit, indà, usus stringere comam.* (Id.)

Arrivées au bois-sacré, elles déposaient
leurs corbeilles sur l'autel de Cérès, où étaient
inscrites sur l'airain les lois antiques de la
déesse : *In æde Cereris ære incisas, leges.* (Id.)
Ces exercices se terminaient par des prières
pour obtenir la fructification des épis, la
conservation des troupeaux, la prospérité
des moissons, et la paix, afin, est-il dit, que
celui qui a labouré et semé puisse recueillir :

> *Salva dea*
> *Magna regina dearum*
> *Refer agris matura omnia;*

Pasce boves , pasce oves ,
Fer spicam , fer messem
Fove pacem. . . . . .
Ut, qui aravit, ille metat
Propitia sis (1). . . . . .
(CALLIMAQUE.)

Il serait téméraire de vouloir expliquer
tous les détails et les rites ; car là, comme
ailleurs, il y a une large part à faire aux hommes du sacerdoce. De grands érudits des
siècles ultérieurs, entre autres Cicéron et
Ovide, ont cherché à expliquer les mystères
de ces fêtes, auxquelles ils avaient assisté ;
mais leurs révélations n'ont point laissé de
conviction. L'histoire n'en serait pas plus
avancée. Les abstinences, les pieds nus, les
consommations, ne donnent aucune solution. Le pavot, qui surmontait les épis consacrés sur l'autel de Cérès, n'était au fond
qu'un symbole de fertilité : *Papaver fertilitatis*
symbolum. (HÉSIOD.)

Les commentateurs ont beaucoup écrit
et discuté pour expliquer le motif du pavot
à la couronne de Cérès et à ses autels ; les uns

---

(1) Santeuil n'a rien fait de mieux, et on esquive Callimaque !

ont cru le voir dans l'usage d'assaisonner la
surface du pain cuit sous la cendre avec la
graine de cette plante ; les autres ont prétendu que Cérès l'avait consacré, parce qu'en
proie à ses tourmens, l'emploi du pavot lui
avait rendu le sommeil. Je n'ose prononcer ;
on verra long-temps, au surplus, les Romains en assaisonner aussi leurs pains.

Mais sans chercher à expliquer ces mystères, on trouve des choses plus extraordinaires chez les Egyptiens, où les fêtes de
Bacchus offraient tant de détails extrêmes.
La phallagogie au surplus était chez eux une
grande solennité. Il convient de ne pas rappeler ces signes ; mais il serait injuste d'accu-
ser les anciens de libertinage et d'immoralité ;
car ils n'y voyaient qu'une chose sainte, qu'ils
référaient à la Divinité protectrice et à l'âme
du monde. A mesure que l'homme s'est civi-
lisé, il a abandonné ses premiers cultes. Les
Romains ont été les plus extrêmes dans le
leur, surtout aux fêtes de Bacchus ; mais n'a-
vons-nous pas vu parmi nous des figures
d'or et d'argent, représentant des membres,
appendues aux autels de certains saints ?
La simplicité et la sainteté des mœurs se
sont effacées dans l'Eglise chrétienne, en

raison du grand nombre des ordres monastiques, et de la pouzinière des clercs appe-
lés aux participations du culte des autels, et
dont le premier mobile a toujours été l'ambition et l'intérêt pécuniaire.

CHAPITRE IV.

ANACRÉON. (600 *ans avant Jésus-Christ.*)

Il a été mal traduit dans notre langue. — Sa philosophie. — Motifs de sa conduite et de sa carrière. — Il a bien connu le théâtre des champs. — Sa description du printemps. — Il a chanté la vendange et le vin. — Ses charmantes comparaisons. — Il a célébré la cigale. — Il a révélé le mécanisme par lequel le cygne rend des sons harmonieux. — La rose est pour lui la reine des fleurs.

Nos romantiques de Paris, nos doucereux faiseurs d'idylles et d'épîtres amoureuses, vont s'étonner de trouver, parmi les autorités de l'histoire de l'agriculture, le poëte des grâces, des roses et du vin; car ils ne peuvent croire à cette vérité de fait, que la poésie des anciens était la muse de l'histoire et de la science du domaine physique de la nature.

Un autre motif m'a déterminé : c'est qu'Anacréon a subi le sort d'Homère, de la part des traducteurs, tant on a eu mauvaise opinion de la langue française. Il est impossible, en effet, de reconnaître le chantre de Théos aux phrases insipides des Lafosse, Desmaret, Gacon, etc. Poinsinet de Sivri, quoique poëte, s'en est plus approché ; mais trop dominé lui-même par l'opinion que la langue française était à la fois ingrate, stérile et timide, il n'a point osé pénétrer dans la pensée propre d'Anacréon ; il a seulement effleuré le poëte à la manière des papillons ; le fond des choses, qui, dans le poëte grec, fait tout le charme et le prix du style, et qui décèle sans cesse un génie aimable et profond, a été noyé dans de vaines circonlocutions.

Pour bien juger Anacréon, il faut se rappeler les circonstances de l'époque où il vivait. Athènes et Lacédémone s'observaient comme deux athlètes près d'en venir aux mains ; Phalaris et Cambyse épouvantaient par leurs cruautés et par leur féroce tyrannie ; Esope venait de perdre la vie pour avoir osé dire quelque vérité ; partout on ne voyait que des assassins et des émeutes ; les sicaires et les rhéteurs corrompus n'attendaient que le signal des maîtres pour agir ; les guerres de peuple à peuple étaient non moins terribles : Thyrtée avait fait oublier Homère.

Exempt d'ambition, Anacréon ne se fit point acteur politique; il prit le parti que nous n'avons pas le droit de condamner, de céder au torrent, à la manière des joncs et des arbrisseaux. Ses débuts poétiques furent goûtés aux cours des tyrans, et même aux armées.

Les chants d'Anacréon, riches de poésie, d'un rythme léger, agréable et harmonieux, firent promptement fortune. On les chantait dans les cours des grands et dans les places publiques : ils consolaient le guerrier que les malheurs publics avaient frappé.

Anacréon n'aimait pas les tyrans; il refusa de se rendre, comme commensal, à la cour d'Ipparchus, qui lui faisait des offres magnifiques. Platon n'a pas été si difficile. On ne peut se dissimuler cependant qu'il a produit une sorte de révolution fatale à l'esprit public, à l'amour de la patrie, et qui a été beaucoup trop favorable à la tyrannie. Les plus grands hommes, à son exemple et à sa voix, ont à l'envi consacré à l'amour et au vin. Il ne faut pas même en excepter Aristide, ni celui que nos idéologues nomment *le Divin*. Les sophistes enfin sont survenus, et ils ont hâté la perte de la Grèce.

Voici, au surplus, la philosophie d'Anacréon sur l'or :

« Si l'or, disait-il, pouvait prolonger la vie, on me verrait sans cesse occupé à en amasser... Mais il est sans prix pour le vrai philosophe ; ainsi je veux donc m'enivrer de vin et d'amour : tous les chagrins, au surplus, s'apaisent quand on est dans l'ivresse. »

Les nouveaux hypocrites et les tartufes condamnent la philosophie d'Anacréon ; mais qu'ils se rassurent : les femmes ni le vin n'ont plus d'empire parmi nous ; tout est changé dans nos mœurs : le vin ne donne plus de plaisir qu'aux gens de grosse étoffe ; l'agio maintenant absorbe tous les sentimens d'amour que nos aïeux prodiguaient aux femmes, et, pour les alliances, les spéculations ont pris la place des inclinations.

Essayons une faible prose sur la brillante poésie d'Anacréon, et sur sa philosophie, plus belle encore.

« Dès que je bois un vin délicieux, je me livre à la joie, et célèbre les Muses.

« Dès que je bois, les soucis importuns et la fatigante prévoyance disparaissent dans le vague des airs.

« Dès que je bois, je tresse une couronne

de fleurs; j'en pare mon front, et je chante le bonheur d'une vie paisible.

« Dès que je bois, mon âme se découvre tout entière : rien ne plaît tant qu'un doux loisir et le repos.

« L'adolescent qui aura un peu connu le monde, et qui hésitera sur le genre de vie qu'il doit prendre pour être heureux, se hâtera de quitter les vains passe-temps des villes et de la cour, pour aller vivre à la campagne.

« Qu'il est doux de s'égarer dans une belle et riche prairie, où le zéphyr exhale les plus suaves haleines, de s'arrêter pour contempler les trésors de la vigne, et de s'asseoir sous l'ombrage, à côté de sa douce amie. »

L'homme que le séjour continu de la capitale a rendu indifférent pour les charmes du printemps, doit néanmoins se sentir électrisé d'amour et d'admiration, s'il peut lire et comprendre Anacréon sur la plus belle partie de l'année.

« Quand le printemps commence, les Grâces se parent de roses; la mer dépose ses fureurs; les cygnes et les grues reviennent occuper leur patrie native; le soleil brille plus pur; le laboureur reprend ses travaux; la

terre partout enfante ; la vigne s'annonce :
elle gonfle ses veines ; les fleurs fécondes se
montrent, et je préfère une outre de vin à
un sceptre. »

Anacréon regardait la vendange comme
une époque où l'homme est sans maladie. Le
corps et l'esprit en reçoivent une nouvelle
vigueur. Je n'ai point à traduire son hymne
sur la vendange : je me borne à faire observer
seulement ce qui se rapporte à l'usage pratiqué de son temps :

« Les jeunes gens coupent les raisins noirs,
qu'ils portent sur leurs robustes épaules ; ils les
remettent à de jeunes filles, qui les portent
au pressoir ; les hommes chantent des hymnes ; ils foulent avec leurs pieds le raisin,
dont le jus coule en ruisseau. Les vieillards
viennent boire au pressoir, et bientôt ils se
mêlent aux danses et aux chœurs des jeunes
gens ; bientôt aussi leurs jambes trahissent
leur ardeur... »

Il résulte de cette hymne, 1° qu'au temps
d'Anacréon on préférait le raisin noir ; 2° que
la vendange, comme au temps d'Homère, se
mettait dans des corbeilles ; 3° que le vin
nouveau était déposé dans des vases laissés
quelque temps à découvert.

Le vin mêlé d'eau était d'usage encore, comme du temps d'Homère. Anacréon dit à son jeune ami :

« Mets les deux tiers d'eau dans un certain vin, afin que je puisse sortir décemment du festin. »

Il était d'usage encore de mêler le vin avec du miel.

On trouve dans ce poëte élégant d'aimables comparaisons, qui décèlent de la philosophie et un esprit observateur ; ce qu'on ne trouve jamais, ni dans l'âme ni dans le savoir de nos Delille, Saint-Lambert et Lamartine ; je n'en citerai que deux preuves : il compare les soupirs d'une douce et tendre amie à ceux d'un jeune faon. Dans la réalité, il est impossible de faire une comparaison plus juste et plus exquise. Une autre fois il compare l'effervescence de son amour au frémissement d'un fer rouge plongé dans l'eau froide. Combien de tels ornemens sont étrangers aux poëtes de notre temps.

Les anciens avaient pour le moins autant de pudeur et de mœurs que les modernes. Les censeurs moroses ont condamné l'ode qu'il adresse à une jeune cavale de Thrace. On ne veut pas voir que la haute poésie, celle

du génie, est essentiellement historique.
Théocrite et Virgile, d'ailleurs, n'ont pas cru
faire un outrage aux mœurs en s'expliquant
sur un vice infâme. Anacréon avait bien observé l'ardeur impétueuse de la cavale, lorsqu'elle est en proie aux feux de l'amour. En
la faisant connaître, il n'a pas cru déroger à
la dignité du style poétique et à la vérité de la
nature.

Il est très-remarquable que tous les poëtes
anciens, à commencer par Homère, ont célébré la cigale; mais Anacréon, sur ce sujet,
les a tous surpassés. Elle était un pronostic
heureux chez les Grecs; à peine y fait-on attention en France, où, à juste titre, on peut
la réputer aussi comme un heureux pronostic pour la bonne qualité des vins. Mais faut-
il s'étonner que nos poëtes parisiens, pour
lesquels il n'y a, hors Paris, ni gloire ni succès, ne la connaissent pas? Anacréon en fait
un des charmes géorgiques; il dit :

« Que tu es heureuse, ô charmante cigale!
tu vis de rosée; tous les fruits de la terre sont
à ta disposition...

« Tu es chère au laboureur; car tu ne nuis
jamais à ses moissons. Tu annonces les beaux
jours; tu échappes à la vieillesse; tu ne res-

sens ni mal ni douleurs ; tu ne crains pas les ravages du sang ; peu s'en faut que tu ne ressembles aux dieux. »

Anacréon avait encore bien observé les cygnes et les hirondelles ; nous lui devons l'explication du mécanisme par lequel le cygne rend des sons harmonieux.

Velut aliquis cygnus caistri
Candidis alis modulans
Sonantem unà cum vento vocem.

Nos poëtes et nos savans ont nié à l'envi cette faculté du cygne, dont j'ai démontré et affirmé la réalité dans une note de mes *Géorgiques*, comme ayant entendu moi-même une troupe de cygnes qui s'étaient reposés sur un de mes étangs. Quant à l'hirondelle, il paraît certain, d'après Anacréon, que celles de la Grèce se retiraient aux bords du Nil (1).

Les chants du poëte sur les roses sont le

---

(1)   *Hirundo, in quidem annis,*
        Is singulis redisque
        Tu æstate nidulata
        Bruma soles latere
        Nilum peteasve Memphim.

triomphe de sa muse. Nul encore n'a même approché de lui sur un tel sujet.

« La rose est la fleur des dieux et la volupté des hommes ; elle orne les Grâces. Que peut-on faire de bien sans la rose ? elle guérit les maux, fait respecter les tombeaux. La famille enfin des roses est la plus noble et la plus féconde. »

Anacréon, ce chantre de la rose, n'en avait pas moins bien observé l'ordre et les mouvemens du ciel, des astres et de la mer : c'est ainsi qu'on devient un grand poëte (1).

Anacréon cependant a été mis au nombre des sages. Platon, le héros du jour, en est convenu. Le titre de *poëte* flattait Anacréon ; mais il le subordonnait à celui de *citoyen*. IL a fait aimer la vie : il a donc été un sage.

---

(1)   *Mare sensit ergo cælum...*
        Coalescit unda disco...
        Mens penetravit ergo.

CHAPITRE V.

PINDARE. (600 *ans avant l'ère chrétienne.*)

Pindare prenait ses inspirations dans la nature. — Il connaissait bien le théâtre des champs. — Comme Homère, il distingue les contrées par leurs productions. — Il dit les causes de la fertilité de la terre. — Il célèbre les courses d'Olympie et de Némée. — Il célèbre les rois vainqueurs; mais il subordonne tout à l'amour de la patrie et de la liberté.

Je n'ai que peu de choses à dire de Pindare; mais j'y attache un grand prix : car il prouve qu'on peut s'élever au sublime de la poésie, et rester néanmoins fidèle aux lois de la nature. Il n'a point dédaigné tout ce qui se rapporte à l'agriculture, ni les choses les plus rustiques, ni les animaux que nos poëtes musqués réputent ignobles et indignes de la poésie. C'est lui qui a fait cette maxime, que le sage est celui qui sait le plus de choses du domaine de la nature (1).

Pindare a chanté la gloire et les vertus que donnent la paix et les arts. « Celle des combats, a-t-il dit, appartient à Homère. » Des critiques ont osé blâmer son genre de poésie et les éloges de quelques rois; mais sans daigner s'en occuper, il s'est borné à dire : « L'aigle ne s'occupe point des choses qui font vivre les geais (2). » Dans ses odes les plus élevées, il nomme sans détour les étables, les mulets, le bœuf, la cavale, et l'âne même.

Pindare, comme Homère, ne cite point de contrée qu'il ne la caractérise par ses productions naturelles. « Orchomène est renommée par la belle race de ses chevaux (3), la Magnésie par ses cavales (4), l'Etna par ses neiges perpétuelles (5); Agrigente doit ses

---

(1)   *Is est sapiens qui multa.*
        Scit naturæ sagacitate. (Od. 2, *Oly.*)

(2)   *Aquila velox.....*
        Clamosi autem graculi
        Humilia depascuntur. (Od. 3, *Nem.*)

(3)   *Equorum pulchrorum genitrix Orchomenos.*
                        (Od. 10, *Oly.*)

(4)   *Equabus præclaris Magnesia.* (Od. 2, *Pithiq.*)

(5)   *Ætna nivosa. (Id.)*

richesses à ses troupeaux (1); la Lybie (2) est riche en fruits, en troupeaux, en froment (3); Marathon est opulente par ses arbres et par ses moissons. » (Od. 11ᵉ, *Pith.*)

Le prince des chantres lyriques n'a point eu de mépris pour les travaux de l'agriculture, et je suis heureux de rappeler à nos poëtes dramatiques et romantiques que Pindare avait parfaitement bien observé les causes de la fertilité des terres cultivées en céréales, et que, sur ce point, il en savait plus que les Tessier et les Yvart, organes de l'Académie des sciences, et qui excitent les agriculteurs et le gouvernement à la *proscription des jachères.*

------

(1) *Ad ripas pecorosi Agrigenti.* (Od. 10, *Pithiq.*)

(2) Que les souverains de la fatale Sainte-Alliance se fassent rendre compte de l'état de la Lybie au temps de Pindare, et du sort auquel elle est soumise aujourd'hui; ils seront honteux peut-être de leur assistance ou de leur coalition avec le grand-turc, dont l'existence politique, en Europe, sera toujours, d'une part, une honte pour les cabinets des Etats civilisés ; et, de l'autre, une cause ou chance de barbarie nouvelle en Europe. O Angleterre! tu pousses à la barbarie!

(3) *Maxime frugifera, pecorosa, tritici fera, Lybia.* (Od. 4, *Isthm.*)

Alcimidas descendait du grand Praxida-
mante, de la race des Œacides ; mais depuis
ce dernier, on n'avait vu aucun vainqueur
dans la famille. Pindare débute ainsi :

« Les dieux et les hommes ont une même
origine : la terre est la mère de tous ; le pouvoir seul en fait la différence. Il n'est rien
pour nous ; mais il est grand et immuable
pour les dieux. Quelques rayons de leur intelligence nous ont été départis, et c'est en
cela seulement que nous avons quelque res-
semblance avec eux. Nous ignorons pourtant
sur quels chars roulent les nuits et les jours,
ou quand nous arrivons au terme de notre
course dans la vie. Cela t'explique, Alcimidas, pourquoi, dans les familles les plus illustres, il y a des intervalles pour produire
des héros.

« *Ainsi, dans les champs du labour, il faut
laisser reposer la terre, pour lui faire recueillir
de nouvelles sources de fertilité* (1). »

Ceux qui se bornent à parcourir les odes
de Pindare, n'y voient ordinairement que des
mots, ou quelques étincelles de génie ; s'ils

---

(1) *Utpote frugiferis arvis aliquando..... rursùm quies-
centia, vires recolligere solent.* (Od. 6, Nem)

sont plus familiers avec la langue d'Horace,
ils doivent prendre une plus haute idée du
poëte grec qui a soumis toute la philosophie
morale et physique à sa muse ou à son rythme
exclusif; l'un et l'autre auraient dû convaincre les poëtes que l'ode admet tout ce qui est
dans la nature ; et cependant, voyez avec
quelle sollicitude les poëtes du grand siècle ont cherché à éviter tout ce qui sentait
ou rappelait la nature. Il suffit de citer Jean-
Baptiste Rousseau, Lamothe, et même le
fameux Boileau.

Pour un poëte lyrique, la liberté d'écrire
est sans bornes ; tout lui est soumis, tout est
de son ressort : le ciel et la terre, les dieux
et les rois, les palais et les chaumières, le
cèdre et l'hysope, le lion comme l'âne ou
le mulet, toutes les familles des volatiles
et les insectes. C'est Pindare du moins qui
nous autorise à consigner ici cette attribu-
tion. Semblable à l'aigle, son vol est audacieux ; et lorsqu'il veut prendre terre, son
vol encore est digne de l'oiseau de Jupiter.

Pindare avait un génie vaste et fécond. Il
pouvait avec gloire s'élancer dans la carrière
épique ; mais doué d'un sens parfait, il a jugé,
sous ce rapport, qu'Homère ne laissait plus

de gloire à recueillir ; il s'est ouvert une route
toute nouvelle, et la meilleure peut-être pour
corriger et refrener les rois et les tyrans. Sévère, sans être satirique ; libre, sans être
familier ; respectueux. sans être flatteur, il a
su dire à chacun des vérités relatives. L'a-
mour de la patrie et de la liberté a constamment animé sa lyre.

Au temps de Pindare, tous les peuples de
la Grèce attachaient le plus grand prix aux
exercices des lices et aux jeux solennels. Tant
qu'ils duraient, on ne pouvait faire la guerre.
Les lices les plus renommées ont été celles
d'Olympie, de Némée et de Corinthe. Chaque
nation y envoyait des députés, avec de riches
présens pour les vainqueurs, auxquels on élevait souvent des statues ou des monumens.

Dès que les rois et les tyrans ont été admis
dans ces lices, l'opinion et les prix en ont
été altérés. Leur luxe et leur pompe ont fait
oublier ou méconnaître la simplicité antique ;
ils ont charmé la multitude par leurs présens.
Chaque concurrent néanmoins devait se présenter avec ses haras ; leurs chars resplen-
dissaient d'or et de brillantes couleurs.

Chaque race de coursiers ayant eu déjà
des vainqueurs, était inscrite sur des re-

gistres publics ou sur des tables d'airain.

Dans les marches triomphales des chars ou des quadriges du Calpé ou de l'Apéné, on tenait à la main des palmes et des fleurs. La plus pompeuse et la plus chère était celle de la danse au dithyrambe, pendant laquelle il fallait s'accompagner de la lyre. Le prix ordinairement était un bœuf couvert d'un tapis superbe, et orné de bandelettes. Il portait à son croissant des couronnes ou des lames d'or; il marchait immédiatement sur les pas du vainqueur.

C'est par ce genre de gloire que Pindare entreprit de rendre les rois meilleurs et plus justes envers les peuples. Hiéron avait été vainqueur à la course des chevaux; il voulait encore remporter le prix des chars. Cette concurrence avait déjà excité la guerre entre des peuples. Pindare se chargea de célébrer la première victoire de Hiéron; le début en est remarquable :

« L'or, le vin et l'eau sont le principe de tout. Hiéron, continue-t-il, règne avec justice : la Sicile est heureuse; il est parvenu au faîte de la gloire; il ne peut désirer rien de plus (1). »

----

(1)   *Nè ampliùs prospecta.* (Od. 1, *Olymp*)

Hiéron, roi d'Agrigente, était sur le point de faire la guerre; il avait su la rendre nationale; dans ce cas, elle était terrible; car les peuples rivaux ravageaient stupidement les arbres et les champs. Chaque roi donnait pour cause les intérêts du peuple; mais au fond, il ne s'agissait souvent que d'une rivalité aux lices solennelles. Pindare élève la gloire que Hiéron s'est acquise; il doit être grand et généreux, et doit pardonner; il ose lui rappeler des exemples terribles contre les parjures. (Od. 2, *Olymp.*)

Pindare a célébré aussi Psaumis, qui était riche et qui avait été vainqueur; il était adoré du peuple par ses bienfaits rendus à l'agriculture. Il s'était signalé surtout par l'éducation des beaux chevaux. Il avait mis en liberté ses esclaves, et il avait été constamment généreux dans l'exercice de l'hospitalité; « mais pour cela, dit Pindare, ne songe pas, Psaumis, à te croire un dieu (1). »

Dans ce temps-là même, Hiéron avait désolé Syracuse; il en faisait enlever les habitans, pour les transporter dans d'autres villes; il était devenu un tyran épouvantable. Il

----

(1) *Ne quæras Deus fieri.*

s'avisa, pour couvrir tous ses forfaits, de solliciter la muse de Pindare, en lui offrant
une lyre d'or (1) : Pindare accepta la couronne, mais avec la résolution de lui dire la
vérité ; il lui dit :

« Il n'y a de gloire et de renommée que
« celle que donne la lyre des poëtes; la poésie
« créa les villes, et Typhon se tait dans l'Etna,
« quand il entend les Muses. Hiéron les ap-
« pelle autour de lui ; il veut donc rester fi-
« dèle à sa promesse et rendre ses peuples
« heureux : Crésus s'est rendu immortel par
« ses vertus, et la mémoire de Phalaris est
« en exécration. La justice est fille de Jupiter,
« et la liberté un présent des dieux (2). »

---

(1) Quelques moralistes blâmeront peut-être Pindare
d'avoir accepté le présent d'Hiéron ; mais, en y réfléchis-
sant, ils en jugeront autrement. Accepter la lyre, et
néanmoins dire la vérité au tyran, c'était à la fois faire
preuve de courage et de sagesse. Un refus eût irrité ; et la
vérité à dire n'était plus opportune.

(2)   *Aurea cithara . . . .*
        . . . . Ligatus Typhon ,
     Hieroni, deus adsit.
     Gratum excogitemus hymnum
     Cui urbem. . . . .
     Cum libertate condidit. . . . .

Pindare disait aux peuples et à leurs magistrats : « Ne désespérez jamais, tant que
vous conserverez l'amour de la liberté (1). »

Non perit Cræsi virtus
Odiosa Phalarin tenet ubique fama.
(Od. 1, *Pithiq.*)
(1) *Sanabilia sunt omnia,*
Salvâ libertate. (Od. 8, *Isthm.*)

CHAPITRE VI.

HÉRODOTE. (462 *ans avant Jésus-Christ.*)

Considérations sur Hérodote, en général mal jugé. — On ne doit
point le prendre pour modèle. — L'opinion de Plutarque. —
Hérodote ne connaissait ni le domaine de la nature ni l'agriculture; ses erreurs. — Il n'est digne, sous aucun rapport, d'être
comparé à Homère.

HÉRODOTE jouit dans le monde savant
d'une réputation qui occupe infiniment plus
les doctes et les lettrés que le grand et majestueux Homère; mais quelle en est donc la
cause? Serait-ce parce qu'il y a plus d'hommes
qui préfèrent l'histoire à la poésie? Serait-ce
parce que Hérodote a donné le ton, le style
et le thème de l'histoire, ou parce qu'il n'a
consacré sa plume qu'aux rois fameux et
puissans, les seuls dignes, selon nos historiens, des regards de la postérité? Son histoire
est-elle un modèle par le choix, l'ordre et

l'importance des sujets, par des révélations précieuses sur les origines, par des considérations philosophiques sur les causes habituelles des guerres entre les rois et les nations, et sur les bouleversemens des pays, théâtres des batailles? Il suffit cependant à l'homme impartial, que vingt siècles de guerres et d'exterminations ont éclairé, de lire avec quelque attention l histoire par Hérodote, pour être bientôt désenchanté et même étonné de l'immense réputation qui s'est élevée, soutenue et accrue sur le chantre d'Halicarnasse; car lui aussi, dans l'opinion des lettrés et des écoles, reçoit les mêmes titres et les mêmes hommages qu'on défère aux chantres d'Ilion, de Dircé, de Théos ou de Syracuse.

Je suis donc forcé moi-même, dans l'intérêt de l'histoire et de la vérité, d'offrir quelques réflexions qui ont pour but de faire prendre une autre idée d'Hérodote, que celle qui existe dans les écoles et dans les académies.

Hérodote, j'en conviens, a la gloire spéciale d'avoir ouvert la carrière de l'histoire, et d'en avoir donné le type aux hommes doués de quelque génie; il est de fait, du moins, que tous ceux qui, après lui, ont écrit l'histoire, l'ont pris pour modèle ; tous, malheureusement encore, ont considéré les guerres des rois, leurs familles et leurs cours, comme les seuls sujets dignes de la muse de l'histoire ; cet ordre de matières a été si rigoureusement suivi, qu'il est devenu parmi les lettrés un précepte et même un principe ; toute l'Europe savante, le grand siècle et Voltaire même, lui ont décerné presque unanimement le titre glorieux de *père de l'histoire* ; tous les historiens, du reste, ont été fidèles à cette impression et à ce décret académique.

Qu'on examine à froid l'histoire par Hérodote, on trouvera que dans toutes les circonstances, il a sacrifié impitoyablement les intérêts généraux des nations et ceux mêmes de sa propre patrie, et qu'il ne s'est occupé qu'à élever la gloire de l'ennemi, ou à justifier des expéditions qui font frémir. On n'y voit que des lices et des luttes bizarres ou criminelles entre les rois ou les prétendans aux trônes, des batailles ou des massacres, et, à leur suite, toujours le terrible esclavage ; on y trouve une série de harangues ou de discours supposés qui fatiguent les lecteurs les plus patiens, et qui amortissent d'ailleurs l'intérêt qu'on peut porter à certains belligérans, malheureux ou légitimes.

Je conviens qu'on y trouve aussi quelques morceaux qui produiraient l'effet des épisodes dans les poëmes ; mais il y a tant d'exagérations, ou tant de crédulité de la part de l'historien, qu'on ne peut s'y arrêter, ni pour les croire, ni pour les raisonner.

L'étonnement s'accroît bien plus encore sur la haute réputation d'Hérodote, quand on pense que cet historien a été vivement accusé de partialité par Plutarque, qui ne s'est pas livré à des déclamations, ou à des conjectures, mais qui a cité les faits sur lesquels Hérodote s'est trompé ; il signale en outre des erreurs de physique, de géographie et d'astronomie ; Plutarque, cependant, jouit de l'estime et de la confiance de tous les gens de bien, amis de la science et de la vérité.

Cette circonstance bien frappante n'a point refroidi l'enthousiasme qu'on a pris pour Hérodote. Des hommes de science et de littérature ont osé déclarer, qu'en tout ils préféraient Hérodote à Homère ; et s'abandonnant à la pente de cette misérable opinion, ils ont imaginé d'imposer à chaque muse l'obligation de prendre sous ses auspices un des livres de l'histoire d'Hérodote : n'est-ce pas là un vrai délire et le plus faux enthousiasme ?

Je ne dirai point ce qu'en ont dit Plutarque, Ctésias et d'autres encore, car je dois me borner à rechercher, dans son histoire, quel pouvait être l'état de l'agriculture de la Grèce à l'époque où il écrivait.

Un homme auquel on accorde tant de génie, ne pouvait ignorer les réalités des choses physiques, dans l'ordre de la nature et de l'industrie ; c'est même à ce caractère qu'on reconnaît la philosophie des anciens ; cependant cette première considération n'a pas fait plus d'impression sur les admirateurs d'Hérodote, que les plus hardis mensonges de certains voyageurs, ou que tous les prétendus phénomènes consignés dans le *Journal des savans*, des dix-septième et dix-huitième siècles. Hérodote lui-même n'a pas craint l'animadversion de la postérité ; car il se livre avec abandon à des récits qui offensent à la fois la nature, la raison et le goût. Croirait-on aujourd'hui M. Cuvier, de l'une et l'autre académies, du conseil d'Etat, etc., s'il nous di-

sait qu'il y a des bœufs qui paissent à reculons?
Croirait-on M. Mirbel, *professeur d'agriculture* au Jardin-du-Roi, s'il nous disait qu'à Ninive, et dans d'autres vallées de la Lybie, la terre est si fertile, que sans culture elle produit deux à trois cents grains pour un; que le froment y a des feuilles larges de quatre doigts, et des épis à deux tuyaux?

Croirait-on M. Huzard, de l'Académie des sciences et inspecteur vétérinaire, s'il nous disait qu'en Scythie, on engraisse les bœufs avec des arrêtes de poissons, et qu'il y a habituellement dans certains pays, des bœufs jumeaux?

Croirait-on M. l'abbé Tessier, médecin d'origine, inspecteur-général d'agriculture, s'il nous disait qu'il y a un pays où les enfans naissent sans tête? que les Perses ont remporté des victoires signalées, en faisant embusquer des ânes, dont les cris jetaient l'épouvante dans la cavalerie ennemie? que la seule vue ou l'odeur des chameaux faisait reculer d'horreur tous les chevaux qui en approchaient, et qu'il y avait dans l'Inde des fourmis grosses comme des chiens et des renards?

Voici pourtant quelques échantillons de la

science ou de la crédulité sur Hérodote, **et** dont le nombre est extrême dans son histoire; un seul aurait dû suffire pour faire tenir en garde contre les assertions et les faits du père de l'histoire.

Hérodote a écrit une œuvre de longue haleine, puisqu'elle remonte à Cyrus, et qu'elle se termine à la bataille de Platée, où les Grecs vainquirent les Perses : que de choses utiles et précieuses il avait à dire sur les Mèdes, les Perses, les Scythes, les Massagètes, sur leurs mœurs, sur leur régime de vie et sur leurs cultures respectives! De son aveu, l'armée des Perses était composée de dix-sept cent mille combattans et de quatre - vingt mille chevaux; il faut ajouter nécessairement à ce combat, celui des hommes de service, des femmes et des enfans de la suite ; il faut ajouter encore le nombre des animaux employés aux trajets ou destinés aux provisions. N'était-il pas du devoir d'un véritable historien, d'apprendre comment une si grande masse d'hommes et d'être divers, avait pu traverser tant de pays déserts, se soutenir et vivre dans les marches et les excursions? Hérodote, en historien digne du siècle de Louis XIV, a suppléé à toute explication de ce genre, en faisant dire par Xercès, à ses généraux inquiets sur les vivres : « Nous allons dans un pays où la terre est cultivée. » Mais Hérodote, qui fait tenir ce langage à Xercès, savait mieux que personne que la Grèce, déjà ravagée, pouvait à peine suffire à nourrir sa population. Les hommes les plus étrangers aux mouvemens des armées en guerre, doivent prendre une juste idée de ces réflexions, quand de nos jours, où l'Europe offre tant de ressources, il faut encore une grande et constante prévoyance pour assurer les vivres non de dix-sept cent mille hommes, non de cinq à six cent mille individus à la suite, mais seulement de cinquante à soixante mille hommes réunis en corps d'armée.

Les historiens modernes et les érudits mettent cependant Hérodote au premier rang des historiens; tous même le reconnaissent comme le père ou le créateur de l'histoire; ils ne reconnaissent à Thucydide qu'une supériorité de style. Son dernier traducteur, et académicien, a affecté pour lui un tel enthousiasme, qu'il a désigné les muses qui président à chaque livre; il a fait plus : il n'a pas craint d'établir un parallèle entre

lui et Homère ; il a comparé le style d'Hérodote à un fleuve majestueux ; déclarant en
outre que sa prose était une digne rivale de
la poésie d'Homère ; mais je le demande à
tout homme de sens : est-il permis d'abuser
à ce point des fonctions d'historien, et n'y a-
t-il pas une apathie déplorable dans une académie qui souffre de telles hérésies ?

J'ai déjà exprimé, dans mes *Considérations
sur l'histoire*, que *l'Iliade* et *l'Odyssée* étaient
un vrai trésor de science. Tous les hommes
de génie de l'Europe défèrent à Homère les
palmes de la poésie épique ; mais Hérodote
est bien loin de mériter ce double assentiment ; j'ai insisté sur le principe que, chez
les anciens, la poésie a été la première muse
de l'histoire : et quoi qu'en puisse dire M. Lé-
vêque et son académie, Homère est autant
au-dessus d'Hérodote, que le plus beau cèdre du Liban est au-dessus du saule du torrent.

CHAPITRE VII.

THUCYDIDE. (471 *ans avant Jésus-Christ.*)

Son style, et critiques relatives. — Description de la peste d'A-
thènes. — Cause de son exil. — Son histoire se rapporte à des
localités. — Il brille par ses discours et par ses descriptions. —
Il était étranger à l'agriculture. — On a exagéré ses talens et
ses défauts.

THUCYDIDE a été jugé plus sévèrement
qu'Hérodote; on ne lui a point donné les
neuf Muses pour cortége; on ne l'a point
nommé le *prince de l'histoire*. A la longue,
cependant, on a reconnu que le noble Athénien avait, par son style, une supériorité
décidée sur Hérodote. Quelques censeurs
ont trouvé le style de Thucydide trop serré,
souvent obscur (1); ceux-ci l'ont trouvé trop
prétentieux pour un style imitatif; ceux-là

______

(1) *Vix intelligatur.* (Cic.)

lui ont imputé une affectation de style laco-
nique âpre et dur. Une gloire toute nouvelle
s'est élevée naguère sur la mémoire de Thucydide ; on l'a regardé comme un grand
maître dans l'art des combats, et même, en
outre, comme un profond penseur politique ;
on a dit que Charles-Quint faisait de Thucydide ce qu'Alexandre avait fait d'Homère ;
on a cité en preuve de ces éminentes qualités, que plusieurs fois des membres du parlement d'Angleterre ont apporté le livre de
Thucydide à des séances, pour justifier des
points de droit public. Le parlement d'Albion ferait mieux aujourd'hui de profiter des
maximes de cet historien pour sortir des
routes tortueuses de sa diplomatie, qui, sous
le prétexte d'un vil négoce, laisse exterminer
une nation chrétienne, et la plus mémorable
qui soit au monde.

Il est toujours utile de rapporter dans un
livre d'histoire, et surtout quand il s'agit de
celle de l'agriculture, la mention d'une peste ;
car c'est un fléau qui suit toujours les guerres
d'extermination et les misères publiques ;
dans le moment où j'écris, elle menace d'en-
vahir la Grèce, l'Egypte et la Turquie.

Tout le Péloponèse venait d'être livré aux

fureurs et aux vertiges de la guerre ; Lacédémone faisait attaquer et ravager l'Attique; Athènes, de son côté, faisait ravager le Péloponèse par Périclès. Archidamas, général péloponésien, avait déjà fait couper tous les arbres à fruits des plaines et ceux du mont Cythéron; de part et d'autre on attendait avec impatience le retour du printemps, pour reprendre les hostilités, et exercer des désastres sur les moissons.

Au printemps de 432, avant l'ère vulgaire, les Péloponésiens s'étaient jetés dans l'Attique, et y avaient répandu la terreur et la famine. C'est au milieu de ces désolations que des navires arrivés de l'Ethiopie apportèrent un germe de peste, qui, du Pyrée, fit invasion dans Athènes : elle fut rapide et terrible ; les médecins d'abord, ne se doutèrent pas du fléau, et Thucydide fait observer qu'ils en furent les premières victimes. On eut recours aux prières, aux sacrifices, aux oracles; mais la peste ne fit que de plus grands ravages à la suite de ces lustrations; on était frappé subitement d'un violent mal de tête ; les yeux devenaient rouges, la langue sanguinolente, l'haleine précipitée et fétide ; on éprouvait de suite un grand enrouement

entrecoupé par de violens éternûmens ; ces
secousses agitaient violemment l'estomac et la
poitrine , et il en résultait une toux continuelle ; le cœur alors se soulevait et jetait
des flots de bile noire mêlée de plusieurs
couleurs.

Dans ces crises, les malades étaient livrés
à des gémissemens continus ou à des con-
vulsions ; la peau , livide et rougeâtre , était
couverte de pustules et d'ulcères ; on ne pouvait supporter l'application de vêtemens ; on
recherchait avec une sorte de frénésie l'eau
froide pour s'y plonger ; une soif inextin-
guible dévorait la bouche et les entrailles.

L'invasion n'était complète qu'au septième
ou neuvième jour ; ceux qui n'en mouraient
pas avaient encore à subir de cruelles douleurs dans le bas - ventre, causées par une
diarrhée active ; le mal se portait ensuite aux
extrémités, aux génitales, aux pieds, aux
mains ; les uns en perdaient l'ouïe ou la vue,
et les autres la mémoire.

Serait-il vrai que les animaux carnassiers
n'approchaient pas des cadavres, et que ceux
qui en goûtaient, mouraient aussitôt ; qu'il
en était de même des corbeaux et des vautours ; que les chiens fuyaient leurs maîtres

atteints de ce mal? « La peste, dit Thucydide, n'eut pas d'exceptions; elle frappa tout
le monde, le fort et le faible, l'enfant et le
vieillard, le pauvre et l'opulent ; on ne trouvait plus de gardiens, parce qu'on avait observé qu'à certain période de la maladie,
ceux qui avaient soigné les pestiférés étaient
eux mêmes frappés. »

Les hommes de la banlieue furent livrés au
même fléau ; ils accouraient à Athènes, es-
pérant y trouver des remèdes ou du soulage-
ment ; mais n'ayant point d'asiles, ils restaient
assis ou étendus sur la place publique ; les temples étaient fermés ; on entretenait un bûcher continuel, dans lequel on jetait les morts.

Il ne faut pas omettre un trait caractéristi-
que des Athéniens et des oracles ; c'est que,
pendant ce temps, le libertinage fut porté au
comble, et dans tous les genres ; l'oracle, se
disait-on, l'avait permis (1).

____

(1) Il existe aujourd'hui un dissentiment d'opinions sur
le point de fait de la contagion de la peste : ce qui prouve
que la science médicale, parmi nous, ne fait que commencer ses observations réelles sur ce genre de fléau.
Cette discussion polémique n'aurait pas eu lieu sous l'empire de la vieille Faculté de médecine, tant était grand

On fit alors l'observation que la peste n'attaquait pas les marins. Quinze cents soldats périrent dans un camp de quatre mille hommes ; mais ce qui doit le plus effrayer

---

le respect pour le corps des médecins, et surtout pour celui du clergé, qui aussi profitait de ces mortalités. Sans prétendre à juger ici les contagionistes et les non-contagionistes, je ferai observer d'abord qu'on trouve parmi ces derniers des médecins du premier mérite ; tandis que les premiers sont réputés avoir reçu de ce pauvre M. Corbière l'impulsion de leur opinion, ce qui la décrédite infiniment. Autant que j'en peux juger moi-même, comme victime exposée à la mortalité de 1811, en Bourgogne, causée par les prisonniers espagnols, je ne la crois pas contagieuse ; et j'en ai des preuves positives. J'ajouterai qu'en Espagne, les moines exceptés, les savans médecins nient la contagion. Je dirai que les allégations de peste n'ont point arrêté les mouvemens et les communications de l'armée française, en 1808 et 1809, dans le littoral de l'Adriatique, où se trouvait le théâtre de la guerre contre les Autrichiens. J'ajouterai que ni les Turcs ni les Juifs, par ces motifs, ne s'arrêtent nulle part dans leurs déprédations et communications. Toutefois, il faut applaudir à l'autorisation du gouvernement, qui envoie des commissaires en Grèce et en Egypte pour examiner cet important point de fait ; il faut rendre justice aux commissaires qui soutiennent le système de la contagion, puisqu'ils ont le mérite de s'exposer sciemment à la mort pour établir un principe ou des circonstances qui intéressent l'humanité.

encore, c'est qu'Athènes et Lacédémone ne s'en firent qu'une guerre plus cruelle. Revenons à Thucydide.

Il est plus que probable que cet illustre exilé n'avait pas de vocation pour écrire l'histoire; on veut cependant qu'il en ait pris la résolution après avoir entendu Hérodote lire la sienne à Elis. Si telle avait été sa résolution, il eût infailliblement choisi un plus grand cadre, et un sujet plus général que celui dans lequel il s'est resserré. Il paraît bien plus vrai que Thucydide, victime de l'animosité des magistrats, et dans l'exil, se sera réfugié dans le sanctuaire de Clio, pour y trouver des consolations, et pour se créer des loisirs dignes de lui. C'est ainsi qu'Ovide a cherché à tromper ses ennuis en écrivant tant de choses surhumaines, auxquelles infailliblement il n'eût jamais songé, s'il fût resté libre et heureux dans Rome.

Thucydide était issu d'une famille illustre, et qui comptait des rois; il commandait un corps d'armée pendant la guerre du Péloponèse; il se laissa surprendre par une attaque, et les Lacédémoniens s'emparèrent d'Amphypolis, qui avait été confiée à sa garde, et il fut condamné à l'exil.

Fidèle à sa patrie, il ne prit point de service contre elle : il préféra écrire l'histoire des évènemens dont il avait été le témoin, et de ceux qui se rapportaient aux missions d'Etat qu'il avait remplies.

Thucydide avait un caractère grave, que son exil rendit austère. Son style s'est fortement ressenti des dispositions de son esprit. Thucydide, d'ailleurs, se croyait innocent. Il écrivit plutôt peut-être pour se justifier de l'accusation qui planait sur lui, que pour laisser un monument historique. Peu façonné à la langue pure des maîtres d'Athènes, il écrivit selon son cœur et sa mémoire. Peu soucieux de produire de l'effet, comme Hérodote, il laissa aller sa plume au gré de sa mémoire. On remarque cependant parfois qu'il avait l'idée ou l'espoir que son travail parviendrait aux Athéniens. Il donne alors plus de soins à son style; il en varie les tours, et ses expressions forment une sorte d'harmonie imitative. Cette élégance, on le sent, est aussitôt suspendue ou ternie par l'idée continue de son exil, qu'il trouvait injuste : alors, comme dit Cicéron, il devenait bref, âpre ou sentencieux. Dans ses récits, ne pouvant consulter que sa mémoire, il scinde des actions et des pensées; de telle sorte qu'on peut bien en présumer le sens ou les conséquences; mais le lecteur reste avec des doutes.

Thucydide est éloquent et riche de grandes et nobles pensées, quand il fait ses harangues ou ses allocutions, ou lorsqu'il traite quelque sujet de morale ou de politique. Ses sentimens et ses désirs décèlent une belle âme et un grand homme. C'est dans cette partie qu'il mérite incontestablement d'être cité en modèle pour le style, pour la profondeur des vues politiques; c'est encore dans ses descriptions de combats et de tactique qu'on juge qu'il était un grand capitaine.

Comme Hérodote, Thucydide garde le silence sur les ressources que l'agriculture pouvait offrir. Il s'attache exclusivement à raconter les manœuvres et les siéges, les expéditions, les triomphes et les funérailles après les combats. Il nomme des chefs absolument inconnus à l'histoire, et des lieux dont on ne saurait plus trouver le site, ni même le nom. Qu'importe à l'histoire que Nymphodore ait épousé la fille de Situlcés, et qu'Aristonyme, eunuque, ait tenté un coup de main sur les côtes de l'Acarnanie?

L'histoire de Thucydide, au surplus, est ce qu'elle doit être de la part d'un homme doué d'une belle âme et d'un noble génie, que l'exil et les malheurs de la patrie ont rendu grave, sententieux, et peu jaloux de briller dans l'art d'écrire. Denis d'Halicarnasse a vivement critiqué son histoire : il serait difficile de prouver que ce dernier a eu tort; dans le doute, je m'empresse de me référer à l'opinion commune sur Thucydide, qu'il est un modèle par le style; mais que son ouvrage n'est pas un livre d'histoire proprement dit, fait pour instruire et corriger les hommes qui commandent et gouvernent les peuples et les armées.

Je ne terminerai pas ce coup-d'œil sur Thucydide sans faire observer que tous les éloges accumulés sur Hérodote et Thucydide ne sont que des gloses de spéculations pour faire vendre une édition. Il est triste, pour ne rien dire de plus, de voir un savant estimable se faire le panégyriste de toutes les erreurs de ces deux auteurs grecs ; je ne parle pas de celles dans lesquelles le traducteur est lui-même tombé : ce qui ne lui serait pas arrivé, s'il eût bien connu le domaine physique de la nature, la physiologie et l'économie rurale, sur lesquelles roule toute l'action de la sociabilité, et auxquels, en définitive, se rapportent toutes les causes de la force et de la prospérité des Etats.

CHAPITRE VIII.

XÉNOPHON. (338 *ans avant Jésus-Christ.*)

Xénophon est au-dessus d'Hérodote et de Thucydide. — Circonstances de sa vie. — Détails qui prouvent qu'il connaissait l'agriculture. — Travaux et provisions des Gynecées. — Sa belle retraite de l'armée de Cyrus.

XÉNOPHON est, à mon avis, le premier des historiens grecs. Je ne le juge point d'après l'opinion commune, qui défère ce titre à Hérodote, ni d'après son style, pour lequel Thucydide est en première ligne; mais je forme la mienne sur l'ouvrage qu'il a composé, et sur sa vie politique et militaire, qui garantissent du moins la réalité ou l'exactitude des choses qu'il traite dans son histoire. Je suis heureux moi-même de pouvoir offrir au lecteur le modèle d'un historien, d'après les principes que j'ai émis; je suis heureux encore de le montrer instruit dans

l'art de cultiver, et de ce qu'il a su apprécier, pour l'appui des trônes et des armées,
toutes les ressources de l'agriculture. Xénophon, enfin, concilie toutes les qualités qui
manquent à ses devanciers; il justifie du
moins les observations que je me suis per-
mises sur Hérodote et Thucydide, et dans
mes *Considérations sur l'histoire.*

Xénophon, l'un des plus illustres disciples de Socrate, en avait recueilli les principes de sagesse. Il ne faut pas lui faire un
mérite d'avoir servi sa patrie, comme guerrier, puisque c'était, en quelque sorte, une
loi de mœurs et d'Etat dans le gouvernement d'Athènes, et que son maître, Platon,
avait subie. Mais, au mérite acquis d'être un
habile guerrier, Xénophon réunissait encore
le désir de la gloire que donne l'art d'écrire.

Mécontent, sans doute, des agitations in-
testines de sa patrie, et de l'avilissement dans
lequel étaient tombés des orateurs et des
chefs de sectes philosophiques, il avait pris
le commandement d'un corps d'armée grecque envoyée au secours de Cyrus le jeune,
contre Artaxerce.

Cyrus, de son côté, avait de grands échecs
à réparer; il venait de faire proclamer que

tous ceux qui étaient esclaves, de tels pays qu'ils fussent, une fois admis dans son armée, seraient libres (1). Cette proclamation a été commune à tous les rois et à tous les tyrans effrayés ou vaincus. On pourrait en citer plusieurs dans chaque siècle et jusqu'à nos jours, notamment en Prusse, où le roi, n'ayant plus rien à craindre, a oublié la proclamation qu'il avait adressée à sa nation généreuse, si toutefois la prétendue Sainte-Alliance ne lui a pas imposé ce fatal silence.

Xénophon est un historien qui a regardé comme utile de faire connaître les ressources et les moyens qu'on employait pour soutenir une grande armée en campagne. Je ferai observer, sur ce sujet, à tous nos érudits et lettrés qui ont horreur des détails, que c'est dans de tels livres d'histoire qu'on peut bien juger des origines, ou pour les fruits de la terre, ou pour les progrès de l'industrie dans chaque vie sociale. Homère, sous ce rapport, est admirable ; et c'est à lui qu'on se

____

(1) *Proclamari per præcones jussit Cyrus, ut si..... mancipium esset, vel Mediá, vel Persiá, Cariá, Græciá, vel aliundè... se exhiberet conspiciendum, ut liberis hominibus arma gestanda.* (Xén., 1. 4.)

ralliera toujours pour déterminer des origines. Xénophon, si difficile pour le goût et pour la pureté du style, n'a point dédaigné d'apprendre en quoi consistaient les provisions alimentaires de l'armée de Cyrus : il nomme les blés, le vin, les viandes salées, le sel, le vinaigre. « Le vin, reprend-il, était si nécessaire, que, si on venait à en manquer, les maladies éclataient aussitôt dans l'armée (1). » On consommait le blé en bouillie ou polente, ou en pâte (2).

Il n'est pas moins utile et curieux de dire en quoi consistaient les attirails des choses utiles à l'armée. « Il y avait, dit Xénophon, dans chaque corps d'armée, des meules, des vases pour les provisions, des remèdes pour les maladies, des cuirs, des haches et des limes, des bois pour faire des chars, des pioches, des houes, des tarières, des faux et de l'airain, des charpentiers, des cordonniers, des bêtes de somme, etc. (3). »

____

(1) *Si vinum deficiat subitò in morbos decidimus.* (Xén., l. 4.)

(2) *Polentâ..... offa semper aquâ mista, frumentum.* (*Id.*)

(3) *Manuariæ molæ. ... lora, ascinæ, limas, lignorum*

L'appareil des sacrifices à la cour de Cyrus, mérite de trouver place dans une histoire de l'agriculture.

Quand Cyrus partit pour se mettre à la tête de son armée, les mages l'annoncèrent au peuple : ils étaient suivis par quatre superbes taureaux, après lesquels venaient deux chevaux magnifiques, couverts de tapis de pourpre. Les taureaux étaient attelés, sous un joug d'or, à un char éclatant de blancheur. Au moment où Cyrus sortit de son palais, les sacrificateurs allumèrent de grands feux. On procéda ensuite aux trois grands sacrifices : le premier au grand Jupiter, le second au soleil, et le troisième à la terre (1).

On doit rendre grâces à Xénophon d'avoir consigné dans son histoire les principaux traits de la vie de Cyrus, et de ce qu'il n'a

---

copiam *in curribus et plaustris, surculum et ligonem, dolabrum et falces, omnia in jumento dossuario, fabros ocrarios, tignarios, sutores.* (Xén., l. 4.)

(1) *Quaterni tauri pulcherrimi, equi, ad sacrificium solis... aureo jugo, currus albus... viri sequebantur... Cyrus è curru prodibat ad delubra, tauris et equis integris combustis, telluri, mactatis hostiis... quod magi docebant.* (*Id.*, l. 8.)

pas regardé comme indignes de la majesté
royale et de sa plume éloquente les soins et
les travaux de l'agriculture. Socrate avait admiré déjà les jardins de ce prince ; mais il
admirait encore plus qu'il s'en occupât lui-
même. Lysander, général spartiate et vainqueur d'Athènes, était étonné de leur ma-
gnificence, que Cyrus lui-même se plaisait à
faire observer. « C'est moi, disait-il, qui en
ai ordonné et suivi le plan et les plantations. » Ce trait est souvent cité dans les discours académiques et même aux tribunes,
où on jette aussi des fleurs d'érudition ; mais
il est bien rare qu'on y ajoute ce que Cyrus
dit en outre à Lysander : « L'agriculture rend
« l'homme fort et courageux, et il supporte
« mieux les fatigues de la guerre. L'agricul-
« ture donne ce qui est utile pour la cavale-
« rie ; elle rend plus robuste pour aller à la
« chasse des bêtes fauves et féroces qui dé-
« solent les campagnes. Les hommes qui se
« livrent à la culture sont plus forts et plus
« prompts à défendre la patrie (1). »

____

(1) *Hæc omnia dimensus sum, ait Cyrus, ac disposui...
strenuos reddit agricultura viros; maximè alendo equo
sufficit; acre corpus reddit etiam ad venationis studium ..*

Tels sont pourtant les principes qu'on exprimait il y a trois mille ans, et pour lesquels on est aujourd'hui aussi indifférent que s'il s'agissait des probabilités de M. de Laplace ou de M. Fourrier. Les hommes d'Etat des monarques, depuis vingt siècles et jusqu'au cinquième lustre du dix-neuvième, ne cessent pourtant d'opprimer l'agriculture et ceux qui s'y livrent. La misère publique, les disettes et les famines ne les ont point fait remonter aux sources sacrées indiquées par Cyrus, répétées par Cicéron, par Varron, Virgile et Columelle. Une sainte indignation m'anime contre ces publicains ignorans ou vendus, qui croient bien servir l'Etat et le roi, en remplissant les coffres du trésor avec des deniers arrachés à la pauvreté : une sainte indignation me saisit quand je vois faire du pays le plus agricole qu'il y ait sur la terre, un pays d'agiotage et de monopoles, en proie à des légions de sbires. Ce n'est point là, me diront des académiciens à sinécures, ou des journalistes à gages, le ton ni le style propres à un historien. Mais à quoi servent

---

*feras abigendum, ne fructibus , pecudibus ve noceant.....
incitat ad defendendum armis agrum.* (Xén., l. 8.)

les discours tissus de politesses et de flatteries (1), quand on voit prendre en tout et
pour tout le contre-pied des principes les
plus sages et les plus féconds; quand on voit
le ministère, depuis dix ans au moins, se
laisser guider, pour l'administration générale, par des théoriciens absolument étrangers à la pratique des champs; quand on voit
les propriétaires fonciers, desquels dépend
la vie du corps social, donner au fisc, et à
travers des dégoûts sans nombre, le tiers
ou la moitié de leurs revenus: quand, après
cinq années de vimaires sur les vignes, on
exige, chaque année, la totalité de l'impôt,
lequel est certainement le plus extrême et le
plus absurde, si on considère la conséquence
de cette culture, relativememt aux droits
imposés sur les vins? Loin donc de me
rétracter dans mon expression, je la consacre, jusqu'à ce qu'il s'élève un roi qui pense

---

(1) C'est le défaut trop réel d'un de nos orateurs, qui
fait toujours précéder sa dialectique par des complimens
doucereux. La politesse exquise convient aux salons; mais,
à la tribune nationale, il faut une austère vérité : Mira-
beau et le général Foy sont dans ce genre deux modèles,
surtout le premier.

comme Cyrus, et un ministre qui agisse comme Sully (1).

Xénophon disait, d'après Cyrus : « L'agriculture mérite d'autant plus les soins du gouvernement, qu'elle est sujette à des fléaux qui désolent les agriculteurs ; elle craint ou subit, chaque année, des grêles, des frimas, des sécheresses, des pluies continues, la rouille, et des maladies qui enlèvent les plus beaux troupeaux (2). » Quoique la cour de Cyrus manifestât un grand luxe, comme signe d'une grande puissance, ce prince n'en regardait pas moins l'agriculture comme la mère et la nourrice des autres arts. « Sans

---

(1) Les députés financiers et leurs échos signalent comme preuve d'un grand crédit le taux élevé de la rente, qui excède de cinq à six francs le pair. Mais les hommes sages qui se ressouviennent des Law, des Terray, en gémissent, parce qu'il en résulte un esprit d'agio qui, de plus en plus, fait préférer des placemens de finances à des acquisitions de biens-fonds, qui produisent à peine deux et demi pour cent. Cette faveur dont jouit la rente prépare infailliblement une catastrophe. Songez à l'Angleterre.....

(2) *Grandines, pruinæ, æstus, imbres immensi, rubigines..... interdum oves egregias morbi perimunt.* (Xén., *de Adm. Domesticâ*, 1. 5.)

elle, disait-il, tout s'effacerait ou s'éteindrait (1). »

Nous devons encore à Xénophon une Notice précieuse sur la composition des gynecées, et sur les travaux qui s'y exécutaient. Chaque gynecée devait avoir,

1° Un approvisionnement de laine pour les vêtemens ;

2° Des blés pour la nourriture, soit en polente, soit autrement ;

3° Des vases pour les apprêts et la conservation des mets ;

4° Des cuirs pour les chaussures ;

5° Des vases d'airain pour la table ;

6° Des chaudières bien reluisantes ;

7° Des magasins pour chaque partie, ceux du blé et ceux du vin ;

8° Les choses qui sont destinées exclusivement aux femmes ;

9° Un dépôt d'armes, des outils pour préparer les laines, des meules pour les grains, des vases pour cuire les provisions, d'autres pour les ablutions, pour la panification, et

---

(1) *Agriculturam, aliarum artium... matrem ac nutricem. . deficiente, artes cæteræ extinguuntur.* (Xén.)

généralement pour tout ce qui concerne la table.

On doit ajouter foi à ces détails et aux pensées qui les accompagnent, puisque Socrate et Xénophon en rendent témoignage.

Terminons cette digression par une citation qui prouve que Xénophon savait bien observer. Il s'agit des abeilles ; il dit : « Elles ont un chef ; il est roi ; toutes lui obéissent de plein gré ; nulle ne s'en sépare, nulle ne l'abandonne jamais ; leur amour et leur dévouement pour lui et pour sa famille sont dignes d'admiration. Quel peuple et quelle cour surtout a mérité un tel témoignage ? »

Xénophon, comme Thucydide, a été général d'armée ; mais s'il est vrai de dire que le dernier l'emporte sur le premier par le style et par la profondeur des pensées, il est certain du moins, autant que je peux en juger, que Xénophon réunit au mérite d'un style pur, clair, et quelquefois pompeux, la gloire d'avoir été un habile général. Les hommes familiers au métier de la guerre, accordent une véritable gloire aux chefs qui, engagés au milieu des corps ennemis, osent encore en se retirant, méditer des victoires. La retraite de Xénophon est cons-

tamment en point de mire à tous les généraux; tous citent avec admiration sa belle retraite des dix mille (1); les historiens ont été
justes comme les généraux; il faut donc que
Xénophon ait été un grand homme; les Grecs
ont dû être flattés qu'un des leurs ait trouvé
le moyen de vaincre et d'échapper à plus de
cent mille Mèdes ou Perses qui le cernaient
et le poursuivaient. On aime d'ailleurs à venger un tel héros doué d'un beau talent, et qui
a été victime de l'ingratitude de sa patrie.

---

(1) La France citerait de même celle de Moreau; mais
c'est lui-même qui a déchiré cette belle page de son histoire.

CHAPITRE IX.

HIPPOCRATE. (*420 ans avant Jésus-Christ.*)

Sa science et son génie d'observation. — Il a bien connu les champs
et les causes des maladies. — Combien il diffère des médecins
modernes. — L'air et la température le guidaient dans l'art de
guérir. — Le régime diététique des Grecs. — Quelles céréales.
— Quelle chair des animaux. — Préparations économiques pou_r
le pain et les viandes. — Des bœufs sans cornes; cause. — Influence des grands végétaux. — Influence de la lune et des astres. — Effets singuliers de l'exercice extrême de monter à cheval. — Considérations sur les études actuelles de la médecine,
de la chirurgie et de l'art vétérinaire.

HIPPOCRATE est encore un de ces hommes
qui font honorer le génie, et qui se sont le
plus approchés de l'intelligence divine, ma-
nifestée dans les œuvres de la création; contemporain de Socrate, de Platon, d'Aristote,
il a la gloire d'avoir honoré sa patrie et d'en
avoir bien mérité par sa science et ses bienfaits; il a fait moins de bruit dans le monde

que Socrate et Platon, que Sophocle et Euripide, que Phidias et Praxitèle; mais l'homme juste et éclairé, qui juge des hommes par leur science propre et par les bienfaits qu'ils ont rendus à l'humanité, mettra toujours Hippocrate au premier rang des hommes savans et utiles.

Tout entier à son génie et à la nature, Hippocrate, doué d'un grand esprit d'observation, s'est constitué le fondateur de la science et de l'art de guérir. On est encore plus étonné de ses observations pleines de sagacité et de justesse, que de ses inspirations; il semble en vérité que le Créateur l'ait choisi pour révéler toute l'organisation de l'homme; car Hippocrate en a vu, distingué expliqué et nommé tous les nerfs, les veines, les fibres, les ressorts et leurs fonctions.

Il ne s'est point borné à l'étude du corps de l'homme et à celle de la structure des animaux, il a fait en outre et constamment de sages observations comparées sur les influences de chaque régime de vie, dans l'intérieur des terres, sur les monts et vers les bords des fleuves ou de la mer, sur les mœurs et les habitudes dans les champs, dans les

cités ou dans les camps. Remontant toujours
aux causes, il étonne encore le philosophe
moderne par les différentes constitutions de
l'air, d'après les lieux et les climats. Il n'a
point dédaigné même de porter ses observations sur des choses et des êtres que les médecins du dix-sept et ceux même du dix-huitième siècle, ont regardé comme indignes
d'eux et surtout de leurs plumes. Hippocrate,
né dans une famille qui depuis plusieurs générations s'occupait exclusivement, de père
en fils, de l'art de guérir, a franchi les limites
qu'avaient frayées ses aïeux; car il s'est exercé
en même temps sur l'art de guérir les animaux domestiques; cette dernière étude est
infailliblement celle qui l'a le plus éclairé sur
les maladies de l'homme.

Il est surtout remarquable qu'Hippocrate
ait dit, enseigné et pratiqué tout ce qui est
consigné dans ses œuvres. Il n'a point imaginé de système, à la manière des médecins
modernes ; le sien était pris tout simplement
dans celui de la nature.

Si on produisait aujourd'hui un pareil ouvrage, on le regarderait généralement comme
le résultat de l'expérience des siècles. Les
ergoteurs et les farfadets du métier seront

prompts sans doute à signaler des erreurs et des préjugés ; mais l'homme de science vraie le justifiera toujours de ses erreurs et de ses omissions.

Hippocrate a eu le bon esprit de voir, dès son entrée dans sa carrière, que l'art de guérir se lie essentiellement à l'art de cultiver et à la vie qu'on passe aux champs, où se trouvait le plus grand nombre des hommes, et d'où provenaient ceux qui peuplaient les cités et les ports.

Je vais essayer de jeter un coup-d'œil sur la science propre qu'Hippocrate s'est composée. Je l'ose, car c'est le privilége du génie de se rendre accessible à tout homme intelligent. Voilà pourquoi tant d'hommes comprennent Homère, et pourquoi il y en a si peu qui comprennent Platon et les sophistes grecs. Je le dois comme agronome ; car lui aussi a rendu de grands services à l'agriculture, de laquelle on ne peut séparer l'art de guérir et de prévenir les maladies.

Digne philosophe, il a fait une étude particulière des influences de l'air et de ses combinaisons. Dans toutes les maladies qui frappaient à la fois plusieurs individus, il s'est attaché, et il le dit lui-même, à observer d'abord la constitution atmosphérique relative, les qualités des eaux et les variations habituelles de la température : selon lui, l'air seul constitue la vie, ou donne des maladies (1). Le vent du nord resserre les corps, le vent du midi les relâche (2). Les maladies d'automne proviennent en général de ce que, dans cette saison, on éprouve le même jour du froid et du chaud (3).

Le soleil rend les eaux excellentes, ou les corrige (4). De tous les vents, l'aquilon est le plus salubre (5). Je ne sais trop ce que pourraient dire nos Portal, nos Récamier, nos Bourdois, contre ces influences, dont la date accroît le respect et l'autorité.

Le froment et l'orge, comme au temps d'Homère, étaient, dans l'âge d'Hippocrate, les grains nourriciers les plus habituels ;

---

(1) *Aer, solus vitæ et morborum autor.* (Hipp., t. 1, sect. 6 ; édit. d'Amsterdam.)

(2) *Aquilo corpora compingit; australis dissolvit (Id.)*

(3) *Antumnales morbi, quòd eodem die, modo calor, modo frigus. (Id.)*

(4) *Aquas illustrat ac castigat sol.* (L. 1, § 5.)

(5) *Aquilo ventorum saluberrimus omnium.* (L. 2 et 15, v. ~.)

il est possible que, dans une période de quatre à cinq siècles, ont ait découvert d'autres grains; mais dès qu'Hippocrate n'en a pas spécifié, il est permis d'en douter. Je veux parler du riz, du sorgho, du blé noir et des graines de la famille du millet. Plusieurs auteurs, après l'âge immédiat d'Hippocrate, et moins familiers que lui à la connaissance des choses rurales économiques, ont souvent donné des noms simples à des substances composées; ils ont cité le *bromos* comme une plante nourricière; le docte Vander a même dit que le bromos était l'avoine; quand d'une part, en acception générale, le bromos était un mets composé ou économiquement préparé, et quand, de l'autre, l'avoine cultivée n'était pas connue des Grecs, et qu'elle l'a été fort tardivement des Romains; car il ne faut pas confondre *l'avoine*, qui nourrit, avec le *steriles dominantur avenæ* de Virgile, qui n'a été tout au plus qu'un fourrage. L'orge et le froment se consommaient en pâte, polente ou maza; Hippocrate donne le même nom qu'Homère à la préparation de la farine de l'un et de l'autre grain; mais il est le premier, il me semble du moins, qui ait ajouté au nom *artoï,* le mot *fornacei,* dont Homère n'a jamais parlé. Nous verrons bientôt, quand il sera question de l'agriculture des Hébreux, que les pains azymes et fermentés étaient connus à la même époque dans la Palestine; le four me paraît donc une invention du temps d'Hippocrate. Tous les traducteurs ont donné le nom de *pain* à la pâte préparée et cuite au four (1); je m'en servirai moi-même; mais je fais observer, pour l'exactitude historique, qu'il n'y aura de vrai pain, c'est-à-dire de pâte fermentée et travaillée, en Grèce, en Italie, et même à Paris, que dans le seizième et le dix-septième siècle; et que le pain de Paris, le meilleur du monde entier, ne sera parfait que dans le milieu du dix-huitième. J'en donnerai la preuve en traitant de l'agriculture sous la seconde et troisième race.

Hippocrate comptait trois sortes de pains, le pain cuit au four, le pain cuit sur l'âtre et le pain rôti en broche. Il en dit les différences nutritives. Les pains du four sont plus nourrissans que ceux des foyers et des broches, en raison de ce qu'ils sont moins desséchés

______

(1) *Ex tritico macerato, subacto et assato, panem.* (L. 17.)

ou brûlés par le feu ; ceux qui sont cuits sur une plaque et sous la cendre , sont très-secs : les plus nourrissans sont ceux qu'on fait avec la fleur du blé-froment (1).

Hippocrate , cependant , connaissait déjà lui-même la pâte fermentée ; il en dit le pain plus léger , et il en donne la raison ; la matière qui le fait lever absorbe l'excès de l'humidité de la pâte.

Il donne le nom de *maza* à la pâte faite de farine d'orge , ce qui est plus connu sous le nom de *polente* ; on est fondé cependant à ne pas regarder la maza comme du pain ; car Hippocrate dit lui-même qu'on faisait la maza avec la farine d'orge exclusivement (2).

La fleur de froment , hors de la panification , servait encore à faire des breuvages , ou boissons rafraîchissantes (3).

---

(1) *Panes furnacei magis alunt, quam focarii et verruarii, quod minùs exuruntur ab igne ; clibano autem octi, et subcinericii, siccissimi, similagenei, fortissimi, quod ex alicâ fiunt.* (L. 1.)

Ex his autem fermentatus, levior, quia fermenti ardore, humiditas consumpta est. (L. 1, s. 9 et 11.)

(2) *Ex hordo mazam.* (L. 17.)

(3) *Alica et ptisana triticea sorbitione.* (L. 2, 4 et 39.)

Les Grecs consommaient alors beaucoup moins de viande qu'au temps d'Homère; cela n'a pas même besoin de preuves. On ne peut, en effet, avoir de nombreux troupeaux, qu'en observant strictement le régime pastoral; mais on vient de voir que l'enlèvement des troupeaux était à la fois un moyen de signaler sa bravoure et de faire une guerre à outrance à une nation. Il faut de longues périodes de paix et de tranquillité, pour élever et multiplier les troupeaux; les pasteurs doivent les rentrer tous les soirs dans les parcs de nuit. Il faut des pâturages variés pour l'assortiment des espèces; il n'est donc pas étonnant qu'en Grèce, où le feu des vestales s'est éteint plus souvent que celui de la guerre, le régime purement pastoral ait cédé de sa tenue, ou de son empire, au système céréal agricole. Il suffit d'une année, à l'aide de la charrue, pour couvrir un sol d'une riche moisson; il faut au moins dix ans de préparation du sol, pour le rendre herbager et pour le peupler de bestiaux. Le sol de la Grèce, ainsi consacré aux céréales, a forcé les Grecs à se déshabituer des vivres-viandes, et à substituer le vin au laitage.

La viande se préparait de plusieurs manières. Hippocrate semble donner la préférence à celle qui était macérée dans du vinaigre, et salée (1). Il condamne la viande de porc. Les organes digestifs avaient donc déjà subi de grands changemens depuis Homère; Hippocrate, infailliblement, avait fait quelque observation de ce genre. Quoi qu'il en soit, la viande de porc est encore la moins digestible; et pour nous-mêmes, elle exige des salaisons : Hippocrate avait raison (2). Celle des bêtes fauves était réputée plus légère (3). Il paraît, au surplus, que le soin de mariner et de saler les viandes était général. Homère même en a fait mention; les vivres pour la marine ont dû faire perfectionner ce mode économique.

Parmi les légumes, Hippocrate a nommé l'ail, l'oignon, l'asperge, la bette, la coriandre, le melon, le concombre, la laitue, les pois, les fèves, les lentilles, le porreau; mais il les considère moins sous les rapports nutritifs, que relativement au régime médical,

----

(1) *In aceto asservatæ multum nutriunt.* (L. 1 et 31.)

(2) *Porcinæ, pravæ sunt.* (L. 2, 60 et 317.)

(3) *Ferinæ leviores sunt.* (L. 1, 46 et 191.)

pour lequel il porte une sentence digne de
considération, au moins sur certains légumes, c'est qu'en général ils causent beaucoup de vents (1).

Quant au laitage, il en traite plutôt comme
un moyen curatif, que comme substance
nourrissante. Il avait déjà reconnu que, pour
certaines affections de poitrine, il était avan-
tageux de recourir, dans la belle saison, aux
laits d'ânesse, de cavale, de vache, de chèvre et de brebis (2).

Hippocrate juge la question du beurre, en
même temps qu'il la définit; car le beurre,
proprement dit, n'était pas encore inventé :
nous traiterons cette question fort importante en économie, quand nous serons à l'é-
poque relative (3).

Les peuples nomades, dit Hippocrate,
boivent du lait de cavale, et de ce lait même
ils font des fromages; il dit leur genre de vie,
et le coup-d'œil est précieux à recueillir. Ils

______

(1) *Omnia flatuosa sunt.* (L. 2, 59 et 315.)

(2) *Lactis bubuli, equini, asini, caprini, in pulmonum
affectibus, usu.* (L. 2, 4 et 202.)

(3) *Butyrum lene est, in superficie consistit.* (L. 2, 44
et 353.)

ont pour abris un chariot à quatre roues, attelé de deux paires de bœufs ; c'est là que se retirent les femmes et les enfans (1) ; les hommes restent sur leurs chevaux, et suivent les chariots. Tous vivent de viande cuite, boivent du lait de cavale et mangent du fromage (2).

Les bœufs en Scythie n'ont point de cornes (3).

Cette dernière observation est remarquable pour l'histoire que je traite ; elle prouve d'abord que les bœufs attelés aux chariots, tiraient avec des colliers, ce qui reporte bien loin la question comparée du trait, ou par les épaules ou par la tête (4). On a fait sur cette question maints plaidoyers pour et contre ; le gouvernement ni l'Académie n'ont jamais daigné s'occuper de la solution, qui pourtant serait importante ; car c'est toujours un bien d'accroître par la mécanique

---

(1) Ainsi vivaient les Gaulois.

(2) *In curribus habitant quatuor rotis ; paria boum duo ; in his mulieres ; viri in equos, armenta sequuntur ; vescuntur carnibus coctis ; bibunt lac equinum ; comedunt hippacem.*

(3) *Boves cornibus carent.* (L. 1, 44 et 354.)

(4) M. Huzard fils a osé juger cette question, mais il est bien jeune ou novice dans la science de l'agriculture.

la force des animaux qu'on emploie; peut-être qu'un jour on parviendra à la résoudre.

La consommation des fruits verts est traitée superficiellement dans les écrits d'Hippocrate. Tout porte à croire qu'au temps de ce grand homme, on jugeait des fruits comme au temps d'Homère. Ce qu'il dit du figuier, confirme en quelque sorte nos premières observations sur leur crudité trop active. Il nomme du reste les alises, les nèfles, les cormes. Hippocrate, cependant, n'était point étranger à l'opération de la greffe, qui est une si belle et précieuse conquête du génie de l'homme sur les fruits sauvages de la nature. N'est-ce pas Hippocrate encore, qui a reconnu et déclaré un des premiers, l'ordre, les lois et les bienfaits de la végétation; c'était prendre bien haut un tel essor physique, que d'attribuer à l'air des qualités nutritives, que tant de gens encore et même des savans attribuent exclusivement au sein de la terre. Il a dit : « Les arbres se nourrissent à la fois par l'air et par la terre (1). »

---

(1) *Ex supernâ et inferiore parte arbores nutriuntur.* (L. 1, 24 et 151.)

Il n'y a qu'une voix à l'Académie des sciences, pour taxer de préjugés l'influence de la lune, qu'un si grand homme a regardée comme réelle, et à une époque où la nature avait plus d'énergie et de virtualité que de nos jours, où les observations de la nature composaient toute la science de l'homme. Il a fait observer inutilement aux médecins, qu'il existe des différences remarquables dans les maladies aiguës, sous l'influence de tel ou tel astre, et surtout sous certaines phases de la lune (1).

La saine physique, non celle qui s'appuie sur la géométrie, sur l'astronomie et sur les mathématiques transcendantes, non celle qui s'est formée de corollaires d'argumentations et de colonnes de chiffres immenses, non celle enfin qui juge de l'état du monde par

____

(1) *Maximè autem observare... astrorum exortus considerare, præcipuè canis, arcturi et pleiadum... morbi enim in his maximè judicantur... volo etiam demonstrare, quantùm in Asiá et Europá differunt omnia inter se... et rerum a terrá noscentium, itemque hominum..... atque sic quidem; de Egyptiis, Lybicis... tempora formarum naturam variant deindè, mores, leges, consuetudines, et quique de naturá... aversantur.* (L. 1, v. 345.)

des calculs infinis et par des probabilités, mais une sage expérience bien raisonnée, pourrait faire découvrir encore beaucoup de choses ou de réalités sur des influences inaperçues.

On a jugé plus expéditif de nier; dans ce cas, il y a tout bénéfice pour la médiocrité; car, par le fait seul, celui qui nie cette influence, se met du bord des savans; quand celui qui doute ou qui croit à des influences dans des circonstances données, est rangé par le corps des savans au nombre des gens médiocres, ou tout au moins, au nombre des gens à préjugés; toutefois, je ne m'érigerai pas en juge d'une telle question; je sens toute mon insuffisance; cet aveu fait, et sans modestie feinte, je me permettrai de faire observer, que les plus hauts académiciens en astronomie et en géométrie, ne sont pas positivement autorisés à nier l'influence d'un astre qui périodiquement et mathématiquement, fait croître et décroître les eaux du vaste Océan; cette vérité, au surplus, ne nous a pas été annoncée par les savans d'académies; car au contraire, il leur a fallu la subir et la reconnaître par la toute puissance des peuples maritimes et par les navigateurs.

On rencontre même encore des savans d'ordre supérieur, qui ne se prêtent dans leurs allocutions, à répéter cette action de la lune dans la marée, que comme ils se prêtent à faire lever et coucher le soleil, ainsi que le dit le vulgaire. Je me range donc de l'avis de l'académie de Saxe-Gotha, qui, à la fin du dix-huitième siècle, proposa à toutes les académies du monde, de faire des observations comparées et instantanées sur les influences de la lune, en s'attachant d'abord aux choses signalées par les anciens, déjà célèbres, et à celles que le peuple agriculteur redit de siècle en siècle ; il n'y avait rien que de sage dans cette proposition, puisque le résultat pouvait faire considérer les influences de la lune comme un vrai préjugé populaire : dans ce cas, c'était éclairer le peuple et la jeunesse sur une opinion généralement répandue. Plusieurs académies, entre autres celle de Turin, acceptèrent, mais l'Académie des sciences de Paris la reçut avec un superbe dédain ; elle pouvait avoir de fortes raisons pour la combattre, mais il était de son devoir et de son honneur de s'en expliquer : elle refusa net son concours.

Comme agronome, je dois indiquer du moins quelques-unes des choses qui font impression ou croyance parmi le peuple agriculteur. 1° Il en fait dépendre la conservation du bois coupé, dans telle ou telle phase, et celle de maintes viandes ou autres préparations économiques; 2° le sort des blés, grains ou graines semés dans telles ou telles circonstances; 3° la durée de la vie de certains animaux et de leurs développemens; 4° la qualité, la limpidité du vin soutiré et tiré dans les mêmes cas; 5° après l'hiver, la mise au vert des animaux domestiques dans les pâturages; 6° la perfection des organes des animaux, etc., etc.

Je dirai donc moi-même, avec Hippocrate, qu'il ne faut pas se lasser d'observer de telles influences. Il signalait spécialement la canicule et les pléïades; il prétend même que c'est ainsi qu'on peut mieux juger des maladies aiguës. Il fait observer, sur ces influences, que ce qui est vérité sous un climat, peut être une erreur ailleurs; il cite à ce sujet les différences essentielles des choses et des êtres, en Asie et en Europe (1).

____

(1) *In Asiâ, in Europâ inter se differunt omnia.* (L. 1.)

Je ne citerai qu'une des observations d'Hippocrate sur le très-singulier effet d'un usage continu dans certains exercices, et que la nature n'admet que par exception. Les Scythes et les Parthes ne quittaient pas leurs chevaux ; dans cette équitation continue, ils contractaient de telles dispositions de muscles, qu'ils ne pouvaient plus vivre à terre sans éprouver de vives douleurs dans les articulations, et principalement dans les organes de la génération. L'expérience avait appris qu'en ouvrant les deux veines qui longent les oreilles, le sang coulait jusqu'à épuisement : un profond sommeil alors s'emparait du patient ; et lorsqu'il se réveillait, il ne souffrait plus, mais il était devenu impuissant ; c'était au point qu'il prenait des habits de femme. Hérodote a rapporté le même fait ; il l'attribue à la colère de Vénus : mais Hippocrate, moins mythologique, a déclaré que la cause en était due à l'habitude extrême de se tenir à cheval (1).

Je ne dois pas omettre de parler de la pensée d'Hippocrate sur le fer : « Il peut, dit-il,

____

(1) *Doloribus coxendicis ad coitum impotentes.* (L. 1, 52 et 359.)

guérir des maux contre lesquels tous les remèdes ont échoué. » Le fer, au surplus, est
encore un grand sujet de méditation pour
tous les médecins dignes de ce nom : il se
trouve dans toutes les œuvres de la nature ;
il est même dans le sein de la vierge qui devient mère ; il coule fluide dans les veines
les plus ténues, et c'est à sa présence que le
sang doit sa couleur ; il est dans les plus tendres végétaux et dans les fleurs : c'est, en un
mot, le grand Protée de la nature. Voilà un
beau champ d'expériences à faire sur le ma-
gnétisme, au milieu duquel s'agitent le globe
et ses êtres. Mais, qui osera jeter seulement
des indices ? Cagliostro ferait encore aujour-
d'hui plus de prosélytes que Franklin et que
Saussure. Nos savans et nos médecins sont
si pressés de faire fortune, qu'ils redoutent
les innovations, et bien plus encore les recherches qui, par des observations suivies,
pourraient conduire à des sources nouvelles.

Incertain de pouvoir conduire cette histoire jusqu'au dix-neuvième siècle, je veux
anticiper ici sur l'avenir, pour démontrer,
par l'énorme lacune qui nous sépare de l'âge
d'Hippocrate, combien l'esprit humain s'est
éloigné sans cesse et de plus en plus du

double but que lui révélaient partout la nature et les grands hommes de l'Egypte et de
la Grèce ; je veux, sous les auspices du fondateur de la médecine, prouver à tout jeune
historien et médecin, qu'en s'occupant des
études de la nature, et surtout de l'agriculture, on peut à la fois bien mériter de sa
patrie et de l'humanité.

J'ai fait bien des recherches pour connaître au vrai le sort ou l'influence de la
médecine dans les siècles qui ont précédé
l'ère des Césars, ainsi que dans ceux du Bas-
Empire, et je n'y ai vu aucune trace de cette
grande pensée qui avait porté Hippocrate à
embrasser à la fois, dans sa carrière, des
études suivies sur la vie de l'homme et sur
celle des animaux des champs, soumettant
d'ailleurs son système à celui de la nature,
dans chaque localité, pour les influences de
l'air et des eaux.

J'ai vu, au contraire, que tous les médecins, depuis celui d'Artaxerce jusqu'à celui
de Louis XIV, semblent avoir eu horreur de
la nature, ainsi qu'on a supposé, dans les
écoles, qu'elle-même, à certain point, avait
horreur du vide ; car tous l'ont abjurée, et à
l'envi sacrifiée à l'astrologie, à des amulettes,

à des épreuves superstitieuses, et des amal-
games plus que bizarres de substances ani-
males et végétales. L'histoire est pleine de
ces tristes ou honteux résultats ; et nulle part
on n'a cité un seul savant qui ait osé associer
dans ses travaux les hommes et les animaux
des champs, et comprendre en outre dans
ses observations les influences de l'agriculture, de laquelle tout ressortit et se vivifie.

L'ère chrétienne a été surtout funeste à
l'art de guérir, en ce que partout, dans l'Europe du moins, les médecins se sont faits les
humbles et serviles cliens des prêtres et des
moines, auxquels ils devaient révéler le sort
des malades *in extremis*, qui étaient riches ou
puissans. Cette servilité absolue, qu'on peut
comparer à celle des fils du Vieux de la Montagne, a duré et s'est accrue depuis les rois
de la première race jusqu'à Louis XIV, qui
fut l'époque fatale et honteuse *des avis* pour
les préhensions et les confiscations. C'est,
au surplus, une vieille mine que les jésuites
ont grandement et impérieusement exploitée
dans toutes les terres et tous les royaumes
de leur domination.

Après plus de vingt siècles de ténèbres,
d'ignorance, de superstitions et de fanatisme,

nous avons vu apparaître, au milieu du dix-huitième siècle, un homme de la trempe d'Hippocrate, et qui, par son beau travail d'anatomie comparée, s'est montré assez fort pour secouer la poussière de la vieille école, et pour entreprendre la médecine sur les principes laissés par Hippocrate. Sa réputation était déjà faite parmi les vrais savans, car il était médecin de la reine, car le gouvernement le choisit pour aller arrêter l'invasion de l'épizootie du Languedoc ; mais, dans ce temps-là, nous avions des Turgot et des Bertin pour ministres, des évêques dignes d'entendre les désolations des hommes des champs, des Noé, des Latour-du-Pin, et des intendans qui compâtissaient aux fléaux de l'agriculture.

On a présumé quelque temps que M. Cuvier voudrait marcher sur les traces de Vicq-d'Azyr ; mais l'ambition lui a fait sacrifier froidement la gloire que donne la science vraie, et vers laquelle ses premiers pas avaient donné de justes espérances. Rien n'a pu le détourner de sa détermination. Ni les éloges périodiques des vieux savans, morts avec honneur, et sur lesquels, d'office ou d'étiquette, on fait étendre sur leur

vie passée l'auréole sacrée de la philosophie;
ni des amis d'une austère franchise n'ont pu
le détourner de cette fatale aberration. Enivré
de sa réputation première, il s'est cru tout
à coup homme d'Etat, administrateur, et
capable de diriger en outre tous les systèmes
de l'instruction publique. Il s'est encore plus
flatté d'être un grand orateur : on n'oserait
affirmer, sur ce point, que nos plus chers et
nobles orateurs de la tribune nationale l'aient
désabusé. A voir les places qu'il occupe,
on lui croirait un esprit multiple ou universel, car il prétend mener de front les
travaux de l'Académie des sciences, et ceux
qui se font au Jardin du Roi.

Les nouveaux jésuites n'ont pas manqué
de s'emparer, comme les anciens, des vieux
médecins. Combien déjà ils en ont trouvé
dignes de ceux du siècle de Louis XIV, et
pour qui sont toutes les sinécures, les faveurs et les sources du ténébreux Pactole!
Je retiens à peine mon indignation, quand
je vois certains médecins écrivains faire abstraction de la science chez les Romains et chez
les Grecs, traverser ensuite tous les siècles
de la monarchie, pour élever les découvertes
modernes, et pour dénigrer Hippocrate. Ils

sont si infatués des progrès qu'on a faits en médecine, qu'ils ne tiennent aucun compte de la partie historique des arrêts du parlement et de la Sorbonne contre l'émétique, l'inoculation, etc., etc., etc.

A la révolution, où le génie d'Hippocrate et de Vicq-d'Azyr auraient dû triompher, ou du moins être repris pour l'instruction, on a vu s'élever, et sans contradicteurs, maintes catégories qui confondent tous les principes acquis, et menacent à la fois la science et l'art de guérir : je veux parler de cette vanité puérile qui fait couvrir toutes les têtes de médecins et de chirurgiens du ridicule bonnet de docteur. Il n'y a pas jusqu'aux artistes-vétérinaires qui se donnent les titres imposans de *médecins* et de *docteurs* (1).

On croirait peut-être que la révolution, et

----

(1) Nous n'avons point d'écoles vétérinaires, selon leurs destinations primordiales. La théorie les a perdues; ils serait impossible de s'y livrer à l'anatomie comparée. On y fait de beaux discours, tels que MM. Syriès de Mayrinhac et Martignac viennent d'en faire.

J'ai entendu dire du bien de M. Girard, directeur de celle d'Alfort; mais je crois qu'il n'est pas le maître d'améliorer, c'est-à-dire, de simplifier.

Il en est ainsi des haras, etc.

l'opinion, devenues plus libres ou entreprenantes, ont porté les médecins à s'occuper de l'anatomie comparée de l'homme et des animaux des champs ; mais c'est une idée que la théorie a repoussée encore dans l'ordre des choses abjectes. Les chirurgiens, plus fiers encore que les médecins, méprisent toute observation qui se rapporte à la vie et aux maladies des animaux domestiques : c'est au point qu'un médecin qui pourrait, par suite de ses études, arrêter une épizootie, refuserait hautement de s'en occuper. Mais faisons observer, à leur décharge, que si des médecins et des chirurgiens s'occupaient du soin de guérir de vils animaux employés à l'agriculture, ils seraient infailliblement blâmés par la nouvelle Faculté. Le ministre de l'intérieur lui-même interviendrait peut-être, et revendiquerait l'exercice de guérir les animaux pour ses docteurs-médecins-vétérinaires. Que nous sommes déjà bien loin, comme on voit, et d'Hippocrate et de Vicq-d'Azyr !!

Ce n'est plus la nature, en effet, qu'on cherche à observer pour atteindre au titre de *savant;* on écrit beaucoup encore, on fait des encyclopédies sur tout, on produit beaucoup de livres à vendre : pour en faire, on exploite les recueils des anciens, comme ces vieilles mines abandonnées et encombrées par les éboulemens successifs des siècles. Avec beaucoup de patience et un peu d'art, on produit, comme siens propres, des aperçus qu'on dit nouveaux, et qui ne sont que des redites déguisées. Combien de savans, renommés en histoire naturelle, en médecine et en physique, qui n'ont jamais fait d'autres voyages que ceux de Genève, de Montpellier ou d'Agen à Paris ! Combien de discours académiques, ou de dissertations, ont été faits sur l'organisation actuelle du globe par des savans, même du premier ordre, et qui n'ont abordé que Montmartre ou la butte Saint-Chaumont ! Ce n'est qu'à la fin de sa carrière que Fourcroi s'est décidé à aller en Auvergne.

L'appel qui a été fait par le gouvernement à certains savans pour administrer, a porté un coup mortel aux sciences : aussi, tous les nouveaux initiés s'attachent à hisser une double voile au vent de la fortune. On ne voit plus de Saussure, de Dolomieu ni de Vicq-d'Azyr.

Pour terminer cette digression, je déclare que, pour élever le titre de médecin à sa juste et légitime considération, il faut absolument lui soumettre le vaste champ de la nature, et, dans le cours de ses études, lui imposer l'obligation d'en offrir des preuves. Il faut également coordonner les études de la chirurgie et de l'art vétérinaire : ce n'est qu'à ces titres que l'art combiné du médecin, du chirurgien et de l'artiste-vétérinaire pourront, d'une part, faire faire de grands et sûrs progrès à l'art de guérir; et que l'Etat, sous les auspices de l'agriculture, tirera de grands avantages d'une science qui n'offre encore que des erreurs, des incertitudes et de tristes préjugés, et qu'il tient lui-même dans l'isolement par ses règlemens.

CHAPITRE X.

THÉOPHRASTE. (*323 ans avant Jésus-Christ.*)

Sa science et sa maxime sur l'agriculture.—L'époque des travaux selon les climats. — Ses opinions sur les céréales et plantes légumières. — L'origine de la culture du riz. — Le pavot, le sésame, le blé noir, origine.—Les plantes bulbeuses pour nourriture. — Quelles sortes de légumes. — Coup-d'œil sur certaines plantes en renom.—La châtaigne, son origine.—Quelles sortes de figues. — Les plantes textiles et de teintures.

THÉOPHRASTE, comme Hippocrate, repose enfin l'imagination des désolations de la Grèce. Il fallait avoir une belle âme et une vocation bien décidée, pour se livrer, dans un pays aussi tourmenté et déchiré, à un genre d'études qui ne donne, nulle part, ni vogue, ni célébrité, ni fortune. Il a eu le rare courage d'entreprendre un cours de physique générale et d'économie rurale, ou, si l'on veut, l'histoire des plantes des climats de la Grèce et de l'Asie mineure.

Théophraste avait été disciple d'Aristote ; et c'est à son école qu'il a formé le dessein d'écrire sur les plantes. Cette résolution prouve déjà qu'il avait su distinguer ce qu'il y avait de plus réel et de plus utile dans les leçons du maître.

On ferait encore à présent une utile paraphrase sur cette pensée-mère de Théophraste, que c'est la température de l'année qui fait les fruits, et non la terre : *Annus fructificat, non tellus.* Cette pensée était devenue un proverbe chez les Grecs et chez les Romains ; à peine est-elle rappelée dans nos livres élémentaires, ou sentie dans les cours des professeurs. Il est de fait cependant qu'un académicien, ou qu'un professeur qui voudrait initier de jeunes adeptes aux secrets de l'agriculture, n'aurait rien de mieux à faire, pour l'instruire, que de bien développer la pensée de Théophraste, si toutefois il en sentait lui-même la justesse et la profondeur ; car c'est, en quelque sorte, le seul moyen qui puisse faire expliquer la fructification, la maturité, l'abondance, les qualités et l'excellence variée des fruits de la terre. (Telles sont les années 1816 et 1829.)

Dans l'opinion du monde sur l'agriculture, on s'imagine qu'il suffit d'avoir des charrues pour remuer la terre, et des engrais pour la féconder ; et dès qu'on a des capitaux, on n'hésite point à se faire agriculteur en grand, à s'accommoder de toutes les cultures et de toutes les plantes indiquées ou prônées dans les livres, à rechercher les races de bestiaux d'un grand prix, et à faire usage des outils, instrumens ou machines que les gazettes annoncent et vantent sans les connaître. Mais avec quelque expérience et de la sagesse, l'homme qui veut se faire agriculteur doit commencer par exercer ses observations sur l'agriculture qui environne sa propriété, parce qu'elle y est nécessairement le résultat d'une longue expérience de tradition, parce qu'on doit supposer que les propriétaires qui l'exercent ont le plus grand intérêt à tirer parti de leurs moissons : s'il est vraiment sage, il ne doit commencer ses innovations qu'*à la troisième année*.

Toute terre, dans sa composition, a des différences qu'il faut s'attacher à bien connaître. Tel champ a des fraîcheurs causées par des sources ambiantes ; tel autre a des abris par des bois ou par des haies ; tel autre a de la profondeur, quand le champ voisin n'a qu'un humus superficiel. Ainsi, l'acclimatement d'un grand nombre de plantes dépend de la qualité du terrain : la vigne ne peut ni croître ni prospérer dans les marches limousines, quand elle réussit à Mantes, à Soissons, et aux portes de Rouen. Les intempéries désolent plus que jamais les agriculteurs ; trois, quatre et cinq années se passent sans faire de vendanges, ou du moins sans recueillir des raisins mûrs. Le digne agriculteur doit donc diriger ses travaux et ses moissons d'après les chances qui sont le plus favorables à son terrain, et à ses entreprises ou à ses débouchés ; il doit se prémunir contre tant de fléaux qui rendent les dépenses frustratoires, et qui trop souvent lui font abandonner la carrière agricole, qui est et sera toujours néanmoins celle de l'homme sage qui veut être heureux (1).

---

(1) J'avais proposé il y a quelques années, au ministre et à l'Université, de tenir au Collége royal une chaire *gratuite* sur l'agriculture, ses principes et ses méthodes; sur la théorie et la pratique assorties aux climats et aux terrains, et sur tant d'innovations proposées; et j'avais désigné le Collége royal, parce qu'il est le foyer le plus

Examinons maintenant l'ordre physique de l'année agricole au temps de Théophraste. La différence des époques, pour reprendre les travaux des champs, offre déjà des indications précieuses, dont un sage agriculteur français doit faire son profit ou sa règle de conduite.

Dans l'Asie mineure, l'année rurale, qui était l'année civile, commençait à l'équinoxe d'automne ; en Arabie, à l'équinoxe du prin-

---

fréquenté de la jeunesse studieuse, et où il y a le plus de fils de *propriétaires fonciers*. Une réponse dorée, pour mon zèle et mes talens, mais négative, a été le résultat de ma démarche : elle était signée Cuvier.

J'ai proposé de même à M. le préfet de la Seine et à M. le directeur-général des ponts et chaussées, qui aussi a juridiction sur les arbres des boulevards, d'après ce que m'a dit M. Hély d'Oisel, de me charger *gratuitement* de la direction des plantations des arbres dedans et autour de Paris. L'un, mon ancien collègue à la législature, et l'autre, que j'avais précédé dans la carrière des préfectures, n'ont daigné ni me répondre ni m'entendre. Combien l'un et l'autre, si étrangers aux fonctions qu'ils remplissent, auront à se reprocher leur administration pour les arbres des boulevards et pour ceux des grandes routes, qui sont partout, même aux abords de Paris, dans le plus déplorable abandon !

temps ; en Grèce, au solstice d'été ; à Rome,
au solstice d'hiver (1).

Dans la suite des temps, les Athéniens,
en adoptant la division de l'année en douze
mois, ont fait commencer leur année au solstice d'hiver ; ce qui correspond pour nous
au 22 janvier. Ces différences, motivées sur
de grandes raisons qui tenaient aux climats
et aux périodes astronomiques, seraient encore dignes d'être approfondies ; mais il faudrait posséder quelques notions agronomiques. Il pourrait en résulter des considérations précieuses pour les acclimatemens,
et pour expliquer de singulières anomalies
dans le cours ordinaire de la température de
l'année.

Théophraste s'est peu occupé des plantes,
sous les rapports de l'économie domestique :
il a plutôt voulu donner une statistique botanique, ou, si l'on veut, l'histoire générale
des plantes connues et usitées de son temps.
Il distingue les plantes nourrissantes en deux

____

(1)   *Asiatici, ab autumnali equinoctio;*
     Arabes, ab vernali equinoctio;
     Græci, ab æstivo solstitio;
     Romani, ab hiberno solstitio. (Théoph.)

classes : la première concerne les blés, la seconde les légumes. Il répute blés, les plantes
qui portent des épis hérissés de pointes ou
barbes ; et légumières, celles qui ne s'élèvent pas en tuyaux (1).

Le froment et l'orge ne laissent aucuns
doutes dans leur identité ; mais il y a d'autres grains de moissons, sur lesquels on ne
s'est jamais entendu. Il y avait cependant
alors plusieurs variétés de froment ; et faisons observer, en passant, que nos poëtes
dramatiques n'ont jamais été aussi hardis que
Sophocle, qui vantait aux Grecs la blancheur des blés-fromens d'Italie (2). Mais il
serait difficile de spécifier quels sont les
grains que Théophraste désigne sous les
noms de *zéa* ou de *zéia*, de *typhus* ou *tipheu*,
de *bosmorum*, d'*olyra*, d'*arinca* ou *aringa*, de
trigis ou *briseïs*, et même de *far*.

Je sais fort bien que chacun de ces mots
a des significations positives dans les livres
traduits; car aujourd'hui on ne doute de rien ;
on explique tout, tant on attache peu d'im-

---

(1) *Quæ emittunt aristas ; quæ culmos non extollunt.*
(Théoph.)

(2) *Fortunatam Italiam frumento cancre candido.*(Soph.)

portance aux choses de l'agriculture : mais les hommes qui ont bien observé la physique végétale et l'ordre des cultures, reconnaissent aussitôt qu'on a donné des noms de plantes à des choses qui n'étaient que des produits préparés par l'industrie économique. Ces erreurs, malheureusement, ont traversé tous les siècles. Pline même a nommé, de confiance, des plantes qui n'existaient pas : le cytise en est un grand exemple ; et nos Bouthillers, nos Liger, nos Duhamel, sur la foi de Pline, ont imperturbablement cité comme plantes des compositions de l'industrie. Tous les auteurs citent, comme ayant vu, les feuilles, les fleurs et les graines du cytise ; et nul agronome ne saurait dire aujourd'hui quel était l'arbuste ou la plante que les anciens nommaient *cytise*. *La Maison rustique* nouvelle remémore toutes ces erreurs de fait comme des vérités, et on n'y fait pas plus d'attention qu'à des dictons du vulgaire (1). On a beaucoup cité le *zéa* des

____

(1) Dans un gouvernement où l'agriculture est la base de toutes les richesses et de tous les besoins, il devrait y avoir des hommes préposés pour interdire, ou du moins pour signaler les absurdes mensonges, tels que ceux que

anciens : ce mot, j'en suis convaincu, signifiait les vivres de l'homme. Homère, du moins, autorise à le croire ; il n'a jamais dit, au surplus, que le zéa fût une plante.

Gallien, grand et sage observateur, s'en explique ainsi : « Je n'ai jamais entendu dire que ce qu'on appelle *zéa* fût une plante frumentacée (1). »

Denis d'Halycarnasse a confondu le zéa avec le far ; et Servius a soutenu que le zéa était absolument différent du far.

Un autre commentateur de Théophraste

---

renferme à toutes pages le livre dit *Maison rustique*. Mais les ministres de l'intérieur, qui semblent être tous choisis pour faire du mal ou le laisser faire, ne s'occupent point de l'instruction agronomique. Ils font plus ; ils donnent la croix de la Légion à un académicien qui a soutenu et déclaré que la fleur de l'épine-vinette faisait rouiller les blés ; ils ont accablé de prix et de médailles un certain villageois avisé, qui, au moyen d'un incision annulaire à la pousse de la vigne de l'année, prétendait empêcher la fleur de couler. Jusqu'à présent en un mot, depuis vingt-cinq ans, le ministère de l'intérieur a été le fléau de l'agriculture et de toute science qui s'y rapporte ; mais cette petite note n'en fera pas nommer de meilleurs.

(1) *Non audivi semen frumentaceum, quod incolæ zeam apellant. (Ex Comment.*, Théoph.)

veut que le zéa soit une plante, et qu'elle fasse du pain noir (1).

Bodœus dit que le bosmorum était une orge sauvage qui croissait près des eaux; que son grain était moindre que celui du froment. Il ajoute, ce qu'il est très-important de rappeler, que les indigènes attachaient une telle importance à ce grain, qu'il était ordonné de le torréfier à mesure qu'il serait battu, afin d'en faire périr le germe (2), et d'en priver ainsi les étrangers.

Le bosmorum me paraît être le riz : il n'y a pas lieu même d'en douter, d'après ce que dit Théophraste de l'oriza. « Il y a, dit-il, une sorte d'orge sauvage (3), avec laquelle on fait du bon pain et de bonne polente : cette plante ressemble à l'ivraie; pilée, dépouillée de son écorce, et réduite en farine, elle est très-facile à cuire. Dans la partie bar-

---

(1) *Panem nigrum efficiens, quo ex zeiá fit.* (Mnésisth., *in Theoph.*, édit. 1644.)

(2) *Torreatur, ubi ex area excutitur, në ad alias regiones.* (Bod., *in Theoph.*)

(3) Le riz ressemble en effet, dans sa contexture, à l'ivraie : il ressemble encore à la petite orge, que, dans quelques parties de la France, on nomme *ingrain*.

barc de la Syrie, continue-t-il, les moissonneurs et les batteurs s'engagent par serment
à ne jamais vendre ce grain avant d'en avoir
détruit le germe, afin qu'on ne le cultive pas
dans les autres pays (1). »

Théophraste avait bien raison de nommer
barbare le pays où on faisait le serment de
brûler le germe d'un grain nourricier. Que
cette épithète serve donc à éclairer les gouvernemens qui condamnent à de grandes
amendes, et jusqu'à la peine de mort, ceux
qui font certaines exportations.

Le brigis ou trigis était probablement encore le riz; le mot grec semble l'indiquer. Il
est d'ailleurs présumable qu'on a donné à
cette plante deux noms différens : l'un pour
désigner le riz sauvage, et l'autre le riz cultivé.

Le tiphus ou tipheu, d'après Théophraste
et ses commentateurs, et même d'après le

----

(1) *Infrà est genus quodam hordei sylvestris, quo panem suavem conficiunt, atque alicam bonam...... aspectu
loliis simile; Pittum, decorticatumque, tanquam alica red-
dita, concoctu perfacile; in Siriá barbará, messores et
institores jure jurabant nullis venderent, prinsquam ex-
coxissent, ne semen in in alias regiones.* (Théoph., l 4.)

célèbre et modeste Ruelle, était une plante aquatique, semblable aux roseaux à quenouille, portant des épis en touffes et remplis de grains, comme ceux du sorgho (1).

L'olyra, selon Théodore, est une sorte de blé (cette définition bannale est dans tous les dictionnaires); Pline l'affirme ainsi. Mais, selon d'autres, l'olyra, ou l'alinca, ou l'aringa, et surtout d'après les traducteurs, serait l'avoine, parce que, disent-ils, selon Homère, on en donnait aux chevaux. D'après d'autres, l'aringa est le siligo. Théophraste dit que l'olyra porte un grain blanc; et Dioscoride nous dira que c'est une sorte de zéa difficile à réduire en pain (2).

Tous ces doutes prouvent que, plus l'homme s'est éloigné de la nature, plus son ignorance s'est accrue. Que pouvait-on espérer des progrès de la science agronomique, quand Athènes, Sparte, Alexandre et Denis le tyran ne chargeaient que les esclaves du soin de cultiver? La confusion

---

(1) *Tiphen habens simplicem calamum et radicem numerosam, quæ decorticata panem efficit.* (Théoph., l. 4.)

(2) *Zeiæ generis esse olyram.* (Idem.)

des mots devait en être la première conséquence.

Le pavot et le sésame ont joué un grand
rôle dans le régime diététique des anciens.
Théophraste les classe parmi les fruits : *Inter
fruges*, l. 4.

Le panis fait aussi partie des graines céréales de l'époque, *cerealibus seminibus*. L'u-
sage de le panifier était connu, puisqu'au
siége de Marseille, César y trouva du pain
fait avec du vieux panis.

Théophraste est le premier, je le présume
du moins, qui ait parlé du blé noir qu'on
nomme *sarazin*, et que les Espagnols nomment *le mil des Maures*. Le trigis des commentateurs de Théophraste, ou le pain noir
de Mnystée, ne serait-il pas plutôt le *fagopyrum?* Nous reviendrons, à l'époque relative, sur cette plante, qui joue un trop grand
rôle dans l'agriculture française (1).

Le mil ordinaire et le millet-sorgho sont
mis aussi, par Théophraste, au nombre des
céréales. Il donne l'Inde pour terre native

------

(1) *Fagopyrum , quod forma triquestra , similia glandi
faginæ.* (Bod., *in Theoph.*)

au sorgho. *Sorgon indicum.* (Th., l. 5.) Hérodote en fait aussi une céréale.

Les cruelles nécessités, filles de la guerre des rois, ont forcé les hommes, dans tous les âges, à recourir à des alimens composés. Ils en ont trouvé dans les plantes bulbeuses, qui, dépouillées de leurs pellicules, macérées et cuites, pouvaient se réduire en pâte : tels étaient le lotos, et cette plante qu'ils nommaient *chara* (1).

Les Grecs mangeaient aussi des graines de lin et de chanvre torréfiées ; on jugeait alors que cette nourriture appauvrissait le sang. Saint Jérôme dit qu'elle engendrait des poux (2). Il est remarquable que Théophraste ne parle pas du chanvre, tandis qu'Hérodote le dit usuel et commun chez les Thraces (3).

L'ers, l'orobe, le lupin, et toutes les plantes siliqueuses, ont aussi servi à la nourriture de l'homme, mais seulement, comme

---

(1) *Chara, genus radicis, quo effectos panes.* (Bod., in *Theoph.*)

(2) *Lini fructus esui... pediculos gignit.*

(3) *Ex quâ Thraciâ populi vestimenta conficiunt.* (Hésych., in *Herod.*, l. 4.)

l'observe Hippocrate, dans les temps de famine.

Avant de parler des légumes désignés par Théophraste, il convient de rappeler une plante qui a été en vogue dans la Grèce et l'Asie : c'est le *sylphium*, consacré à Apollon, et que les Cyrénéens représentaient sur leur monnaie ; tout leur en était agréable, la feuille, la graine, le suc et l'odeur (1). Les éditeurs de Théophraste ont eu le soin de figurer le sylphium sur les monnaies de Cyrène en Lybie. Mais, qu'est-ce que le sylphium ? est-ce le laserpitium, qui produit le laser, qui était alors une sorte d'ambroisie pour les Orientaux ? est-ce l'angélique, qu'on reconnaît en effet aux tiges, au suc et à l'odeur ? Je n'ose prononcer ; je ferai seulement observer que le laser était composé d'un fruit qui ressemble à de petites pommes rouges, ce qui donne l'exclusion à l'angélique. Aristote a dit que le laserpitium était originaire de Médie.

Les légumes les plus remarquables, dans

---

(1) *Suspensus templo Apollinis.* (Aristod.)

Ex pretio magno, semine, causâ, succo et odore. (Théoph., t. 1.)

les œuvres de Théophraste, sont la laitue,
l'asperge, l'anis, la bette, la rave, la blette,
le chou, l'arum, le sésame, la fève, les pois,
les lentilles, l'ers, le lupin, les phaséolus,
le fenu-grec, le safran, l'oignon, l'ail, l'é-
chalotte, le poireau, le melon, le concombre, la mauve, la guimauve, la menthe, le
raifort, le cresson, etc.

Dans ce nombre, plusieurs servaient seulement d'ingrédiens dans les mets. Je traiterai de chacun de ces légumes à l'histoire
de l'agriculture des Romains ; je ferai seulement quelques observations sur quelques-
unes de celles que je viens de nommer.

L'asperge, dans l'Orient, jouissait d'un
grand renom : sa tige, à son essor de la terre,
donnait un mets excellent. Les Grecs attri-
buaient à sa consommation plus d'ardeur à
jouir des femmes : on en cultivait beaucoup
dans l'Attique, à cause de cela ; on ne peut
en douter, car c'est le bon Plutarque qui le
dit. Ses tiges étaient hérissées d'épines (1);
on en composait des couronnes symboliques
pour les jeunes mariées.

____

(1) *In Cretâ, spinosissima ubi dicuntur scorpiones.....*
(Théoph., *Comment.*)

L'asperge est issue des marais. Celle de Crète avait les plus fortes épines ; on en comparait les piqûres à celles des scorpions. A peine, aujourd'hui, en remarque-t-on à cette plante. Cette absence d'épines indique assez la différence d'influence des climats, et la puissance des acclimatemens.

La blette était accablée de reproches et d'imprécations : elle était froide et sans saveur ; elle engourdissait. Aristophane l'a nommée *la prostituée* (*blitea meretrix*). Hippocrate a comparé sa feuille à la langue des bêtes venimeuses.

Je ne dirai qu'un mot du chou, qui n'a été cher qu'aux Romains. Les Egyptiens et les peuples de la grande Grèce le cultivaient, parce qu'il prévenait l'ivresse causée par le vin (1). Est-ce par suite de cette opinion que Théophraste, et après lui Cicéron, ont

----

(1) *Ad Egyptios statutum, antè cibum, brassicam, ebrietatis causâ..... jejuno tibi, brassicam dabo. Vitis odorem brassica fugit ; si juxtà tabescit sarmentum.* (Théoph., p. 774.)

Brassica, esu, cocta, cruda vel nutrid servata. (*Id.*)

déclaré qu'il y avait antipathie entre la vigne et le chou? Les Grecs mangeaient le chou cru, cuit et en saumure.

Le chou-fleur est originaire d'Ephèse.

L'ail, l'oignon, l'échalotte ont occupé les plumes des plus grands écrivains. S'il faut en croire Hérodote, on aurait dépensé seize cents talens d'or pour acheter de tels légumes, pendant la construction de la grande pyramide.

On répute généralement le concombre et le melon originaires d'Egypte. Théophraste leur assigne la Béotie. (L. 4.)

La fève est devenue célèbre par Pythagore : j'en compléterai la notice à l'agriculture des Romains.

La mauve et l'asphodèle ont été chères aux Grecs.

Platon en faisait un mets du sage. Homère en a fait l'éloge. Théophraste fait un arbuste de la guimauve : ce fait encore nous fait voir les effets des acclimatemens. On ne peut douter que la guimauve n'y fût un arbuste, même élevé, car aujourd'hui, dans les serres, on en voit sous cette forme; tandis que la guimauve, dans nos climats et surtout à Paris, n'est qu'un herbage qui est d'autant plus grand, qu'il se trouve aux bords des eaux (1).

Le cresson a été cher aux Grecs : Aristophane, Xénophon, Plutarque en font un brillant éloge. Le meilleur, disait-on, était celui de Babylone. « Le convalescent, dit Plutarque, en reprend de l'appétit (2). »

Théophraste n'a point oublié la mandragore : et je ne l'oublierai point, quand il sera question de l'agriculture des Hébreux.

La belladone a trop servi la magie et les ébats vénériens pour être oubliée : c'était pourtant se jouer avec un poison très-actif.

Le pavot était cultivé en grand, au temps de Théophraste. Il est, au surplus, remarquable qu'on connaissait déjà l'emploi de la préparation du pavot pour se procurer un repos (3) délicieux (4). Le plus renommé était celui d'Héraclée.

---

(1) *Naturam arboris assumit, inter hastas grandescit.* (Théoph., p. 824.)

(2) *Morbo fugato...... nasturtium alacriter et suaviter, comedet. (Ex Comment.,* Théoph.)

(3) On veut que Cérès l'ait consacré, parce qu'après ses longues fatigues, le suc du pavot lui avait procuré le sommeil.

(4) *Capitula quinque papaveris, in vino decocta.* (Théop.)

Le gâteau nuptial se faisait avec du sésame.

Le safran était connu, au temps d'Homère ; Aristophane, comme le chantre grec, l'a célébré, à cause de son odeur. Il disait des femmes de mauvaises mœurs : *Olet crocum.*

Athènes a rendu la ciguë trop fameuse ; avons-nous été plus sages, en substituant à la ciguë les plus horribles supplices ?

Les Grecs ont fait moins d'excès que les Romains, du dictame et de l'ellébore.

Théophraste avait observé la fougère ; il avait su en distinguer le sexe. « La fougère femelle, dit-il, macérée dans du vin avec de la farine d'orge, fait mourir les vers (1). » La fougère faisait partie du honteux et fatal satyrion ; je laisse à Dioscoride le soin de s'en expliquer.

Aristote et Théophraste avaient connu et jugé les effets de l'ivraie (2).

La menthe était jugée contraire à la prolification (3).

---

(1) *Filix fœmina, in vino, cum farinâ hordaceâ utilis contra vermes.* (Théoph., l. 9.)

(2) *Torpet cerebrum.* (*Id.*)

(3) *Generationi contraria, crebriori usu, lentiginem arcet et semen genitale defluit.* (*Id.*, p. 812.)

Théophraste parle aussi de la plante qu'Homère a nommée *moly*; mais il ne la fait pas plus connaître que lui. Il paraîtrait que sa grande vertu était d'être un contre-poison.

Théophraste répute la châtaigne originaire de l'Eubée; il me paraît plus vrai qu'elle provient de la Lydie.

Le coing de Cydon, couleur d'or, sous un duvet d'albâtre, exhalait un doux parfum. N'est ce pas le coing qui a fait le renom du jardin des Hespérides? Solon, dans ses lois de mœurs, ordonna que chaque nouvelle épouse, avant d'entrer dans le lit nuptial, mangerait une pomme de coing, afin que sa bouche et sa voix fussent plus agréables à son époux (1).

Le bouleau était cher aux Grecs : il a été justement nommé *la source du désert* (2). L'écorce servait pour écrire (3).

L'aulne est cité dans la plus haute antiquité; il serait peut-être une preuve que les premiers arbres de la nature ont été ceux

----

(1) *Solo tulit legem.....*

(2) *Prodest in desertis; tantum humoris copiam, ut pastores siti pressi, potare solent.* (Théoph., p. 222.)

(3) *Nonnulli, carmina in cortice betulæ.* (Id.)

des bords des eaux : il aurait donc primé le chêne et le cèdre. Quoi qu'il en soit, il est de fait qu'il a le premier, et très-long-temps, servi à la navigation.

L'if était en renom pour faire des armes, et surtout des arcs : celui du mont Ida était le plus renommé par sa couleur vive (1).

Le figuier, selon Théophraste, est originaire de la Lybie. Les Hébreux lui assignent une autre contrée. Son fruit, comme ceux de tous les autres arbres, n'est devenu bon que par la culture. Les Grecs ne mangeaient les figues que sèches ; ils en faisaient même un grand commerce. Il y en avait de toutes couleurs, des blanches, des pâles, des vertes, des jaunes, des rousses, des rouges, des bleues mêlées de pourpre, des noires, et d'autres variétés encore (2).

L'olivier avait été mis déjà à bien des épreuves pour sa culture et pour son fruit. Théophraste disait que cet arbre ne pouvait croître et prospérer au-delà de six milles de

---

(1) *Taxum, hastis arcubus, ex Idá oritur.* (Théoph., l. 1.)

(2) *Albæ, pallidæ, virides, lutcæ, subruffæ, purpureæ, cœrulcæ, saturatæ purpurd, nigræ, aliæque mixtæ.* (Pl., ex *Theoph.*)

la mer : c'est une erreur qui a été démontrée par Columelle.

Théophraste rapporte qu'aux thesmophories, les dames d'Athènes portaient toujours avec elles l'*agnus castus*, afin d'observer plus rigoureusement la chasteté. Les unes le tenaient à la bouche ; les autres en composaient des breuvages : elles en répandaient des feuilles dans leur lit.

Le luxe avait aussi ses plantes : l'ancheuse (qui est la garance), le safran, l'aloës, le cinamome, le sandal, avec lesquels ils teignaient leurs laines et leurs visages (1).

Le lin était infailliblement cultivé par les Grecs ; il a occupé Platon, qui regardait le lin comme ce qu'il y a de plus pur : *cælum similans*. Le lin avait aussi un grand prix chez les Hébreux (2).

Théophraste indique, parmi les pronostics, le chant de la cigale et la fleur du chardon ; le lupin, la mauve, le nénuphar avertissaient des heures du jour. La durée de la fleur des scilles annonçait une grande fertilité.

----

(1) *Quibus faciem, sed etiam lanam.* (Théoph., l. 1.)
(2) *Deus, vestem lini sacerdotalem, juberet.*

Tel est l'extrait substantiel des œuvres de Théophraste, sur lequel le lecteur pourra faire des rapprochemens, relativement à un grand nombre de plantes usuelles que nous retrouverons dans Pline et Dioscoride, lorsque nous traiterons de l'agriculture des Romains.

CHAPITRE X.

ARISTOPHANE. (396 *ans avant Jésus-Christ.*)

Ses comédies de *la Paix* et des *Oiseaux;* motifs de ces compositions. — Celle de *la Paix* fait connaître les ouvriers qui travaillaient la terre, et de quels légumes on se nourrissait alors. — L'agriculture fait l'abondance. — Celle des *Oiseaux* est une critique de la magistrature et des guerriers d'Athènes. — Quelques indications sur les pronostics et les oiseaux qui dévorent les fruits et les moissons.

En voyant ici le nom d'Aristophane, plusieurs lecteurs peut-être le prendront pour un épisode dans mon *Histoire de l'agriculture;* mais il n'en est point ainsi dans ma pensée, car je regarde Aristophane comme un des auteurs grecs qui a signalé le plus vivement les révolutions de la Grèce et celles de son agriculture.

Esope avait eu recours à des fables, pour faire parvenir la vérité; Aristophane a cru qu'il atteindrait le même but, en créant et faisant jouer des comédies qui, malgré leurs bizarreries et leurs extravagances, occupaient à la fois le peuple, le philosophe et la magistrature.

Deux de ses pièces appartiennent, en quelque sorte, à l'agriculture ; et d'ailleurs il faut bien prendre ce qui s'y rapporte partout où on le trouve, même dans les comédies, puisqu'il n'existe pas pour elle le moindre livre d'histoire. Je choisis les deux pièces qui ont pour titre, l'une *la Paix*, l'autre *les Oiseaux*.

Les Lacédémoniens et les Athéniens avaient fait une trève ; le Péloponèse était ordinairement le théâtre de leurs guerres. Aristophane résolut de faire entendre, à sa manière, que si les Athéniens continuaient à faire la guerre, celle du Péloponèse serait la cause de la ruine entière de la Grèce : afin de se faire mieux comprendre, et, même dé la part du peuple, dont la voix était souvent prépondérante et absolue, il prit ses acteurs dans la classe même des cultivateurs, des jardiniers et vignerons, dont le nombre était très-considérable à Athènes.

Un vigneron, qu'il nomme *Trygée*, paraît, monté sur un escarbeau, pour aller se plaindre à Jupiter de ce que la guerre réduit le pauvre peuple à la dernière misère.

Mercure arrive, et lui révèle sans mystère que les Athéniens en sont cause; que les dieux sont las de leurs débats, et qu'ils ont laissé toute latitude à la déesse de la guerre, laquelle doit incessamment broyer toutes les villes de la Grèce dans un mortier. Il lui révèle, en outre, que la Paix est enfermée dans une caverne, où elle est retenue par une vaste pierre. On voit ensuite des acteurs, dont les uns broient de l'ail et les autres des poireaux, désignant ainsi les guerriers comme de grands mangeurs d'ail, et les villes de Prasie et de Mégare, où l'on cultivait beaucoup de ces deux légumes.

Trygée appelle à son secours des vignerons et des laboureurs, et des hommes de différentes nations, pour arracher la pierre qui tient la Paix enfermée : il se plaint amèrement de ce qu'on laisse la terre sans culture ; il en accuse la guerre, et il fait des imprécations contre ceux qui la conseillent et la fomentent.

On se met à l'œuvre; mais les étrangers ne tirent pas également : ceux de Mégare surtout contrarient les efforts des autres. Trygée se fâche, et renvoie tous les étrangers ; il déclare qu'il ne veut plus employer que des vignerons et des agriculteurs athéniens. Mercure déjà s'était aperçu de la manœuvre des Mégariens ; il promet d'appuyer les efforts de Trygée et des siens.

La Paix est délivrée ; elle paraît entourée de deux femmes, qui sont la Fécondité et la Beauté. Trygée est dans le délire de la joie ; alors, on voit les *faiseurs de faucilles* qui narguent les *faiseurs de javelots*.

Les vignerons et les jardiniers annoncent qu'ils vont enfin aller revoir et embrasser leurs vignes et leurs figuiers, qu'ils n'ont pas vus depuis si long-temps.

Mercure, avant de partir, leur fait une allocution, pour dire les auteurs de la guerre : il nomme Périclès et Phidias ; il dit que les Athéniens prétendent qu'ils ne paieront plus de tributs : il déclare que, lorsque les vignerons et les jardiniers s'étaient réunis aux oisifs d'Athènes pour chasser la Paix à coups de fourches, elle avait évité leurs coups avec beaucoup de peine ; mais que néanmoins, tout en fuyant, elle s'était souvent retournée vers Athènes, qu'elle aimait et qu'elle regrettait : que les bons citoyens en avaient été

touchés ; mais que des *étrangers*, qui les suivaient, leur avaient fermé la bouche avec
de l'or (1).

Des interlocuteurs demandent au vigneron
Trygée qu'il renvoie un certain Hyperbolus
(le Marat du temps) ; Trygée y consent, et
il avoue avec malice qu'il n'avait été choisi
que pour s'en servir, comme d'un manteau,
contre les injures et les attaques des riches,
qui le redoutaient. Il ajoutait : « Hyperbolus
est un faiseur de lanternes ; nous l'avons
pris à gages, afin qu'il en fasse beaucoup
aux Athéniens, qui en ont besoin pour voir
clair. »

Mercure donne en mariage à Trygée une
des compagnes de la Paix ; le chœur en manifeste sa joie, mais en même temps il blâme
un Cerbère (2).

Au quatrième acte, Trygée raconte à son
valet le voyage qu'il vient de faire au ciel ;
il dit : « Que vous êtes petits, tous, quand

______

(1) Combien on pourrait faire d'applications à ces pensées !

(2) C'était Cléon, général tout puissant à Athènes,
homme corrompu et grand partisan de la guerre du Péloponèse.

on est là-haut ! » Il ordonne à son valet de préparer un bain pour sa future épouse, qu'il veut aller présenter au sénat. « Mais Hyperbolus, annonce-t-il, ne sera pas du cortége ; je suis heureux moi-même d'en être délivré... »

Il choisit, pour victime du sacrifice, une brebis noire, comme plus précieuse qu'une blanche. Il doit demander à Jupiter l'abondance pour les campagnes, et le retour des anguilles du lac de Copaïs, que la guerre, depuis treize ans, empêche d'arriver jusqu'à Athènes.

Les vignerons, les faiseurs de faucilles, et les potiers, qui font les amphores pour le vin, viennent faire des présens à Trygée.

Des chœurs d'enfans chantent des hymnes : mais comme on ne leur a appris que des chants de guerre, Trygée les interrompt ; il les apostrophe vivement, et il leur ordonne de ne prononcer que ce qui peut plaire à la Paix.

Cette comédie burlesque ou politique apprend beaucoup de choses utiles à savoir sur la population d'Athènes, sur les travaux de la campagne, et sur le régime de vie du peuple athénien. Il n'est pas besoin de faire ici la part du philosophe.

La comédie des *Oiseaux*, plus bizarre par
sa conception et par le jeu, n'est pas moins
remarquable par les allusions et par la censure ; elle est même plus hardie, car elle
attaque les dieux mêmes, non ceux d'Athènes, il est vrai, mais ceux des autres nations, car il eût été trop dangereux de désigner les dieux de l'Attique.

Alcibiade avait laissé percer qu'il voulait
aller conquérir la Sicile, la Lybie, le Péloponèse et Carthage. Les hommes sages blâmaient hautement les déplorables rivalités
d'Athènes et de Lacédémone ; ils blâmaient
également la guerre contre la Sicile, injuste
au fond, et qui n'avait d'autre but que de
faire du butin et des esclaves. Elle absor-
bait en outre, chaque année, les forces de
terre et de mer.

Athènes et Lacédémone alors mettaient à
feu et à sang toutes les contrées environnantes, même chez leurs alliés, pour savoir
à qui resterait la souveraineté ou de l'une ou
de l'autre. Le malheureux Péloponèse, le
Palatinat de la Grèce, souffrait le plus de ce
délire de guerre et de suprématie. Quelques
philosophes, quelques hommes d'Etat avaient
inutilement tenté d'arrêter cette efferves-

cence, qui malheureusement était populaire,
parce qu'il en résultait toujours une sorte de
spectacle de la part des vaincus et des vainqueurs : parce qu'il y avait alors un plus
grand nombre de sacrifices auxquels le peuple participait pour les consommations,
parce qu'enfin le peuple avait jugé, soit dans
son instinct, soit dans sa raison, qu'il était
plus considéré, plus heureux et mieux nourri
pendant la guerre que pendant la paix. Le
commerce même y trouvait des avantages
par le fret des vaisseaux, soit pour porter
des vivres ou pour en vendre (1), soit pour
rapporter du butin ou des esclaves, ce qui
était un grand et riche trafic.

Aristophane connaissait tous les personnages dont l'influence déterminait la guerre ;
le public d'Athènes les connaissait également : en pareils cas, on ne se tromperait
pas à Londres, à Madrid, et bien moins
encore à Vienne. Il entreprend donc de les
attaquer, mais d'une manière si bizarre et si
détournée, que les influens ne puissent s'en
fâcher, et que le public néanmoins puisse les
reconnaître. Ces moyens plaisaient beaucoup

____

(1) Sur ce point, le peuple anglais imite celui d'Athènes.

aux Athéniens, qui trouvaient dans ces divertissemens des compensations contre les abus d'autorité des magistrats, comme ailleurs on en trouve dans les caricatures et les chansons. Aristophane suppose que les oiseaux sont en insurrection pour quitter un pays où l'on ne fait que se battre, où on est sans cesse exposé à mourir de faim, où on ne fait que gazouiller toute l'année, quand la cigale ne chante que pendant trois mois de l'année.

Evelpis et Pisthétérus paraissent sur la scène, l'un avec un geai, l'autre avec une corneille ; les autres acteurs portent d'autres oiseaux, dont les significations sont de suite bien comprises.

Les oiseaux commencent par déclarer leur antiquité : elle est au moins égale à celle des dieux. La corneille n'oublie pas de dire qu'elle vit cinq fois l'âge de l'homme. Ils rapportent leur origine, leurs titres de gloire et leurs services ; ils veulent enfin connaître quels sont, parmi les dieux, les bons et les mauvais ; ils prétendent au respect que leur doit toute la terre, puisqu'ils ont été créés avant elle ; ils nomment les villes fameuses qui se sont mises sous leur protection.

Ils ont résolu d'édifier une ville en l'air, où ils seront seuls les maîtres, et même des dieux; ils n'y seront pas étourdis, du moins, par le bruit des applaudissemens, par d'éternels plaidoyers, et par des cris continuels de guerre. Là, ils pourront mieux observer les humains qui font le malheur de la terre; et lorsque ces derniers offriront des sacrifices aux dieux, ils intercepteront la fumée des graisses et des cuisses.

L'action des personnages est dirigée dans le sens de ces dispositions; les allusions en sortent avec adresse et malice; les guerriers et les magistrats y trouvent leurs applications. Leur ville aérienne étant composée avec une hiérarchie, ils rendent des lois. Si les humains osent les enfreindre, ils lâcheront contre eux une volée de moineaux, des légions de sauterelles pour dévorer la fleur de la vigne, des myriades de moucherons, et des vers sur les figues.

« Quant aux dieux, du haut de nos chênes et de nos myrtes, il nous suffira de leur offrir un peu d'orge pour être exaucés. Nous n'en servirons pas moins de pronostics et d'augures aux humains dans leurs travaux : les grues, par leur passage en Lybie; les milans, pour faire tondre les brebis, et l'hirondelle pour annoncer le printemps. »

Au dernier acte, Hercule demande à Pisthétérus, qui se croit un héros, quels sont les oiseaux qu'il sacrifierait pour plaire aux dieux. Pisthétérus répond : « Ce sont les oiseaux séditieux qui ont attenté à la liberté publique. »

CHAPITRE XI.

PLATON. (*400 ans avant Jésus-Christ.*)

Sa doctrine et sa tendance à l'idéologie. — Ses voyages chez Denis le tyran. — Ses idées sur la perfectibilité de l'homme. — Ses illusions. — Il faisait peu de cas d'Homère, qu'il a critiqué pour ses œuvres. — L'influence de Platon sur le sort de la Grèce.

PLATON, dans l'Attique, faisait une révolution à sa manière, et de laquelle, il faut l'avouer, il était loin de prévoir les conséquences. Elève de Socrate, il en avait les principes; mais il était loin d'en avoir le grand et beau caractère. L'exemple de son maître le rendait timide et circonspect; pour dire la moindre vérité qui pouvait déplaire au peuple ou aux tyrans, il avait recours à des dialogues ambigus, et à des circonlocutions dans lesquelles se noyait la vérité. L'habitude de s'expliquer ainsi, lui fit créer des

systèmes de morale et de philosophie tellement enveloppés de quintessence idéologi-
que, qu'il était à peine compréhensible ; mais
par une fatalité qui est devenue trop commune, cette incompréhensibilité a fait sa fortune et son renom (1). Il s'est vu bientôt le
chef d'une grande école ; la perfection humaine devint sa chimère. De tous les philosophes du temps, il a été un des plus supers-
titieux, surtout pour les nombres et pour les
jours : cette faiblesse, qui n'est que trop bien
constatée, aurait dû pourtant diminuer l'estime et la confiance qu'on lui attribue si gratuitement.

A force de se jeter lui-même hors de la
région terrestre, il ne parlait et ne s'occupait plus que d'un monde moral parfait ; il
devint de plus en plus le jouet de ses illusions.
Jamais, avant lui et depuis lui, nul n'a creusé
aussi profondément la mine des idées ; ce
qui est encore plus vrai, jamais on ne leur a
donné plus d'extensibilité : celle de l'or ne
serait qu'une comparaison imparfaite.

Platon avait fini par repousser, condamner

---

(1) Plus heureux que les Grecs, nous avons déjà plusieurs Platons.

et presque abjurer l'empire des sens, pour ne préconiser que les hautes sensations de l'âme; il s'était lui-même tellement familiarisé avec ces idées, qu'il se crut le type des êtres purs et parfaits. Ses disciples, flatteurs comme ceux des rois, voulurent absolument trouver une cause à tant de pureté et de perfections surnaturelles; ils déclarèrent donc que Platon était issu d'une mère qui n'avait pas cessé d'être vierge.

Cependant, l'école du philosophe faisait beaucoup de bruit dans le monde; elle plaisait aux Athéniens, dont l'imagination active et mobile avait besoin du moins de rêver le bonheur. Le nombre de ses adeptes devenait considérable; les philosophes l'approuvaient, parce qu'il pensait comme Socrate sur la Divinité; les rois, les tyrans et leurs magistrats l'appuyaient, parce qu'il commandait une obéissance passive; les peuples même répétaient son nom, parce qu'il s'annonçait comme l'ami de la paix. Des rhéteurs en firent un éloge pompeux à Denis, le tyran de la Sicile, qui, dans ce temps-là même, occupait la scène des combats et des dévastations dans la grande Grèce. Comme tant d'autres, il mettait sa gloire à détruire

les villes de fond en comble, à exterminer
tous les hommes d'armes, et à transporter
en masse la population des villes saccagées
dans des villes nouvelles. C'est Denis le tyran qui dit aux Locriens ce mot terrible, et
que reproduira toujours l'historien de l'agriculture, mais qui a été à peine remarqué par
les écrivains aux gages des rois : *Vos cigales
ne chanteront plus qu'à terre.*

O faiblesse humaine! Platon, le sage des
sages, le successeur de Socrate, fut moins
fort qu'Anacréon; il ne put résister à l'in-
vitation de Denis, et à la vaine gloire de se
montrer à la cour de ce tyran. S'il ne faut
voir qu'une faiblesse dans le premier voyage,
quelle épithète donner au second?

L'antiquité a célébré Platon; les rois, les
sacerdoces et les tyrans ne se sont pas of-
fusqués d'une doctrine qui occupait et amusait les oisifs et les raisonneurs de place. Les
hommes de sens, indignés ou fatigués des
horreurs de la guerre et des lices de la tyrannie en robe ou en épée, ont applaudi à une
doctrine qui du moins prêchait et promettait le calme, ou plutôt l'obéissance indéfinie. Platon, sans doute, aimait et honorait
les vertus; mais son idéologie et ses illu-

sions, toujours croissantes par l'effet de la crédulité publique, ne lui laissaient plus voir le train du monde et ses tristes réalités. Il a ainsi inoculé chez les Grecs la plus vaine scolastique ; croyant bien servir le bonheur de l'âme, il a fait absorber les nobles et pieux sentimens de patrie et de liberté, et préparer ainsi, par son prétendu miel attique, tous les hommes élevés, à porter sans discernement ou avec indifférence le joug des conquérans, et les fers honteux de l'esclavage. Il a fait consister le bonheur à vivre calme au milieu des tempêtes, à opposer la résignation et la douceur aux violences et aux injures des hommes du pouvoir et de l'usurpation ; il a déclaré que le bonheur de l'âme consistait à vivre dans la contemplation et l'éloignement du monde : il a détourné les hommes de l'amour du travail et des participations aux actes de la législation ; il a été, sans le vouloir, un fléau pour l'agriculture.

On ne pourra jamais l'excuser, ni lui pardonner d'avoir mis le grand Homère à l'index de ses prédications : ce fait seul signale et met Platon plus à découvert, pour le jugement et les qualités du cœur et de l'esprit, què tout ce qu'on peut lire dans ses œuvres sur les perfections humaines. On se rappelle dans quelle circonstance Homère a conçu le plan de son *Iliade* : quels grands et pieux motifs l'ont guidé dans sa composition et dans ses récitations de ville en ville ! Platon, au contraire, a affecté d'éteindre toute émulation civique et belliqueuse, préférant la servitude à cette indépendance qui constitue le beau caractère de l'homme, et que le souverain des dieux inspirait lui-même à Homère.

Ceux qui sont en état d'apprécier les influences que peuvent avoir des hommes fameux et accrédités, ne s'étonneront pas de trouver dans l'*Histoire de l'agriculture des Grecs* ces considérations sur Platon ; et je n'hésite pas moi-même à les justifier.

C'est au platonisme que l'Attique a dû son indifférence pour la servitude et pour les tyrans, pour la stérilité progressive de son sol, puisque, pour vivre, elle s'est mise forcément sous la dépendance des étrangers.

C'est au platonisme qu'on a dû les contemplateurs, les moines et les sectes qui ont fait ébranler tout le corps social en Europe, et qui en ont été les honteux et perpétuels tourmens.

C'est au platonisme que l'Europe a dû la fatale existence du Bas-Empire, duquel sont sortis, comme de la boîte de Pandore, tous les maux qui peuvent affliger et déshonorer l'humanité.

C'est au platonisme qu'en Italie, en France, en Allemagne, on a dû l'engouffrement des biens des familles actives, pour en doter des fainéans, faisant croire les uns et les autres que le vrai bonheur de la vie consistait dans le quiétisme, l'égoïsme, et dans les limbes de la servitude.

Ce qui afflige et ce qui étonne le plus encore à présent, malgré tant de siècles de douleurs et de ténèbres, c'est que, malgré l'occupation de la plus belle partie du monde par le Turc, et que le platonisme lui avait préparée, le chef de l'idéologie, du beau idéal, en religion, en morale et en vie sociale, jouisse, dans les écoles et dans les livres de certains philosophes, d'une gloire ou d'une vogue que chacun s'efforce d'immortaliser. On enseigne Platon dans les cours publics ; et c'est en expliquant ses œuvres, que M. Cousin, si digne de soutenir une meilleure cause, s'est fait une sorte de réputation européenne, en flattant les quiétistes et les illuminés d'Allemagne et de France. Encore un peu de temps, et un autre Platon nous sortira tout armé du malheureux système qui domine ; encore un peu de temps, et le gouvernement, s'il ne change, constituera le platonisme, contre lequel la congrégation n'est point hostile.

Je n'ai jamais entendu M. Cousin discourir sur Platon ; mais je voudrais bien savoir comment il explique la création ou la nature de l'âme par le triple mélange de trois substances ; comment la terre porte sur un triangle simple, et la mer sur un triangle rectangle ; sur son bon et mauvais génie, sur la figure et les ailes qu'il donne à l'âme.

Il est beau, sans doute, d'avoir dit de Dieu : *L'éternel géomètre ;* mais quel philosophe l'a loué pour son enfer, et pour sa résurrection, dont le système est de faire sortir *le vivant du mort?*

Démocrite, Epicure, et d'autres encore, ont combattu ceux de Platon ; et on ne peut nommer aucun philosophe ancien qui ait justifié Platon. Notre Fénélon a embrassé celui du quiétisme, mais il n'a point fait secte, et créé l'amortissement des nobles et utiles passions.

Voltaire, le champion intrépide de la philosophie, a regardé Platon comme un sophiste ; il n'hésite point à dire qu'il a fait plus de mal que de bien.

Pour ramener encore vers Platon, on déclame contre Voltaire : mais que ses partisans nous disent donc le bien qu'il a fait ; qu'ils s'appuient sur des faits de sa vie, et sur des principes qui ont traversé tous les siècles.

Je suis loin de vouloir interdire les opinions sur Platon et son idéologie ; mais je m'étonne qu'un gouvernement paie un cours public sur Platon, à moins qu'on en veuille revenir à un Bas-Empire, quand ce même gouvernement poursuit ou persécute l'enseignement mutuel, par lequel il s'agit seulement d'apprendre à lire et à écrire à la masse du peuple.

La tournée de M. Cousin en Allemagne semble lui avoir inculqué des idées mystiques, ou, pour dire plus justement, des idées romantiques ou ossianiques ; mais, du moins, s'il ne faut pas proscrire l'école de Platon, il y a du danger pour l'esprit public national à en entretenir la jeunesse des hautes écoles, à moins qu'on ne veuille en faire des

millions de prêtres, d'idéologues et de contemplateurs. Des prêtres, des Pères de l'E-
glise même ont trouvé dans ses œuvres un
enfer et la résurrection ; d'autres ont admiré
le système que tout être vivant sort du mort,
système dont M. de Lamartine, l'oint de la
congrégation, s'est fait l'apôtre ou le partisan (1).

Je ne rappellerai pas tout ce qu'ont dit de
Platon, bien et duement païen, certains chrétiens et certains ordres monastiques, pour
faire du philosophe grec une sorte de précurseur ; c'est bien assez pour ma faible voix
de m'élever, comme historien de l'agricul-

---

(1) Dans une allocution au tombeau, M. de Lamartine
a dit :

> O tombeau ! vous êtes mon père,
> Et je dis aux vers de la terre :
> Vous êtes ma mère et mes sœurs...

Il s'exprime ainsi sur la résurrection :

> Levez-vous. . . . .
> Qu'entre vos os flétris, vos muscles se replacent ;
> Que votre sang circule et vos nerfs s'entrelacent :
> Levez-vous, et voyez qui je suis. . . . .
> Les restes du tombeau. . . . .
> Entrechoquent soudain leurs ossemens flétris ;
> Leurs os sont rassemblés, et la chair les recouvre.

ture, contre son illuminisme, contre ses ra-
vissemens et ses extases, qui ont de siècle
en siècle fait mépriser l'amour du travail et
de l'industrie, èt fait préférer les cours des
rois et les villes à nos champs.

CHAPITRE XII.

ARISTOTE. (384 *ans avant Jésus-Christ.*)

Sa réputation a fait sa fortune. — Il est nommé précepteur d'A-
lexandre; il le suit dans ses conquêtes. — Il est témoin des
cruelles expéditions d'Alexandre. — Il ne le quitte qu'après
avoir vu ses actes de fureur contre des philosophes ses amis.—
Coup-d'œil sur Alexandre; il a perdu la Grèce et une partie de
l'Asie. — Des preuves authentiques en sont données.

DEUX grands hommes de la Grèce ont
fait ombre, l'un au plus cruel tyran, l'autre
au plus grand dévastateur de la terre. Cette
double circonstance historique n'a pu rendre
les historiens et les orateurs plus sages, les
rois plus modérés, ni les tyrans moins communs; au contraire, un sentiment d'admiration semble plutôt dominer dans la vieille
Europe : car Platon, malgré ses courtoisies
envers Denis, se fait toujours admirer; car
Aristote, après avoir été une puissance for-

midable dans les écoles, jouit encore de la gloire d'avoir été le précepteur d'Alexandre-le-Grand.

Aristote était né avec du génie; mais la passion de l'ambition le porta vers les cours des rois. C'est dans celle d'Hermias, en Mysie, qu'il épousa la sœur même du roi. S'étant fait un nom déjà parmi les disciples les plus distingués de Platon; annonçant d'ailleurs, par ses travaux propres, une grande sagacité pour éclaircir et juger des questions de physique et d'histoire naturelle, sa réputation parvint jusqu'à Philippe, roi de Macédoine, qui mit du prix à confier l'éducation de son fils à un savant de ses Etats (1).

Aristote a suivi le fils de Philippe dans ses trajets, dans ses expéditions et ses conquêtes. On ne s'est point encore avisé, dans

---

(1) Dans l'histoire, on fait peu d'attention à Philippe, roi de Macédoine, tant la gloire du fils est immense et exclusive. Mais, pour le véritable historien et pour le publiciste même, Philippe est un des rois les plus habiles qu'on puisse citer : son fils n'est pas même digne d'approcher des talens et de la sagesse de son père. Lecteurs, vous allez en juger.

l'histoire, de juger le philosophe par les hauts faits de son élève; mais ce moyen n'est pas indifférent. Je ne prétends pas, sans doute, rendre le précepteur ou le savant responsable des actes de cruautés d'Alexandre conquérant; mais j'ai assez bonne opinion de l'homme de bien, du vrai savant ou du sage philosophe, pour croire qu'à la place d'Aristote, il aurait fui et abandonné pour jamais l'homme puissant qui se faisait un jeu d'outrager, en sa présence, le Ciel, l'humanité, la pitié et les lois sacrées du droit des gens. Combien Aristote et Platon eussent été plus grands et plus respectables, s'ils n'eussent jamais fréquenté Denis et le fils de Philippe, ou du moins si, après avoir bien connu leurs cruautés et leur délire, ils se fussent retirés au lycée d'Athènes !

C'est un grand malheur pour les sciences qu'Aristote se soit jeté dans la carrière de l'ambition, et qu'il n'ait pas consacré sa vie à observer la nature, ses productions et ses phénomènes : il aurait pu en être surnommé *l'historien;* il eût rendu Pline et Dioscoride plus circonspects dans leurs explications. Aristote, néanmoins, avait plus de propension à observer les animaux que les végétaux;

et parmi les premiers, il préférait les animaux sauvages aux animaux domestiques; comme, pour les végétaux, il a plutôt traité des plantes rares que des plantes nourricières, économiques.

Je n'ai point à m'occuper de sa philosophie, qui seule décèle un rare génie, et manifeste tout ce que nous avons perdu quand il a suivi Alexandre.

Aristote n'était pas agronome; l'esclavage était déjà trop constitué, pour qu'il s'occupât à travailler sur une chose qui était devenue le lot exclusif des esclaves, car alors même il n'y avait que deux états pour les hommes élevés : le militaire et le sacerdoce. Mais je n'en regrette pas moins son silence sur une foule de choses qu'il serait si important de connaître pour les époques de l'histoire et de la science.

La vie d'Alexandre appartient aussi à l'histoire de l'agriculture de la Grèce; car le mal ou les fléaux ont le privilége de faire connaître, mieux que le bien, les causes des misères publiques : de même que les tyrans font mieux sentir le prix des bons princes. Je n'ai point à faire l'histoire de celui que toute la terre encense encore : il a fatigué les orateurs et les poëtes profanes et sacrés; il est le point de mire encore de tous ceux qui aspirent à la gloire et au pouvoir par le métier des armes. Cette notice a donc pour but de faire connaître la faiblesse d'Aristote, et de démontrer qu'Alexandre a été le plus grand fléau de l'agriculture.

Pour bien juger d'Aristote, suivons la marche et les actions d'Alexandre. En Grèce, il surprend la ville de Thèbes; et pour se faire précéder par la terreur, il fait exterminer les hommes, les femmes, les vieillards et les enfans; il en fait démolir les maisons; mais il épargne celle de Pindare : cette exception, dans la bouche des flatteurs et sous la plume des historiens, a couvert, comme d'un manteau sacré, toutes les atrocités commises à Thèbes.

Fort et fier de cette victoire, que les Athéniens avaient sollicitée, Alexandre persuade facilement qu'il fallait porter la guerre en Asie, et notamment chez les Mèdes et les Perses, qu'il nommait *des barbares* et les ennemis des Grecs. Il fit une irruption en Phrygie, où le grand-prêtre du temple lui prédit qu'il se rendrait le maître de toute l'Asie.

L'armée de Darius s'était avancée déjà vers

la Phrygie, quand la renommée publiait les victoires d'Alexandre. Memnon, général en chef de l'armée des Perses, donne l'ordre de détruire partout ce qui pourrait servir à l'armée d'Alexandre, les moissons, les arbres, les prairies, les pâturages et les maisons.

Arrivé aux pyles de Syrie, Alexandre est vainqueur à Issus. L'armée des Perses, dans sa retraite ou ses déroutes, détruit les villes, les villages, et généralement tout ce qui pouvait servir à l'armée ennemie. Alexandre suspend sa marche vers l'Asie, il passe en Phénicie, prend la ville de Sidon, qu'il fait détruire. Ephestion, son favori, lui propose de faire roi un jardinier, pour occuper le trône de Sidon ; il lui fait une généalogie, vante ses vertus et sa noble résignation à souffrir son usurpateur. Par le roman ou le caprice du courtisan, Abdolonyme fut roi. Tous les historiens se sont extasiés sur cet acte de justice de la part d'Alexandre.

Tyr avait osé fermer ses portes au vainqueur de Thèbes et d'Issus ; Alexandre en fait le siége, et il le prend d'assaut. Il ordonne d'exterminer toute la population. Las d'égorger, les soldats se retirent ; mais le courroux du vainqueur n'était pas assouvi ; le lende-

main, il fait aligner sur le rivage deux mille
croix, auxquelles il fait attacher deux mille
Tyriens. Cependant, il fait grâce à des députés de Carthage ; et cet acte a fait célébrer
la justice et la modération du héros macédonien. Ainsi a disparu du théâtre du vieux
monde l'antique et superbe Tyr, qui, par
son industrie et par son agriculture, avait
fait civiliser une partie du monde, et fondé,
par ses colonies, Thèbes, Carthage et Cadix.

Damas, la gloire de la Syrie, subit le même
sort.

Jérusalem avait pris parti pour Darius;
elle s'attendait au sort de Tyr et de Sidon.
Le grand-prêtre, en habits de pompe, et
tous les habitans, vêtus de robes blanches,
vont au-devant d'Alexandre, pour lui demander grâce. La politique, après tant de
massacres, commandait une clémence : la
circonstance de l'année septennaire (1) acheva
plutôt de le rendre favorable ou clément.

La ville la plus riche de la Palestine, et la

---

(1) Cette institution, imposée aux Hébreux, est une des
choses les plus remarquables dans l'histoire de l'agriculture : nous nous en expliquerons plus au long dans l'histoire du peuple de Dieu qu'il suffise de faire observer

plus renommée par sa culture, Gaza, fut livrée à toutes les horreurs d'un sac. Tous les hommes furent égorgés ; et le vainqueur, pour ressembler à Achille, s'y donna le plaisir de faire attacher vivant, à un char attelé de chevaux fougueux, le général ennemi, prisonnier. C'est à cette expédition que, renonçant à sa part du butin, il ne prit qu'un petit coffret, où, disait-il, il voulait mettre son *Homère*. Ce petit trait a valu des flots d'encens si considérables et si continus, qu'on oublie tout à fait Gaza et ses désolations.

A Memphis, il veut que l'oracle annonce qu'Alexandre sera le roi de toute la terre ; qu'il recevra les honneurs divins ; et l'oracle n'y manque pas. De son côté, le conquérant fait proclamer partout cette prédiction.

De retour aux bouches du Nil, il veut laisser en Egypte un grand monument, en bâtissant une ville qui portera son nom ; et pour qu'on ne s'y méprenne pas, elle aura la forme du manteau macédonien.

---

que la destruction de Tyr, Sidon et Gaza a été une calamité irréparable, non seulement pour les territoires de ces capitales, mais encore pour tous les pays que leur commerce vivifiait dans les autres contrées.

L'histoire n'a point révélé qu'Aristote, si philosophe, avait cherché à détourner Alexandre de ses exterminations sanguinaires et de ses froides cruautés. Aristote, cependant, vivait dans son intimité. Elle n'a point dit davantage qu'il s'était opposé à ce qu'il se fît adorer; mais elle a parlé des énergiques représentations des vieux Macédoniens de son armée contre ce projet insensé. Elle a dit encôre qu'Hermolaüs, Callystène et Lysimaque, philosophes suivant la cour d'Alexandre, avaient essayé de le dissuader sur l'adoration qu'il allait ordonner; mais que l'un en perdit incontinent la vie, que l'autre fut jeté à un lion affamé, et que Lysimaque fut enfermé dans une cage de fer, ayant le nez et les oreilles coupés.

C'est dans de telles circonstances qu'Aristote s'est retiré. C'est au lecteur, maintenant, à apprécier le caractère du philosophe. Voilà ce qui concerne Aristote; passons maintenant à ce qui regarde le conquérant.

Alexandre a été le plus grand fléau de l'agriculture. Il convient donc de rappeler son règne et ses exploits dans l'*Histoire de l'agriculture de la Grèce,* au nom de laquelle il a ravagé la Carie, la Lydie, la Béotie et la plus

belle partie de l'Asie. Quelques esprits superficiels, qui se sont de nouveau façonnés
à la servitude et au pouvoir absolu, trouveront peut-être que ce coup-d'œil sur Alexandre est un hors-d'œuvre à l'histoire que j'é-
cris ; mais je me console d'avance de leur
censure ou critique, en me persuadant que
je serai fortement approuvé par tous les
hommes de bien qui attachent du prix aux
vertus et au véritable héroïsme.

On a déjà vu que Darius, avec son armée,
avait ravagé tous les territoires de son passage et ceux des rois ses alliés, pour résister,
ou pour vaincre Alexandre.

Le seul bien qu'il a voulu faire, la fonda-
tion et l'édification d'Alexandrie, a été la
cause d'une perturbation générale parmi les
peuples. Le site en était heureux et superbe ;
mais le voisinage des maréotides, et le sol
imprégné d'eaux saumâtres, le rendaient in-
salubre. Personne n'osa contredire le héros
divinisé à Memphis ; des milliers d'ouvriers
furent aussitôt employés. Pour peupler la
nouvelle ville, on fit partir de nombreuses
cohortes, qui, le fouet à la main, selon l'u-
sage des rois de Perse, furent chargées de
faire des presses dans les villes et les champs

de la Syrie, de la Phénicie, et dans une partie
de l'Asie, déjà ravagés. L'immense et sou-
daine agglomération de tant d'individus étrangers au sol et au ciel d'Alexandrie ; la nourriture, qui consistait en poissons salés, en
ail, en oignons et en viandes desséchées,
firent éclater une lèpre, connue depuis sous
le nom d'*éléphantiasis*. La mortalité y fut extrême ; mais des flots nouveaux de peuples
étrangers ne laissaient point apercevoir de
vide ou de lenteur dans les travaux. Des
nuées de corbeaux ne quittaient plus ces pa-
rages ; les ouvriers s'en alarmaient. Les de-
vins furent consultés ; ils déclarèrent que ces
corbeaux annonçaient qu'Alexandrie serait
le grenier du monde.

Pendant tous ces trajets, pendant ces terribles expéditions et ces bouleversemens,
Athènes, rivale de Lacédémone, accueillait
avec transport tout ce que faisait et ordonnait
Alexandre. Les nouvelles de son armée et de ses
entreprises étaient lues sur la place publique :
c'est là que l'orateur Démades proposa aux
Athéniens de décerner les honneurs divins au
grand Alexandre, le conquérant du monde.

Pendant qu'Alexandre s'occupait de sa divinité en Egypte, Darius se composait une

armée de deux millions d'hommes. Il avait
garni de faux tous ses chars, et jusqu'aux
jougs des attelages. Ce prince avait adopté
deux manières pour combattre le conquérant : l'une, en lui tenant tête par ses armées ;
l'autre, en faisant détruire toutes les ressources que la terre et les villes pouvaient
offrir. Alexandre craignait peu la chance des
combats ; cependant, pour neutraliser les
ordres donnés par Darius aux rois circonvoisins et aux villes, de tout détruire à l'ap-
proche de son armée, il fit une contre-pro-
clamation, par laquelle il promettait alliance
et sûreté à tous ceux qui resteraient tran-
quilles et ne détruiraient rien : ce moyen
prévalut facilement sur les ordres de Persée,
général de Darius.

Alexandre arriva jusqu'à Persépolis. La résistance des habitans fut forte et opiniâtre :
tout citoyen se fit soldat ; mais Alexandre
fut encore vainqueur. C'est dans l'histoire
même qu'on lit que Thaïs, sa concubine, afin
de venger la Grèce, lui persuada qu'il devait
ruiner de fond en comble l'orgueilleuse Persépolis, qui passait pour une des merveilles
du monde ; et Persépolis disparut du sol
qu'elle occupait.

Dans la Bactriane, dans l'Inde, la tactique macédonienne triompha des armées de tous les rois. Combien il en a coûté au monde, pour donner au conquérant la satisfaction d'élever un autel commémoratif de ses conquêtes sur le fleuve Hyphasis-Indostan !!

Les débauches, les excès dans tous les genres, et tant d'actes de barbarie, avaient, à trente-deux ans, épuisé les forces vitales d'Alexandre : il revint sur ses pas; et le 22 mai de l'an 324, la terre fut délivrée de son fléau.

Ma tâche, comme historien, ne finit point à la mort d'Alexandre. Ce qui me reste à dire sur ce règne de douze ans, est bien plus affligeant et même plus honteux aux yeux de la vraie philosophie et de la simple raison : je veux parler des hommages rendus, et dans tous les siècles, à ce guerrier; ils sont tels, qu'Alexandre en est toujours vivant, et qu'il fait encore la guerre au monde.

Il a été, en effet, le point de mire de tous les chefs de guerre, des César, des Attila, des Alaric, des Gengiskan, des Charles XII. Il n'est pas besoin d'en nommer d'autres; mais si l'ardeur des conquêtes, si la soif du sang et si les palmes des triomphes en ont pu

jeter dans le délire des combats, comment
excuser, comment concilier avec la philosophie le concert unanime et non interrompu
des savans, des lettrés, des poëtes et des
orateurs, même sacrés, à célébrer Alexandre comme un héros?

Onésicrite a gagné ses gages à écrire l'histoire d'Alexandre; Plutarque s'est fait l'interprète de l'opinion de son temps; Justin,
Quinte-Curce, et Arrien, quoique prêtre de
Cérès, ont eu des motifs particuliers pour
chanter les hauts faits d'Alexandre. Il était
difficile d'ailleurs, à l'époque où ils écri-
vaient, de se prononcer contre une opinion
qui légitimait tout de la part des guerriers,
et que chacun nommait *des héros;* mais on
s'étonne, autant qu'on s'afflige, de voir que
des publicistes, que nous honorons à juste
titre, se soient autant mépris sur le compte
d'Alexandre. Il est surtout pénible de lire
que l'auteur de l'*Esprit des lois* et *De la déca-
dence des empires* ait jugé qu'Alexandre n'a-
vait entrepris la conquête de l'Asie que pour
la civiliser, et pour y introduire la langue et
les mœurs des Grecs : selon lui, en un mot,
c'est un héros par excellence. Il ne pouvait
ignorer cependant que, défendant les inté-

rêts, la gloire et l'honneur de la Grèce,
Alexandre avait mis Thèbes à feu et à sang;
qu'il avait ravagé les riches plaines d'Halicarnasse, d'Issus et de Gangamèle : il ne pouvait ignorer ce qu'il avait fait à Sidon, à Tyr,
à Damas, à Gaza; qu'il avait voulu se faire
regarder comme un dieu; qu'il avait tué de
sa main celui à qui il devait la vie; qu'après
un massacre qui avait lassé les soldats, il
avait fait aligner deux mille croix, auxquelles
il avait fait attacher deux mille Tyriens; qu'il
avait inventé des supplices inouïs pour faire
périr des philosophes ses commensaux, parce
qu'ils n'approuvaient pas qu'il se fît un dieu;
qu'il se faisait suivre par un sérail, et se laissait dominer par une concubine; que les
noms d'Ephestion et de Bagoas l'accusent
d'un autre genre de prostitution; que l'ivro-
gnerie, enfin, était un vice qui lui était ha-
bituel : tous ces points sont indiqués par
l'histoire.

« Pour les dépenses privées, dit Montesquieu, Alexandre était un Macédonien, tandis que son luxe était insultant, car il se faisait suivre par un trône d'or, sa tente était
appuyée sur cent colonnes incrustées de
pierreries et d'or. Des chariots, remplis de

mirrhe et d'encens, le suivaient partout. »

Montesquieu encore ne pouvait ignorer que, dans la Gédrosie, pour quelques manifestations hostiles, il avait fait marcher la population entière à la suite de son armée, et que, pour l'orgueil de jouir d'un grand triomphe naval, il avait fait couper tous les bois et les arbres qui dominaient l'Euphrate et le Tigre.

On lui a supposé des desseins de prospérité pour son pays, parce qu'il avait fait enlever quarante mille cavales et huit cents étalons des plaines de Syrie et de Persépolis; mais aucun de ses historiens n'a pu nous dire si un tel convoi avait pris terre en Epire.

Montesquieu, dans son enthousiasme pour Alexandre, a dit que l'empire de l'univers paraissait plutôt le prix d'une course que de ses victoires. Alexandre, dit-il encore, a fondé des colonies; et il esquive le fait qu'il a fait périr ou exterminer plus de trois millions d'hommes (1).

---

(1) L'admiration de Montesquieu pour Alexandre frappe d'autant plus, qu'il a dû voir et méditer du moins sur le sort de tant de conquêtes et d'exploits. Peut-on considérer et dire héros et grand homme, celui qui, de son vivant,

Il a voulu civiliser l'Asie ! mais Xénophon nous apprend qu'elle était florissante *avant le règne d'Alexandre*. Il suffirait, pour s'en convaincre, de lire la description des pompes de Cyrus, d'évaluer les immenses approvisionnemens en blés et en vins, de considérer les cérémonies annuelles du roi pour honorer l'agriculture, et dans lesquelles il traçait des sillons avec une charrue attelée de deux superbes taureaux blancs, liés sous un joug d'or.

Il a voulu encore introduire en Asie la langue et les mœurs des Grecs !! mais Montesquieu n'a pu ignorer que les indigènes asiatiques avaient une haine prononcée contre les Grecs, qui eux-mêmes suivaient par force l'armée d'Alexandre. Quatre mille d'entre eux, mutilés par les indigènes, se présentèrent devant Alexandre, en lui déclarant

---

s'est occupé de donner à des villes les noms de son cheval et de son chien, et qui a abondonné aux hasards de la vie, la gloire et la duré de son empire ? Le sort seul des pays conquis, après la mort d'Alexandre, aurait dû dessiller les yeux de Montesquieu, et le porter plutôt à faire d'Alexandre un brigand ou un barbare heureux, qu'un héros digne de l'encens de la postérité.

qu'ils voulaient absolument retourner dans leur patrie. C'est Xénophon encore qui nous apprend que jamais Alexandre n'avait pu déterminer les Grecs qui avaient pris parti pour Cyrus, à rester dans son armée.

Toute l'antiquité dépose de la prodigieuse fertilité des plaines arrosées par le Tigre et l'Euphrate. Les rois de ces contrées y permettaient périodiquement des prises d'eau aux fleuves et aux rivières, pour faire des irrigations (1).

Nos savans et nos lettrés ne se sont point départis de l'opinion sur Alexandre ; ils en ont donné une triste preuve dans l'examen et le jugement qu'ils ont porté du livre de M. de Sainte-Croix, à l'époque du jury décennal ordonné par Napoléon.

Les annalistes des Gentoux n'ont pas été si imprudens ni si complaisans ; car, d'après

____

(1) Jusqu'à présent, les ingénieurs et les administrateurs, en France, se sont entendus pour prévenir ou punir des prises d'eau à des fleuves qui ne naviguent rien, ou à des rivières qui ne servent qu'à des moulins affermés deux à trois cents francs, et dont les prises d'eau, bien réparties, produiraient à des plaines deux à trois cent mille francs de revenus.

M. Holwel, ils ont déclaré qu'Alexandre s'est conduit en brigand et en assassin.

M. Rochon de Chabane, dans une épître énergique, a dit et publié, en 1764, sur Alexandre :

Il étouffe à l'étroit dans l'enceinte du monde (1)...
Rentré dans Babylone, un modeste cercueil
Est tout ce que le sort réserve à ton orgueil :
Tu n'es à mes regards qu'un heureux assassin.

M. l'abbé Guyot, aumônier du duc d'Orléans, a dit : « Alexandre n'a produit sur le génie de la Grèce qu'un stupide engourdissement. »

Dans le texte sacré, on trouve ces mots terribles : « Il a tué les rois de la terre, *interfecit reges terræ.* »

Alexandre a fait de la Grèce un archipel de déserts ; il en a tué l'esprit public. Les hommes que les arts et que les sciences y retenaient encore se sont réfugiés, les uns auprès de Ptolomée, les autres en Italie. La misère s'est emparée des Athéniens, comme

______

(1) Mot de Juvénal.

la mousse et le tamarin se sont emparés de leurs riches coteaux si renommés.

La Perse, la Mésopotamie, la Syrie, après le passage d'Alexandre, sont devenues des déserts : celui d'une flamme dévorante n'eût pas été plus terrible. Ce tableau ne m'est point suggéré par l'histoire seulement ; j'en trouve la triste preuve dans le récit du voyage de M. Olivier, de l'Institut de France, mon ancien collègue et mon ami : c'est un de nos savans voyageurs dans l'Orient, auquel on aura le plus d'obligations, par ses recherches et ses observations sur la physique en général, et sur toutes les productions de la terre et de l'industrie. Il a vu et visité les ruines d'Alexandre ; il a comparé l'ancienne climature de la Perse avec celle qui y existe aujourd'hui ; il m'a rapporté et dit plusieurs fois un fait à peine croyable, qu'auprès de la capitale de la Perse et sur les bords du Tigre, on est maintenant obligé, comme dans certains climats de France, d'enterrer la vigne et le figuier pour les faire échapper aux froidures subites et violentes du printemps.

Il m'a redit souvent, parce qu'il connaissait mes pensées sur l'influence des végétaux, que, depuis qu'il n'y a plus de forêts et d'ar-

bres sur les monts de la Perse (1) ni dans les
plaines, la population y est misérable et souf-
frante ; que les fleuves, qui, du temps d'A-
lexandre, portaient leurs noms et leurs eaux
jusqu'à la mer, expirent aujourd'hui dans les
sables, où ils forment des marais, foyers de
peste et de mort ; que la terre des plaines se
charge de plus en plus d'efflorescences sa-
lines, ce qui est le dernier terme de la stérilité : voilà l'histoire de l'agriculture sous les
pas et le règne d'Alexandre-le-Grand.

J'ajouterai à ce lugubre tableau, trop
réel, la déclaration faite par deux Anglais,
MM. Cristié et Pottinger, qui, les livres
d'histoire à la main, ont suivi le trajet que
le héros macédonien avait tenu jusqu'à l'In-
dostan : ils affirment qu'ils ont parcouru
douze cents milles entre la Perse et l'Inde,
sans trouver *ni ruisseaux, ni rivières, ni bois.*
« C'est, ajoutent-ils, un exemple peut-être
unique sur la surface du globe !!! »

---

(1) Cette réflexion a été faite par M. Ramond, dans son
Voyage aux Pyrénées. Devenu savant, conseiller d'Etat
ministériel, il a approuvé le plan de finances qui avait
pour but de *vendre nos forêts*. Il a fait plus. Quoique son
collègue à l'Institut, il a refusé net, étant président de

l'Académie des sciences, de l'entretenir de mon ouvrage sur les forêts de la France, dans lequel j'établissais, d'une manière positive et presque officielle, l'influence des grands végétaux sur la température, sur la salubrité et sur tout le système de notre économie et de notre agriculture : par lui, jugez de beaucoup d'autres.

CHAPITRE XIII.

THÉOCRITE. (252 *ans avant Jésus-Christ.*)

Motifs qui ont déterminé Théocrite à choisir le genre de l'idylle. — Il a été mal traduit pour les réalités historiques. — Il a bien connu l'agriculture. — Les labours. — Les novales, les moissons. — Les modes économiques pour disposer les grains. — L'ensemble du régime diététique. — Les vêtemens d'usage. — Le luxe et les mœurs du temps.

THÉOCRITE est le dernier des grands poëtes de la Grèce, et le premier des poëtes bucoliques. C'est sous les auspices d'Homère que je me suis ouvert la carrière toute nouvelle de l'histoire de l'agriculture des Grecs, auxquels se rattache tout ce qu'il y a de grand dans le monde, et c'est Théocrite qui l'a fermée pour des siècles, si ce n'est pour toujours ; car tous les poëtes, de siècle en siècle, depuis Virgile, se sont mis et se tiennent aux antipodes de la poésie géorgique. Qu'il me soit donc permis, en finissant cette histoire, d'offrir quelques réflexions sur la différence du génie d'Homère avec celui de Théocrite. Le lecteur qui m'aura bien compris, ou qui voudra se reporter à ce que j'ai dit du chantre des Grecs, pourra facilement apprécier le juste et dernier hommage que j'ai rendu à Homère, et celui que je vais rendre à Théocrite.

Homère, dans ses Œuvres, offre une belle et majestueuse simplicité ; il plaît à tous les regards, et de tel point ou sous tel aspect qu'on le considère ; mais si on a le bonheur ensuite de l'étudier et de l'approfondir, il enchante et il enrichit : c'est un architecte divin, dont l'édifice est un type de goût, et qui, semblable à la nature, est inépuisable dans ses richesses. Grand et bon comme elle, il est d'un accès facile ; il se révèle ou se manifeste dans toutes ses parties. L'*Iliade* et l'*Odyssée*, en effet, sont deux superbes palais que les hommes ordinaires ou novices peuvent comprendre, visiter ou admirer ; il suffit à chacun d'en avoir la clef, pour y trouver, le poëte, des inspirations ; l'historien, des faits ou des autorités ; l'ami des arts, des modèles ; le philosophe, une haute sagesse ; l'homme d'Etat, des principes de morale ou des règles de conduite pour bien gouverner une république ou un empire ; et l'historien agronome, enfin, plus de certitudes pour les origines.

Théocrite, au contraire, est d'un accès difficile, parce que les siècles qui le séparaient d'Homère, et qui sont ceux du despotisme, ont successivement fait jeter le mépris sur l'art de cultiver, et sur les idées franches et généreuses qu'inspire la liberté des champs. Les Syracusains et les Siciliens, qui ont été ses contemporains, ont pu le comprendre, et mettre à profit ses vues et son génie ; mais les vingt siècles d'ignorance, de guerres et de barbarie qui, depuis Rome, ont pesé sur l'Europe, ne nous offrent plus, dans les œuvres et le sens de la poésie de Théocrite, que des idées confuses, ou du moins non senties, qui ne sont de prime-abord, à l'intelligence, que ce que sont, dans les creusets du chimiste, les résidus d'un métal précieux, entremêlés de cendres et de terre native.

Théocrite n'avait point, comme Homère, cette ferme assurance qui éclaire, anime et guide les grandes inspirations : il avait vu, il

voyait encore toutes les lices ou les entreprises de la tyrannie ; il voyait bouleverser
les villes et les comptoirs, avec une horrible
émulation ; il avait, enfin, tout à craindre
des tyrans, des envieux et des flatteurs, sorte
de gens qui sont éternels comme le temps,
et vivaces comme l'*Iliade* (1).

Pour le bien comprendre, il faut absolument se reporter aux circonstances de sa
vie.

Il a d'abord peu occupé les poëtes de son
temps ; et il y a autant de différence entre
ses idylles et celles de Bion et Moschus, qu'il
y en a entre celles de nos Roucher et Millevoie, comparées à celles de Virgile.

Théocrite, au surplus, a moins écrit pour
sa gloire propre que pour charmer ses loisirs, et pour donner aux grands de son siècle
des avis ou des leçons de sagesse. Il était
cependant essentiellement poëte ; il était en
même temps philosophe, ami des arts, et
un excellent observateur ; il honorait la liberté et les bons princes. Vivant dans un
siècle corrompu, où les moindres efforts du

____

(1) En Grèce, c'est encore un proverbe.

génie, où des élans généreux pouvaient irriter les tyrans, et leurs flatteurs, bien plus dangereux encore, il n'a pas cru devoir composer de grands poëmes comme ceux d'Homère, desquels, au surplus, la bonne fortune était déjà passée, car les Grecs de son temps n'aimaient plus la poésie que par étincelles ou par circonstances. Ainsi disposé, Théocrite s'est donc borné à offrir des dessins isolés, auxquels les hommes de goût ont reconnu, quoique fort tard, le cachet d'un grand maître. Il a fait des idylles dans le même esprit qu'Esope avait fait ses fables. Lui aussi, cependant, a voulu dire des vérités, cachées sous le voile de la fiction ou des allégories; il a pris, en conséquence, ses interlocuteurs parmi les hommes qui pouvaient s'exprimer avec une rude et piquante franchise. Des bouviers, des chevriers, des moissonneurs, au temps de Théocrite, n'étaient pas cependant, comme aux quinzième et dix-septième siècles de l'ère chrétienne, des êtres ignorans et des esclaves, mais des pasteurs considérés, parmi lesquels, comme aux temps antiques des sacerdoces, il y avait tradition des grands évènemens qui avaient occupé le monde; ils pouvaient même citer des héros célèbres par leur force et par leurs exploits; ils savaient les noms des grands enchanteurs, les catastrophes ou les prodiges de la nature : telle avait été, au surplus, la science des peuples, sous les rois et les patriarches. Je ne fais moi-même ces observations, que pour prévenir les mouvemens du dédain de certains lettrés, qui, façonnés à l'école du purisme, ne verraient d'abord dans les idylles de Théocrite que des pâtres, des chevriers, ou des ouvriers de moissons. Il est de fait que, pendant plusieurs siècles d'études littéraires en Europe, on n'a vu que de l'ignoble et de l'abject dans les sujets des idylles de Théocrite; et ce n'est qu'au milieu du dix-huitième, que, par un caprice aventureux, on y a enfin entrevu d'aimables traits de mœurs, des tableaux charmans ou pittoresques, et des pensées profondes.

Théocrite a été encore plus maltraité par les traducteurs, que ne l'a été le grand Homère. (Je n'entends parler, bien entendu, que de choses qui se rapportent à l'agriculture.) L'un d'eux, quoique helléniste en renom, et professeur imperturbable, a tout simplement habillé Théocrite à sa manière,

c'est-à-dire au ton du siècle de Louis XIV ;
un autre, possédé ou dominé par le besoin,
ou plutôt par la passion de l'*élégance*, a fait
un Marivaux, un Florian, un Millevoie du
poëte le plus âpre, le plus indépendant et
le plus original ; tous ont confondu les sexes,
changé les espèces et même les genres des
choses et des animaux. Pour eux, les épis
sont des gerbes ; les fruits sauvages, des
pommes ; les violettes, des lis ; les amphores, des tonneaux ; les fromages, des gâteaux ;
les flocons de chardons, des feuilles d'acan-
the, etc., etc. Ces travestissemens ne sont
pas moins bizarres ou extrêmes, quand il
s'agit des animaux : les taureaux sont des
génisses ; les cigales, des sauterelles ou de
petits oiseaux. Un berger, par exemple, offre
à son ami deux ramiers ; certain traducteur
les change en poulets bien tendres : il fait
mugir les génisses comme les taureaux, et il
leur prête une égale fureur, etc. Mais, que
devient le style antique propre, c'est-à-dire
le bon sens et la science du poëte ? quelle
idée peut-on prendre de ses observations sur
la nature et sur les mœurs du siècle ?

La jeunesse élevée dans les salons, ou par
des précepteurs formés au ton du siècle, ou

par des pédans, se prévient facilement encore contre le style antique et ses sujets. Ne
voyant que des choses rustiques dans un
Théocrite classique grec, le nouveau nour-
risson de l'école dominante saute les feuil-
lets qui s'y rapportent, pour arriver à l'i-
dylle quinzième, en l'honneur de Hiéron, où
il est question de palais, de luxe, d'ornemens et de parures. Il faut donc avoir, du
moins, quelque teinture de l'agronomie, et
connaître un peu la physionomie de la nature
au temps du poëte, afin de bien saisir l'esprit et le sens du poëte bucolique.

Théocrite avait une très-grande idée du
théâtre des champs ; il y voyait la gloire des
rois, la transmission de la liberté, et le repos des nations : on en juge ainsi par les
cultes et les fêtes consacrés à Cérès. Il était
persuadé qu'en les rappelant, c'était bien
servir les dieux et l'agriculture ; car les fêtes
d'Eleusis, les lustrations et les consécrations
diverses ont soutenu l'émulation des hommes
des champs. On peut même affirmer que,
dans chaque Etat ou contrée, ils ont tous,
et respectivement, institué à peu près le
culte à Cérès.

Théocrite invite Lycidas à se rendre aux

fêtes thalésiennes, où, lui dit-il, les hommes qui cultivent et élèvent des troupeaux, se font un devoir, chaque année, d'offrir à la belle Cérès les prémices de leurs fruits. La déesse, sensible à leur hommage, remplit de grains leurs greniers (1).

Il représente Cérès tenant d'une main des épis mêlés de pavots (2).

Dans sa dixième idylle, il proclame Cérès la mère des fruits et des blés, et il promet la fécondité à ceux qui l'honoreront (3).

L'agriculture, sous Théocrite, s'exerçait à la charrue, mais exclusivement avec des bœufs. Il n'est déjà plus question de mules pour les labours, comme au temps d'Homère. Il paraîtrait, au surplus, qu'en Sicile, le labour était rude et pénible (4). Mais comme, au temps d'Homère, il y avait une grande émulation, et même un point d'hon-

---

(1) *Homines, pulchræ Cereri... primitia afferentes. ... dea frugibus abondanter replevit aream.* (Idyl. ┐, édit. d'Etienne, 1759.)

(2) *Mergites et papavera utraque manu tenens.* (*Id.*)

(3) *Spicifera bene culta, quam maximè fœcunda.* (Idyl. 10.)

(4) *Sulcos dilatant boves terentes aratrum.* (*Id.* 13.)

neur, à tracer droits les sillons, et à suivre
d'un pas égal et ferme les chefs moissonneurs : « Malheureux ! dit Milon à son ami,
que t'est-il donc arrivé ? tu ne peux ni conduire droit un sillon, ni suivre les autres
moissonneurs (1) ! »

On donnait aux terres novales trois à quatre labours : elles en étaient plus fécondes,
et les moissons plus belles. Que ce fait, en
tout conforme aux avis laissés par Homère
et par Pindare, éclaire donc enfin nos vains
amateurs, nos tristes professeurs et les académiciens (2), qui *proscrivent les jachères,*
commandent à la terre une fécondité perpétuelle, et souvent jusqu'à deux et trois moissons par année (3) !

Le précepte d'un labour annuel aux arbres
complantés en verger, est excellent ; car les

---

(1) *Quid miser..... nequè sulcum ducere rectum, nequè
simul segetes, cum aliis.* (Idyl. 10.)

(2) C'était la chimère de François de Neufchâteau ;
c'est celle des Tessier, des Yvart, de l'Académie des
sciences.

(3) *Ter, subactis novalibus et quatuor aratis similiter,
acquirimus justè, jugera frumentifera et horti arboribus
consiti.* (Idyl. 24.)

plus beaux arbres à fruit sont incontestablement ceux dont le sol ressent plus souvent
le soc de la charrue.

La saison pour labourer et pour semer est
indiquée, dans Théocrite, par des signes
empruntés de la nature; quand, en France,
on se fait un jeu de ces signes, et même des
règles de l'expérience. Au temps de Théocrite, il fallait semer ou labourer quand la
cigale chante, et quand les araignées tendent
leurs toiles (1) : ce pronostic est encore vrai
pour la plus grande partie de la France.

Les modes de la moisson et les circonstances sont précieux à recueillir. Comme,
dans toute l'antiquité, ces travaux, en Sicile, étaient des jours de fêtes, Hypocoon
avait invité la fille du riche Polybotas à venir charmer ses moissonneurs par la douceur de son chant (2). « Moissonneurs, dit
Milon dans la même idylle, serrez bien vos
javelles, de peur que si quelqu'un vient à

____

(1) *Novalia autem excolantur ad sementem, quùm ci-
cadæ resonnant in summis ramis, cùm telas araneæ tenues
distendunt* (Idyl. 16.)

(2) *Metentibus, apud Hypocoonten, cantabat.* (Idyl. 10.)

passer, il ne dise tout haut : *Cette moisson dépérit* (1). »

Le précepte pour la disposition des gerbes est très-sage ; mais on ne le suit, en France, que dans les pays de grande culture : c'est un mécompte fort peu senti. Théocrite veut que chaque tas ou monceau de gerbes (ce qu'on nomme, en Brie, des *dixeaux*) soit disposé, en raison du site des terres, ou vers le nord, ou vers le zéphyr (2); il dit, avec grande raison, que les grains s'y perfectionnent. Ces tas de gerbes, dispersés dans les champs, avaient pour motif, en Grèce, la facilité d'enlever les gerbes pour les transporter au fur et à mesure sur l'aire ; tandis qu'en France, au contraire, on les forme ainsi pour attendre le jour auquel on en fera des meules, ou l'engrangement. Je ne dirai point que les grains en deviennent plus gros ; mais je dirai que c'est une bonne méthode de laisser quelque temps les gerbes sur le champ, et au midi comme au nord.

---

(1) *Stringite messores manipulos, nè præteriens aliquis dicat : perit hic messis.* (Idyl. 10.)

(2) *Ad boream, vel zephirum spectet acervi sectio ; sic pinguescunt aristæ.* (Id.)

Théocrite ne dédaigne point d'indiquer les heures du travail par le chant des allouettes : cet oiseau, en effet, ne chante point aux heures du jour où il fait le plus chaud (1).

Comme au temps d'Homère, les blés se battaient ou se foulaient sur l'aire. Milon, dans Théocrite, recommande de battre et fouler à midi, parce qu'alors le grain s'échappe plus facilement de l'épi : il avait raison (2).

Le van était celui-là même qu'Homère a désigné ; c'est-à-dire, une pelle creuse (3).

Les troupeaux sont déjà connus par le titre même des personnages. On voit, en effet, qu'il y avait des troupeaux de bêtes à cornes, de brebis et de chèvres.

Je dois faire observer que Théocrite ne parle point de haras ni de mulets.

La consommation des céréales, au temps de Théocrite, après tant de guerres, de révolutions et de tyrannies, formait déjà les

----

(1) *Incipe messores, quandò galerita cantat... desine, cùm dormit.* (Idyl. 19.)

(2) *Triturantes frumentum..... meridie, ex culmo tùm maximè exeunt.* (*Id.*)

(3) *Magnum ventilabrum.* (Idyl. 7.)

quinze vingtièmes au moins des vivres du peuple. On ne consommait plus de viandes des troupeaux que dans les jours de festins et de fêtes, ou à la suite des grands sacrifices. La tenue ou la conduite des troupeaux était néanmoins à peu près celle du temps d'Homère : les espèces étaient classées et séparées; les élèves suivaient leurs mères aux champs. « Il était doux et agréable, dit Théocrite, d'entendre, chaque soir, mugir les jeunes taureaux (1). »

Quant aux arbres fruitiers, Théocrite fait mention seulement du pommier, du poirier, du figuier, du noyer, du prunier; et, parmi les arbres forestiers, du pin, du chêne, du hêtre et du saule. Je fais observer de nouveau que je ne fais mention ici que des arbres indiqués par Théocrite (2). Il paraîtrait que la figue était en proie aux scarabées (3).

______

(1) *Dulce mugit vitulus, dulce et bos.* (Idyl. 9.)

(2) *Pinus, pyra ferat.* (*Id* 1.)

− Ecce tibi decem poma affero, decerpsi undè me jussisti. (*Id.* 3.)

Malis amores rubentibus similes. (*Id.* 6.)

Pyra ad pedes et mala..... curvatis ramis, prunis gravati... non curo nuces, pulte appositá. (*Id.* 9.)

(3) *Odi scarabeos ficus vorantes.* (*Id.* 5.)

Quant aux légumes, Théocrite nomme seulement l'oignon, l'ail, l'ache, l'asphodèle, la sariette (même observation que pour les arbres). Il est aussi question de la fève, mais seulement de celle qu'on fait griller sur l'âtre des foyers (1).

Le régime diététique ordinaire semblait se réduire, dans la grande Grèce, au laitage et à la viande des agneaux, des chevreaux, des porcs de lait et des pigeons. Il n'est, du reste, question de céréales, dans Théocrite, que par leurs préparations sur les âtres, sur les trépieds, ou dans des vases, pour la bouillie. La chasse ne fournissait de vivres qu'aux riches qui avaient des filets ou des meutes. L'attirail décrit pour un pêcheur, porte à croire que les Grecs modernes ne faisaient pas plus de cas des poissons que les anciens. Une chèvre, un chevreau, un agneau et même un fromage étaient donnés en prix (2).

Les gâteaux cuits sous la cendre, et la bouillie, étaient les mets les plus usités. Il n'est pas question des fours dont parle Hip-

----

(1) *Fabam in igne torrebit.* (Idyl. 5.)

(2) *Caprum dedi in pretium, caseumque magnum albi lactis.* (*Id.* 1.)

pocrate. Ægon, dans un repas, mangea quatre-vingts gâteaux (1). La chasse se faisait aux lacets, pour les oiseaux ; et aux filets, pour les bêtes fauves (2). Parmi les oiseaux domestiques, il n'est question que de pigeons (3). Quant aux porcs, il n'est question que de ceux qui tettent leur mère (4).

En ce qui concerne les boissons, il est seulement mention du vin et du vinaigre. On n'y dit rien de la bière, ni du vin de dattes, de pommes ou de poires.

La vigne avait pour fléau les sauterelles (5).

Théocrite parle positivement du pressoir pour les raisins : on peut en induire que les premiers ont été vus dans la grande Grèce. Ces pressoirs, au temps de Théocrite, étaient devenus des lieux de plaisirs. Lycidas, étonné de voir un de ses amis marcher vîte, lui demande s'il va danser sur quelque pressoir (6).

____

(1) *OEgon octoginta, solus, voravit placenta.* (Idyl. 1.) *Edulus pulte...*

(2) *Avibus autem laqueis, feris sylvestribus, retia.* (Idyl. 14.)

(3) *Mactaveram duos colombinos.* (*Id.*)

(4) *Lactentemque porcum.* (*Id.*)

(5) *Locustæ, ne meas lædatis vineas.* (Idyl. 5.)

(6) *An alicujus civium torcular, properas?* (*Id.* 10.)

La possession d'une quantité de mesures
de vin était un bonheur. Milon dit à Battus :
« Que tu es heureux! tu puises le vin à volonté, et moi je n'ai pas même assez de vinaigre (1). » La conservation du vin, dans la
Sicile, était la même que dans la Grèce pé-
lagique ; c'est-à-dire, dans des amphores. Le
mode pour les ouvrir y est exprimé sans aucune ambiguité. Théocrite rappelle à Amyn-
thas le souper délicieux qu'ils firent chez
Phrasydame : on *humecta* le couvercle des
amphores, qui conservaient du vin depuis
quatre ans (2).

Eschyne traite deux amis ; il leur sert du
vin de quatre ans, qui était encore si par-
fumé et si doux, qu'il semblait qu'on venait
de le puiser au pressoir (3).

La quinzième idylle est un tableau charmant de mœurs et d'industrie : le naturel et
l'art y sont exprimés avec une grâce parfaite.

---

(1) *Dolio..... hauris..... ego vero ne quidem aceti satis
habeo.* (Idyl. 10.)

(2) *Quadrinum autem biblinum à doliorum artificio reli-
nebatur vinum...*

(3) *Relevi autem biblinum, odoriferum, quadrinum et
dulce, quasi ex torculari jam haustum.* (Idyl. 14.)

Deux femmes se disposent à aller au palais d'Hiéron : leurs apprêts, leurs discours, leur toilette, les rencontres, et les obstacles pour y arriver, sont autant d'épisodes d'une aimable et précieuse vérité dans les descriptions (1).

S'il fallait juger des vêtemens communs par ceux des chevriers, on donnerait au vulgaire des habits de peaux ; la misère publique, le premier fruit de la guerre, le fait trop présumer. Eh! d'ailleurs, tel a été et tel sera toujours le sort des peuples esclaves dans les Etats despotiques ; car, d'une part, on voit un grand et superbe luxe chez les grands et les courtisans, et, de l'autre, des vêtemens de peaux d'animaux domestiques, ou des haillons.

Il y avait sans doute des vêtemens de laine, puisqu'on y connaissait la manière de la préparer, de l'affiner, et de la rendre moelleuse (2). On s'assemblait, les soirs, en veillées, où il y avait toujours des chanteuses.

Il en était des chaussures comme des ha-

---

(1) *Quales veræ, animatæ, intextæ.* (Idyl. 15.)

(2) *Molle stamen, inter genua, manibus versabant, extremo vespere, cantu celebrantes.* (*Id.* 4.)

bits; les uns allaient pieds nus, et les autres avec de riches brodequins. Un berger s'était mis une épine au pied; on l'avertit de mettre des chaussures de cuir, quand il gravira la montagne, qui est remplie d'arbustes épineux (1).

L'idylle de Praxinoë et de Gorgo a montré le côté brillant du luxe et des mœurs; mais quand il s'agit des passions amoureuses, le revers est scabreux et difficile à produire.

Sous le climat de Syracuse, les feux de l'amour étaient extrêmes et désordonnés: les chévriers surtout, de génération en génération, y étaient devenus des hommes en quelque sorte distincts de ceux des villes. Si les occasions d'un sexe différent manquaient à leurs passions, ils ne se faisaient point scrupule de les assouvir autrement : c'est du moins là une des raisons qu'on peut donner de leur brutale dépravation. Mais quelle raison alléguer pour ces hommes élevés, riches et polis, et qui, libres de choisir des femmes, n'en faisaient aucun cas? On a blâmé Théocrite d'avoir relevé ces turpitudes, qui

______

(1) *In monte, cùm ambulas, discalceatus non eas, quoniam rubi et tribuli virent.* (Idyl. 4.)

ont traversé tous les siècles, et dont les chroniques, celles même de la cour de Louis XIV, et celles des temps présens, signalent encore, dans la capitale, de si honteux penchans. Le pudique Virgile s'est exprimé sur ce point comme Théocrite : l'un et l'autre ont pensé que la poésie était la première muse de l'histoire; et qu'en fait de mœurs, si on se bornait à ne dire que ce qui est honnête selon le culte et la morale, on connaîtrait bien peu l'homme, sur les pas duquel se trouveront toujours plus de vices que de vertus.

Théocrite ne s'est point expliqué sur la division du temps, d'après l'astronomie, la première des grandes sciences de l'homme. Il n'en a dit qu'un mot géorgique, et, je le répète, il se rapporte au chant du coq : ce chant est toujours observé par les habitans des campagnes; le texte sacré ne l'a point dédaigné, pour marquer les heures de la nuit (1).

Je n'ai reproduit qu'une faible partie des richesses et des beautés de Théocrite, et celle qui se rapporte le plus à l'histoire de l'agri-

____

(1) *Galli tertium, jam ultimum diluculum cantu indicabant.* (Idyl. 24.)

culture ; mais ce que j'en ai dit suffit pour inspirer le désir de le connaître dans son ensemble. Ses idylles, en général, respirent de généreux sentimens, et toujours une parfaite connaissance de l'antiquité. Il lui était facile de monter sa lyre sur un plus haut ton ; mais il était modeste comme un poëte géorgique doit l'être. Il ne croyait pas, d'ailleurs, qu'il fût possible de se faire l'émule d'Homère, sur lequel il s'est exprimé ainsi : « Homère, le plus grand des poëtes, suffit assez « aux hommes (1). »

A toutes les qualités, Théocrite réunissait encore un grand amour pour la liberté : il aimait les rois, car il aimait Hiéron ; mais il n'a pas craint de dire qu'il lui préférait Ptolomée. « Si tu veux être heureux, dit-il à Eschyne, pars pour l'Egypte : là règne Ptolomée, le meilleur des rois pour l'homme libre ; il aime les muses ; il est bon, affable, plein de bienveillance ; il connaît un ami, encore plus un ennemi ; il fait des largesses, et il accueille les supplians, comme il con-

____

(1) *Satis omnibus, Homerus hic poetarum optimus.* (Idyl. 16.)

vient à un roi. Pars donc au plus tôt pour l'Egypte. »

Théocrite, enfin, réunit à ses titres propres la gloire d'avoir inspiré à Virgile, sinon ses églogues, du moins ses géorgiques.

CHAPITRE XIV.

Quelques réflexions sur les causes et motifs du traité dit de Sainte-Alliance, sur le sort éventuel de la Grèce et même de l'Europe, sur la politique fausse et machiavélique du gouvernement anglais, et sur le triste avenir que ce gouvernement prépare aux trônes, ainsi qu'à ses possessions lointaines.

JE viens de dire tout ce que j'ai cru digne de l'histoire de l'agriculture des anciens Grecs, et de l'intérêt qu'elle peut inspirer aux amis des sciences; j'ai puisé dans les œuvres des poëtes les plus célèbres, des grands hommes et des historiens qui ont suivi l'âge d'Homère, tous les faits qui pouvaient lui donner du relief et de la consistance. J'aurais pu sans doute étendre encore mes recherches, et produire des actes, des opinions ou des préjugés qui se seraient liés à cette histoire; mais j'ai pensé que, pour accréditer ce genre d'histoire, insolite dans notre littérature, je devais plutôt m'attacher à inspirer

le désir de connaître les origines de l'agriculture, que de chercher à rapporter tous
les élémens qui la composent. Une telle histoire, je le répète, si un jour elle est bien
comprise, peut seule révéler à tout homme
qui est déjà éclairé par des études ou par ses
fonctions, les principes les plus sages et les
plus heureux pour la sociabilité et pour le
bonheur des familles. Je n'en excepte pas les
sciences, les arts, la législation et les mœurs.
Elle comporte même pour la France un plus
grand intérêt que pour tous les autres Etats
de l'Europe, puisque l'agriculture fait sa richesse et sa force. Elle doit intéresser en
outre tous ceux qui s'occupent de philosophie et d'économie politique, et, sous les
rapports de la vraie poésie, il n'existe rien
sous le ciel qui puisse mieux mettre sur la
voie des inspirations que le génie de la nature bien observé. Les œuvres d'Homère, de
Pindare et de Virgile en sont du moins des
preuves incontestables. L'histoire propre de
la Grèce manifeste la réalité de ces réflexions
et vérités élémentaires, et dont la France
peut, à très-justes titres, se faire un grand
nombre d'applications; car bientôt nous verrons que l'agriculture française participe en-

core plus, pour ses origines, de celle des anciens Grecs que de celle des Romains.

Je ne terminerai pas l'histoire de l'agriculture de la Grèce, sans offrir à toutes fins quelques réflexions politiques et philosophiques qui, pour être de circonstance, n'en sont pas moins essentielles et prédictives du sort des Hellènes, et peut-être encore de celui de l'Europe; car il semble qu'un génie infernal, ou qu'un autre Vieux de la Montagne pousse tous les cabinets sans exception à une grande catastrophe politique. Si on n'y prend garde, les trônes et les dominations s'abîmeront successivement, et l'Europe à son tour deviendra barbare, à la manière du Bas-Empire; on le devra à l'incurie ou à l'inertie des rois privilégiés, qui, sans égards pour leur patrie, choisissent constamment des ministres incapables, qui deviennent promptement pervers ou vendus, et pour lesquels la patrie n'est qu'une abstraction quand elle n'est pas un calcul, et la ruine de l'Etat un but de commande.

L'insurrection de la Grèce actuelle contre le Grand-Turc a été pure et sainte; elle a dû compter sur l'assistance des rois chrétiens de l'Europe. Mais à cette époque, des victoires de coalitions et la chute du géant qui les avait fait tous s'abaisser et obéir à ses volontés, comme à ses aigles, ne leur a inspiré que de l'orgueil. Nouveaux Popilius à leur manière, ils ont tracé respectivement un cercle, au centre duquel ils se sont placés, laissant en dehors, et à leur merci, leurs peuples, qui les avaient si bien servis. L'indifférence, ou plutôt la coalition des rois, n'a point arrêté l'élan généreux des Hellènes; car ils ont combattu avec gloire, et même souvent vaincu les hordes barbares du Grand-Turc. Les victoires, qui ordinairement font changer la politique des cabinets, n'ont fait qu'endurcir les cœurs des rois de l'Europe sur le sort des Grecs; ils n'ont vu, dans leur insurrection, qu'un foyer nouveau de révolutions. Pour eux, les victoires éclatantes du peuple-héros, les massacres horribles exercés sur chaque population grecque, le labarum sacré, méprisé et foulé aux pieds par les Turcs, n'ont fait aucune impression, ni sur les rois catholiques, ni sur les rois protestans, et bien moins encore sur les dispositions des cabinets participans au congrès de Vérone; au contraire, ils en ont conçu de la faveur et du respect pour le sul-

tan de Constantinople ; et sans qu'il ait daigné même leur faire la moindre proposition,
ils se sont déclarés et constitués ses défen-
seurs ; ils ont fait plus, ils ont regardé les
Grecs comme des révoltés contre leur souverain *légitime*. Le czar de Russie même, oubliant ses insinuations propres pour faire
insurger les Grecs contre le Grand-Turc, et
ayant considéré sa conduite première comme
une erreur politique, a été le premier à
faire l'abandon ou le sacrifice des Hellènes à
la soldatesque turque.

Ne pouvant pas croire à une telle volte-
face de la part de leur autocrate, ni à une
telle indifférence de la part des rois chrétiens, ils ont envoyé au congrès des messagers suppliants, pour invoquer l'appui des
rois de l'Europe contre les exterminations
et les dévastations des Turcs. La postérité
pourra-t-elle croire que M. de Metternich,
agissant au nom du congrès, sans doute, ait
fait défense aux envoyés des Hellènes de
s'approcher de Vérone ? C'est une tache,
c'est une honte pour tout le congrès, auquel
ces messagers ont pu dire aussi : *Frap-
pez, mais écoutez.* On pourra croire encore
moins, que le Saint-Père ait refusé de les

entendre : tant il était en participation avec le congrès catholique et schismatique. Ainsi donc, sans opposition aucune, ni contredit au protocole, le sultan des Turcs, et à son insu, a été compris dans le traité dit *de Sainte-Alliance :* tous ses attentats passés et présens, ses usurpations, son joug de fer et ses cruautés contre les Hellènes, ont été regardés comme des actes d'un juste courroux envers des sujets en révolte ouverte.

Loin d'applaudir aux touchans et nobles mouvemens des Grecs, les rois, ou plutôt leurs serviles cabinets, endoctrinés par le gouvernement anglais, chacun d'eux, à sa manière, s'est empressé d'aider le sultan dans ses exterminations. Il faut placer à la tête de tous ces conspirateurs d'un genre nouveau, le général des généraux de la coalition ; on a vu immédiatement les navires des chrétiens, surtout ceux des Autrichiens, pour mieux tromper les Grecs, arborer le croissant, afin de porter au quartier-général turc des vivres, de l'argent et des munitions.

Le gouvernement anglais, par un reste de respect pour sa Charte, a cherché à justifier sa conduite au congrès de Vérone ; et, selon ses gazettes officieuses, il s'est dit étranger à

tout ce qui avait été arrêté et fait à Vérone :
il croit l'avoir prouvé, parce qu'il n'a pas
été compris au protocole. Il a fait valoir au
parlement les intérêts commerciaux de la
Grande-Bretagne. Avec ces grands mots, les
ministres y sont toujours sûrs d'une absolu-
tion générale. Ils ont encore opposé le sort
des établissemens de l'Angleterre dans l'Inde,
où le sultan turc a une grande influence. De
tels ménagemens ou de telles considérations
ne sont, au fond, que des leurres politiques ;
car tant qu'il sera vrai, pour le Turc, que ce
n'est pas l'Angleterre qui a fait soulever les
Grecs, le sultan ne peut avoir de vengeances
ou de récriminations à exercer contre elle
dans ses comptoirs de l'Inde ou de l'Afrique.
Justes, ou du moins raisonnables dans le
sens des intérêts nationaux, les ministres anglais, au contraire, auraient dû favoriser de
tout leur pouvoir l'indépendance des Grecs ;
car c'est un devoir sacré pour un gouvernement social ou sociable, d'aider et de favoriser l'indépendance de tout peuple esclave
et opprimé ; car, en ne considérant que ses
intérêts pécuniaires, l'Orient offre beaucoup
de trésors et de mines à exploiter par le
commerce ; car enfin le sultan tient, et con-

tre l'Angleterre elle-même, les clefs de plusieurs mers. S'ils avaient été accessibles à quelques lueurs de bonne foi, les ministres anglais, et à leur défaut leur parlement, auraient dû considérer que la Grèce libre leur vaudrait en d'autres temps d'heureuses et riches exploitations. Pitt avait eu la politique de Castlereagh envers les Américains du Nord, et l'Angleterre a succombé après avoir versé des torrens de sang et accru sa dette, qui sera pour elle un Vésuve. Forcée de vivre en paix avec les Etats-Unis, qu'elle nous dise donc aujourd'hui, si le commerce libre qu'elle fait avec son ancienne colonie, ne lui rapporte pas plus de millions sterling que dans le temps où elle y tenait des garnisons et des stations navales. Ainsi donc, encore une fois l'histoire ne sert à rien pour faire changer les gouvernans, qui, méprisant d'ailleurs les lois divines et humaines, mettent au premier rang de leurs rôles l'art de tromper ou de dresser des embûches politiques, afin de favoriser et enrichir leur domination.

Si le congrès de Vérone, plus sage et moins illuminé, avait été mieux conseillé, il eût aussi, de son côté, considéré la Grèce

libre dans son ponent et ses îles, comme un
boulevard contre toutes irruptions des Barbares de l'Asie ; il eût dû considérer encore
que la puissance du Turc en Europe se forti-
fiait de l'extermination des Grecs, et que
l'Europe un jour, quand la Grèce serait détruite, avait tout à redouter des Turcs, des
Africains et des Asiatiques, qui, devenus
forts et belliqueux, pourraient recommen-
cer les invasions des Attila, des Gengiskan,
des Thamas-Koulikan. Le congrès, moins
confiant ou plus sage, devait croire aux dispositions généreuses et politiques d'une nation chrétienne et valeureuse ; mais de tels
pensers n'ont point occupé les Castlereagh
ni les Wellington, qui, pour donner le
change aux rois du congrès, ont imaginé et
fait accréditer, pour les Etats respectifs, le
double système de la légitimité et du *statu
quo*. Dans ce cas, le fond de la pensée du
gouvernement anglais a toujours été qu'il
fallait réduire, exténuer la France elle-même,
pour qu'elle ne se relevât plus : en conséquence, il a vu dans les Hellènes libres un
grand et vif foyer en faveur de la liberté, où
la France pourrait trouver de généreux et
forts auxiliaires. Mieux conseillé enfin, le

congrès de Vérone aurait dû voir et savoir que la nation française, constitutionnellement libre, n'a point, comme l'Angleterre, de haine héréditaire ; qu'elle est lasse de révolutions et de guerres ; qu'elle ne veut que la paix, mais jamais celle des esclaves.

Si l'Angleterre ne prend incessamment d'autres voies politiques ; si même elle ne cherche pas à faire de la France son boulevard sur le continent, au lieu de l'attaquer sans cesse, elle court la chance trop évidente de se voir précipitée elle-même dans l'abîme ; et elle sera la cause de la barbarie qui régnera en Europe. Déjà on en voit les avant-coureurs dans la Péninsule, de laquelle on voit les côtes d'Afrique dominées par les Maures et les Sarrasins, qui ne peuvent avoir oublié qu'ils en ont été les maîtres ou les conquérans.

L'histoire, au surplus, des anciens Grecs, auxquels s'étaient unis des Egyptiens arrivés par colonies, et d'autres peuples du Nord, que des climats plus doux avaient attirés dans les Etats du fils de Deucalion et dans le Péloponèse, méritera toujours les regards des philosophes et des historiens. Quoi qu'il en soit, avertissons les Hellènes que le retour des Héraclides causa une révolution dans toutes les populations. La tyrannie sembla vouloir s'y établir ; mais bientôt après, le pouvoir passa des trônes aux villes capitales, qui ne furent pas plus sages que les rois. Athènes et Sparte, semblables à deux rivaux acharnés, ou plutôt à deux femmes transportées de la colère que donne la jalousie, se sont jetées alternativement l'une sur l'autre avec une rage effrénée : leurs paix et leurs traités n'ont été que des haltes pour se préparer à de nouvelles attaques. Ces deux républiques, toujours en guerre avec des rois, ont entraîné dans leurs propres querelles les villes et contrées circonvoisines, qui, de leur côté, pour jouir de quelque paix, se mettaient sous la protection de l'une ou de l'autre, avec la condition toutefois, qu'en cas de guerre elles viendraient se ranger sous leurs drapeaux.

Athènes, comme les tyrans farouches, a porté les excès de la victoire jusqu'à faire exterminer les habitans des villes qui avaient pris parti pour sa rivale, et à réduire des nations en esclavage.

La Messénie et l'Arcananie accusent à jamais Sparte des mêmes excès ; on ne saurait nommer un tyran qui ait été plus fier et plus implacable. La division de sa population en citoyens nobles natifs, en néodamodes, en affranchis et en ilotes, parle encore plus haut que l'histoire. De quelle perfidie ne s'est-elle pas rendue coupable envers les Tyréniens, originaires d'Argos, qui, la croyant juste, parce qu'elle était forte et puissante, s'étaient mis sous sa protection, et qu'elle a faits esclaves?

Athènes, après avoir vaincu les Eginètes dans l'Eubée, envoya chez eux une colonie de quatre mille Platéens, à qui elle donna les terres des indigènes, et força ensuite, sans causes de révolte, les peuples dépossédés à être les esclaves de la colonie. Telle encore elle a traité Chalcis et son territoire, où tout avait été détruit, jusqu'aux arbres fruitiers et forestiers.

Il faut en dire autant de Corinthe, qui, à l'instar d'Athènes et de Lacédémone, a forcé Corcyre de subir une colonie d'étrangers et la présence d'un commissaire corinthien.

Quand on considère aujourd'hui à quelle puissance Athènes et Lacédémone s'étaient élevées ; quel rôle ont joué ces deux métropoles à l'égard des trônes les plus puissans ;

à quel degré de gloire Athènes a porté les
sciences, les beaux-arts et la philosophie, et
les grands hommes qui l'ont illustrée ; quand,
d'autre part, on songe au sort des riches
contrées que ces deux capitales ont dominé,
et à la destinée de tant de rois, de sacerdoces et de républiques, dans le ponent et dans
les îles environnantes, on ne peut que gémir
sur la nullité de l'influence de l'histoire et
sur l'excellence prétendue de la raison humaine. Mais puisque le Péloponèse, l'Attique et la grande Grèce ont subi toutes les
violences des rois, des conquérans, des républiques et des tyrans, les Hellènes de nos
jours sont donc bien avertis de recourir à un
mode de gouvernement qui offre des garanties : je veux dire au gouvernement représentatif, sous lequel, seul, un trône peut
être libre, pur et puissant, une nation éclai-
rée, forte et généreuse, la magistrature ho-
norée et indépendante, le général d'armée,
protecteur de la liberté, et le soldat lui-
même, défenseur de la patrie, du stathou-
der ou du roi.

En m'expliquant ainsi, je n'ai pas la prétention de m'ériger en conseiller législatif
des Hellènes ; mais je désire les amener, ainsi

que leurs protecteurs, à méditer sur la pensée si juste et si profonde d'un historien de
la Grèce même : il disait, il y a deux mille
ans :

« LE MEILLEUR GOUVERNEMENT EST CELUI
« DONT LES PARTIES INTÉGRANTES SE SERVENT
« MUTUELLEMENT DE CONTREPOIDS; OÙ L'AUTO-
« RITÉ DU PEUPLE RÉPRIME LA TROP GRANDE
« PUISSANCE DU ROI, ET OÙ UN SÉNAT CHOISI, ET
« NULLEMENT DANS LA DÉPENDANCE DU PRINCE,
« MET UN FREIN A LA LICENCE DU PEUPLE. »

*Hellènes, voilà le thème de votre destinée et
de votre indépendance.*

Ainsi donc, il a fallu plus de vingt siècles
à cette grande et utile vérité, pour germer
et s'annoncer avec des fruits ; Montesquieu
lui-même, l'admirateur de Chesterfield, ne
l'a pas même aperçue, ou du moins il n'a
pas osé en jeter les moindres indices. Il faut
donc que tous ceux qui s'intéressent franchement au sort des Hellènes, ne cessent de
leur dire ou de leur crier, qu'ils n'ont rien
de plus sage à faire que de suivre le conseil
du vertueux Polybe, leur compatriote, ou
d'imiter les Etats-Unis de l'Amérique du
Nord.

Pour s'y déterminer, qu'ils se rappellent

ce que fut leur ancienne patrie, célèbre à la fois par ses cultures, par ses beaux-arts et par l'immensité de ses troupeaux. Mais que lui reste-t-il de sa population, de ses richesses et de ses arts? où sont les troupeaux de génisses qui couvraient les riches campagnes de l'Ionie et de la Thessalie? où sont les superbes haras de l'Argolide, de la Phrygie, de la Thrace? etc.

Les princes qui protègent les Hellènes, et les hauts magistrats qu'on prépose à leur gouvernement et à leur administration, ont déjà dû faire la triste réflexion, mais, hélas! trop réelle, que la Grèce aujourd'hui est infiniment moins forte et moins riche que lorsqu'elle était sous la domination du sultan. La guerre, plus terrible qu'elle ne l'est jamais entre les potentats, y a fait exterminer la partie de la population la plus active, la plus forte, et l'élite des pères de famille et de la jeunesse, dans l'un et l'autre sexe. Les combattans, comme des sauvages, n'ont procédé que par des massacres, par des incendies et par des destructions dans les campagnes; les vengeances fanatiques et politiques, les outrages aux mœurs, aux femmes et aux filles, aux vieillards, ont rendu irréconciliables à jamais les Grecs et les Turcs. Si de telles pensées occupent les hommes d'Etat d'Europe qui, par intérêt, par religion et par humanité, attachent du prix à la conservation et au rétablissement des nations grecques, ils doivent tous, s'ils ne sont pas en pacte avec le Vieux de la montagne, réunir tous leurs efforts pour garantir la Grèce entière des attentats du Turc, pour lui assurer une paix que la religion, les positions des côtes et des îles, et le repos de l'Europe réclament impérieusement. Terminons ces tristes prédictions par celle que, si les puissances de l'Europe ne s'unissent pas franchement pour l'indépendance des Grecs, le sultan, ou, à son défaut, le divan, profitera de la première occasion ou du premier prétexte pour faire de la Grèce un désert, dans lequel on ne verra plus se mouvoir que des esclaves ayant les fers aux pieds.

CHAPITRE XV.

CONSEILS D'UN AGRONOME FRANÇAIS,
ANCIEN ADMINISTRATEUR ET LÉGISLATIF,
OFFERTS A LA GRÈCE LIBRE ET INDÉPENDANTE,
A SES AMIS ET A SES PROTECTEURS.

LE lecteur a dû s'apercevoir déjà que les réflexions qui précèdent avaient été écrites à une époque où le traité dit *de sainte-alliance* était encore dans toute sa force d'exécution. La victoire heureuse et mémorable de Navarin, a dû nécessairement faire changer les combinaisons politiques des rois et du sultan de Constantinople. D'un côté est intervenu le traité de Londres, et, de l'autre, la guerre du Grand-Turc contre la Russie. Je n'ai pas cru néanmoins devoir rien changer au texte de l'histoire de l'agriculture des anciens Grecs; mais en même temps, j'ai pensé que je devais offrir quelques réflexions pour la cause des Grecs actuels, qui, depuis sept ans, combattent avec tant d'héroïsme pour leur liberté.

Je me suis attaché, en finissant l'histoire de la Grèce antique, à produire en faveur des Grecs belligérans, des principes de sagesse et de modération sur leur nouvelle organisation sociale. On doit espérer qu'ils seront appréciés par le chef provisoire qui préside en Grèce, et qui, connaissant mieux que les hommes de la magistrature insurrectionnelle, la politique des divers cabinets et l'opinion publique européenne, pourra faire agréer la forme d'un bon gouvernement représentatif, et acquérir lui même la gloire d'avoir disposé la nation grecque à se mettre enfin au niveau de celles qui ont une patrie et des libertés publiques.

Il ne faut pas se dissimuler que tout est à refaire chez les Hellènes, fors la bravoure et l'amour de la patrie ; mais combien ces deux qualités ont besoin d'être dirigées et éclairées ! Tant de siècles passés dans la servitude la plus dégradante ; la morale, l'opinion publique et les mœurs, perverties par un despotisme impitoyable ; les familles tenues dans un isolement absolu, l'instruction publique bannie des foyers de la population, les sciences et les arts avilis, le commerce opprimé, et l'agriculture enfin exercée par des esclaves, doivent avoir tellement subjugué et dégradé la population grecque, qu'on s'étonne malgré soi de lui avoir vu prendre la résolution de devenir libre. Malgré cependant un si noble enthousiasme, tout, je le répète, est à refaire chez les Hellènes. Il faut les traiter, et sans qu'ils s'en doutent, comme des hommes impurs et encore en proie à un éléphantiasis moral; mais il faut procéder avec beaucoup de circonspection, pour faire oublier aux uns, les chances de fortune qu'ils trouvaient dans la marine; aux autres, les débouchés faciles et toujours bien payés qu'ils trouvaient chez un peuple riche et étranger à l'agriculture. Il en faut encore beaucoup pour amortir tout à fait la piraterie, et pour faire mettre en scène civique les habitans des campagnes, qu'on laissait en paix dans leur zeugaria. Ah! que ceux qui concourent et président à la régénération des Grecs, se gardent bien surtout de vouloir les soumettre d'emblée aux systèmes abstraits des perfectibilités platoniques, ou à des sectes religieuses qui pourraient les jeter dans les horreurs des guerres civiles!

Ce serait une grande erreur de la part de leurs menins et de leurs amis, de chercher à rendre les Grecs nouveaux dignes des Grecs anciens; il ne faudrait pas même les comparer aux Américains du Sud, chez lesquels l'Evangile du moins, et des fréquentations commerciales ont pu laisser des germes d'une civilisation moins imparfaite. Les Hellènes, pris en masse, sont malheureusement bien loin d'une telle civilisation; un sentiment général les domine, la soif de l'or, qu'anime et fortifie sans cesse un fatal égoïsme, triste fruit de la servitude et du despotisme; car, il ne faut pas se le dissimuler, les Grecs, comme les Turcs, ne font de cas aussi que des richesses mobilières. Aussi, le problême le plus difficile à résoudre, c'est de les disposer à exercer l'agriculture.

Les rois de l'Europe, il faut le dire, sont devenus trop indifférens sur leur conscience; car ils auront à rendre compte des torrens de sang innocent versés en leur nom. Plusieurs d'entre eux se reposent ou s'endorment avec sécurité, parce qu'ils ont, les uns une marine formidable, et les autres de grandes armées aguerries. Mais que les rois du

Nord fassent un retour sur eux-mêmes, et qu'ils se persuadent bien que la liberté de la Grèce est pour eux une grande sauve-garde; car s'ils concourent à la faire détruire, ils feront accroître immensément la force des Turcs et celle des Barbares d'Asie et d'Afrique, qui, dans un avenir donné et même aperçu, ne manqueraient pas de faire des invasions dans l'Europe occidentale. Que la Russie et la Prusse se persuadent bien d'ailleurs que leurs sujets, que ceux mêmes du Caucase et de la Pologne, sont en harmonie avec les Grecs pour les principes de liberté, et qu'un tel sentiment finira par triompher des vieilles lois qui ont constitué l'esclavage.

Les papes, en général, depuis trois siècles, se sont prononcés contre les Grecs modernes. Pie VII n'a pas été plus sage; car pendant le congrès de Vérone, il a refusé de recevoir les envoyés supplians des Grecs, en guerre contre le sultan des Turcs. Mais que la cour de Rome y prenne garde, elle peut encore perdre ce superbe et glorieux territoire; qu'elle se ressouvienne qu'en 1558, quand on excitait les Grecs à se rallier aux chrétiens de l'Occident et au chef de leur Eglise, ils disaient hautement : *Nous aimons encore mieux voir un turban qu'un chapeau de cardinal.* Ce sentiment ne s'est point effacé ; le congrès de Vérone l'a de nouveau fortifié. Ce serait donc une grande faute en politique, de les asservir à la cour de Rome : l'Espagne et le Portugal leur crient de se refuser énergiquement à une telle impatronisation. Qu'elle considère enfin qu'elle n'a plus dans ses vassalités que les rois du pouvoir absolu, dont les trônes chancellent partout.

Résumons ces considérations par un simple rappel des États de l'antiquité. Athènes s'était élevée à la plus haute puissance et à la plus brillante gloire : elle a vaincu une armée de sept cent mille hommes ; elle a tenu dans le vieux monde le trident de Neptune ; elle avait armé contre la Sicile cent trente-cinq trirèmes : et Athènes n'est plus, à la vingt-neuvième année du dix-neuvième siècle, qu'une zugaria des Turcs !

Carthage, quoi qu'en puissent dire les ministres d'Albion, a été, relativement, plus forte, plus riche et plus puissante que Londres ; unie aux Gaulois, elle a fait trembler Rome, mais elle s'est énivrée, comme Athènes, de sa prééminence, de ses flottes et de ses trésors, et c'est au géographe qu'il faut aujourd'hui demander où fut Carthage.

Rome, la superbe Rome, qui a été nommée *la reine du monde,* s'est d'elle-même abîmée dans le néant. Les souvenirs de sa grandeur et de sa puissance n'ont pu, depuis vingt siècles, ranimer l'esprit public, qui y avait fait opérer tant de merveilles; les hommes de son sol se sont tellement abâtardis, qu'ils ont moins de force ou d'énergie que les eunuques du sérail d'un sultan.

Dans les Etats modernes, Madrid, cette opulente et orgueilleuse capitale, qui, sous Charles-Quint, a fait craindre à l'Europe d'y voir s'élever un trône métropolitain, s'efface et se perd de manière à n'offrir, dans un siècle, qu'un désert digne de ceux de l'Afrique.

Le grand problême des gouvernemens est donc résolu : c'est de se constituer représentatifs; tout ce qui s'est fait depuis Jules César et Augustule, et toutes les révolutions européennes en démontrent, je ne dis pas la sagesse, mais la nécessité.

Sans un tel gouvernement, tel vicié ou imparfait qu'il soit, l'Angleterre ne serait à l'Europe que ce qu'est Saint-Domingue aux

Etats-Unis, une île misérable, un repaire de
pirates. C'est donc à cette forme de gouvernement, quand en Europe tout pliait sous le
pouvoir absolu des rois et des papes, qu'elle-
même est parvenue au degré de fortune et
de puissance dont elle jouit et dont elle abuse
à outre-cuidance.

La France elle-même ressent éminemment
les bienfaits d'un tel gouvernement. Sous ses
anciens rois, les finances faisaient craindre
à chaque règne de fatales banqueroutes, et
en même temps des catastrophes politiques.
Une simple Charte en a fait un royaume riche, fort et tranquille. En moins de dix ans,
la France a trouvé le moyen de payer plus
d'un milliard aux coalisés, un milliard aux
émigrés, et d'acquitter chaque année près
d'un milliard d'impôts de toutes sortes ; mais
que des caméléons, que des hypocrites fassent révoquer ou anéantir la Charte, pour
donner à la France le gouvernement de
Louis XIV ou de Louis-le-Débonnaire, toutes ces ressources et tous ces moyens dispa-
raîtront, comme dans la nature un soleil ar-
dent absorbe et dissipe en peu d'instans la
plus abondante rosée.

J'ai déjà dit que l'agriculture des anciens

Grecs avait été importée presqu'en masse chez les Romains du moyen âge, et que les Romains, conquérans des Gaules, y avaient apporté les principes et les méthodes de leurs cultures. Il est même assez singulier qu'il y ait aujourd'hui autant de rapports effectifs entre l'agriculture de la Grèce antique et celle de l'agriculture française. Il semble qu'un même esprit ait animé les deux peuples dans l'art de cultiver et dans ses influences : la suite de cette histoire le démontrera à ceux qui s'occupent de ces considérations.

L'histoire première de l'agriculture des Grecs prédomine toutes celles des autres contrées de l'Europe, et même du monde, comme les pyramides et les grands monumens de l'Egypte attestent à tous les savans érudits, la préexistence des sciences et des arts dans cette belle et riche partie de la terre. Celle des Romains est presque effacée dans la Basse-Italie ; et rigoureusement on pourrait prouver que les Français, oubliant leurs premiers maîtres, n'ont pris des leçons que des anciens Grecs.

Il serait impossible de retracer celle des Grecs aux âges modernes ; car le Bas-Empire d'une part, avec tous ses accompagne-

mens, et l'invasion des Turckomans de l'autre, avec toutes leurs violences, ont fait
étendre sur les belles contrées de l'ancienne Grèce une épaisse atmosphère de
ténèbres et d'ignorance, fortifiée par un mépris extrême pour l'agriculture et pour les
sciences utiles. Jusqu'à un certain point,
on pourrait dire que les Grecs modernes
n'ont trouvé de ressources pour vivre, que
dans leurs troupeaux écartés et dans les
productions spontanées de la nature, où
le ciel, les eaux et les terres d'alluvions
ont offert des moyens faciles ou des ressources pour subsister. Ce n'est que par
leurs essais de navigation qu'ils ont pris quelques notions des choses que l'agriculture et
l'industrie peuvent donner et produire. Je
ne crois même pas que depuis le Bas-Empire
et que depuis l'invasion des Turcs, il ait
existé aucun Grec qui ait eu la pensée d'é-
crire l'histoire d'un pays qu'avaient chanté
et illustré Homère, Hésiode, Pindare, Aristote, Xénophon, Théocrite, etc. : car c'est
une question que j'ai souvent faite, et pour
laquelle je n'ai trouvé qu'un silence absolu.
Je suis presque heureux aujourd'hui, grâces
à deux guerriers généreux qui ont visité la

Grèce actuelle, de pouvoir offrir quelques notices sur le sort et l'état des cultures qui y sont maintenant usitées. Quoique justes observateurs, le but de leurs voyages n'étant pas de connaître l'agriculture, je n'ai pu recueillir que des faits isolés, de simples affirmatives ou négatives sur chacune de mes questions ; je les crois néanmoins dignes d'intérêt, parce qu'elles sont réelles, et parce qu'en homme du métier, en les rapprochant, j'y ai trouvé une sorte de statistique assez satisfaisante : je désire que le lecteur participe à ma reconnaissance envers ces deux voyageurs, dignes amis et bienfaiteurs des Hellènes.

L'agriculture de la Grèce aujourd'hui se compose d'élémens divers opposés ; c'est le résultat nécessaire de la différence et du contraste des sites et terrains, des vallées et des monts, des plaines et des coteaux, des grands terre-pleins des îles et des côtes maritimes. Elle a eu pour causes : 1° les tributs que le gouvernement turc imposait, et qu'il fallait acquitter sous peine de la vie ou du bâton ; 2° ceux que des propriétaires grecs ou turcs exigeaient de leurs colons ou de leurs esclaves, pour suffire d'abord à la population des lieux, et pour offrir quelques spéculations par les ventes ; 3° les approvisionnemens des navires du commerce, en farines, en viandes, en vins, en fruits et autres denrées. Hors de ces trois causes générales, il y avait, si on peut s'exprimer ainsi, une agriculture sauvage, entretenue par les populations des montagnes, auxquelles les troupeaux suffisaient en quelque sorte ; car ils ne connaissaient et connaissent à peine encore la culture des céréales, trop fragiles sous les excès de la température des monts. Il n'y a d'exceptions que dans les revers exposés au midi, où ils jettent quelques graines de maïs ou d'orge, trop heureux quand ils peuvent les préserver des bêtes sauvages. Cette partie de la population, néanmoins, n'est pas la moins fidèle à la patrie ; elle est passionnée pour la liberté, et elle mérite de la part du gouvernement actuel beaucoup d'égards, de ménagemens, et même des exceptions ou faveurs temporaires. Dans les dangers, on y trouvera toujours des hommes dévoués, et c'est peut-être parmi eux qu'il y a une haine plus fortement prononcée contre les Turcs.

On y cultive très-peu de froment et d'orge

en plaine et à la charrue; les seigles y viennent très-beaux et très-hauts, car ils ont au
moins cinq pieds. Il faut croire, par la hauteur qu'ils atteignent, et par les soins qu'on
y donne à cette culture, que la paille est employée à quelques objets d'industrie. Les
Grecs donnent au seigle le nom d'*oriza*. Ces
cultures, en général, se trouvent à travers
les vignes et les oliviers. Ce mode est bien
raisonné, en ce qu'il favorise éminemment
la végétation des arbres, par les labours qui
s'y font annuellement, et en même temps
celle des blés dans les espaces intermédiaires. C'est, au surplus, le mode qu'on suit
dans plusieurs parties de l'Italie et dans le
midi de la France.

La culture du maïs y est plus étendue, et
même plus chère que celle du froment; ses
grains et sa farine y servent habituellement
aux hommes de la marine, et ils composent,
par la polente, la majeure partie des vivres
dans les ménages domestiques. On le cultive
plus en grand dans la vallée de l'Eurotas.

La charrue de l'Attique est comme celle
que nous nommons *à tourne-oreille;* le labour s'y fait par sillons: et quand il s'a-
git d'ensemencer, on fait des billons: par

ce moyen, les grains sont mieux couverts.

Les charrues, en général, sont très-rares en Grèce, parce que le sol y est extrêmement ardu, rocailleux, et parsemé de monts plus ou moins rapides; parce qu'il faut laisser les plaines herbeuses aux bestiaux; les travaux s'y exécutent donc à bras, et dès lors on peut juger qu'il y a fort peu de céréales. Il y en aura moins encore par la suite, en ce que la nouvelle Odessa entrepose une grande quantité de blé - froment, que les Grecs actuels échangent pour des vins, des fruits et des huiles.

On attèle aux charrues, des bœufs, des chevaux et des mulets, mais le plus ordinairement des bœufs. Les mulets y sont très-précieux pour le transport des denrées et des matériaux nécessaires aux villes ou aux ports de mer; car il n'y a point de chemins pour les voitures. On y reconnaît, disent nos deux voyageurs, les traces des pas des chevaux de l'antiquité, et sur lesquelles passent forcément les mulets ou chevaux des temps actuels. Quelques-uns de ces chemins escarpés portent encore les noms des Grecs les plus célèbres, entre autres celui de Léonidas.

On cultive peu de légumes; ce point de

fait est d'autant plus étrange, que la culture en est très-considérable à Constantinople. Les pois, les fèves, les lentilles, les ognons qu'on consomme en Grèce, viennent de l'Egypte.

La plus grande culture des Grecs actuels est celle de la vigne, de l'olivier, de l'oranger, du citronnier, du figuier, du mûrier et du cotonnier, ce qui forme un assez grand commerce par la voie des échanges. Ces objets seuls, dans un système de liberté et d'indépendance nationale, pourraient être des trésors, et valoir cent mille fois plus que les mines du Mexique et du Brésil. Combien l'Europe et combien la Russie, pour ses vastes Etats, auraient donc intérêt à soutenir les progrès de toutes ces cultures, et conséquemment la liberté des Grecs !

Les hautes montagnes y sont chauves, et entièrement dégarnies de grands arbres forestiers. Le chêne, ce roi des arbres du monde, semble y avoir été mis à l'index de la cognée : les érables, les frênes, qui fournissaient aux anciens Grecs tous leurs bois de construction et toutes les armes dans la guerre, en sont disparus. Un seul arbre, le platane, a survécu aux destructions ; là peut-être sont les plus beaux de l'Orient.

Tant qu'on a trouvé des arbres de construction pour la marine, on les a coupés,
sans s'inquiéter des reproductions : signe
manifeste qu'il n'y avait nulle part de patrie,
dont l'avenir, dans un Etat bien constitué,
est et doit être inséparable (1). Cette doctrine, au surplus, est celle des Turcs, qui se
croient les suzerains de la terre. Il est singulier et remarquable que deux petites îles,
Seleito et Scopelo, aient conservé tous leurs
vieux arbres d'origine, et qu'il s'y soit établi
des chantiers de construction d'où sort un
assez grand nombre de navires.

Il paraît qu'il y a en Grèce et dans ses îles
des troupeaux considérables de bêtes à laine
et de chèvres ; mais on n'y voit point de ces
manufactures qui seulement fournissent aux
besoins des localités.

Les Grecs et les étrangers trouvent à la
chair des moutons et des chevreaux un goût
excellent, qu'on ne trouve nulle part ailleurs : cette particularité pourrait en effet

____

(1) Tous nos gouvernemens, depuis l'Assemblée constituante jusqu'à 1830, ont méconnu ce grand principe.
Eh! qui pourrait dire l'époque où la France y sera ra-
menée?

être justifiée par le régime de vie de ces animaux sur les monts.

Les chèvres y sont innombrables ; elles en occupent les hauteurs, partout garnies de broussailles et d'arbustes : c'est déjà une preuve que leur chair et le lait y sont délicieux. Les Grecs et nos voyageurs mêmes trouvent et jugent qu'on ne peut faire un meilleur emploi de ces parties du territoire, parce que la chèvre légère, forte et hardie, se porte à des rochers que l'homme ne saurait atteindre, et que par conséquent il y a intérêt à les faire vivre sur ces points élevés. Mais, jusqu'à ce qu'il soit prouvé que ces cimes ne comporteraient pas des arbres forestiers de service, il y a plus que de l'imprudence à en faire un abandon indéfini aux chèvres. On ne peut croire à un tel excès de température, puisque la nature, qui a été si sage et prévoyante pour l'homme, a départi de grands végétaux à toutes les zones et à tous les monts élevés, tels que les cèdres (du Liban) et les pins des régions hyperborées. C'est donc en vain que, par ses divers agens, la nature cherche à peupler les monts des végétaux qui y croissaient autrefois ; la chèvre aussitôt en dévore la première croissance, et force le chêne, l'érable, l'alisier et le hêtre, ami des montagnes, à végéter en cepées rabougries. Mais les chèvres ne sont pas toujours sur les hauteurs des monts; elles rapportent leurs tributs dans les vallées; et, dans leurs parcours, elles dévorent encore les jeunes arbres qui prospéreraient dans un sol riche et profond. Ainsi, partout elles détruisent les arbres, et avec eux la verdure, qu'entretiendraient des sources; car c'est le propre des arbres d'en fixer autour d'eux.

Tout bien considéré, la chèvre est un fléau pour la Grèce, mais avec lequel pourtant il est très-sage de composer. Conseiller suprême, ou président de la Grèce, je me garderais bien de provoquer la proscription de la chèvre; car elle est chère au riche comme au pauvre. Il faudrait donc commencer par quelque instruction sur l'ordre et le cours de la végétation. Il faudrait, avec le temps, mettre en exception certains monts et certaines vallées, et démontrer aux yeux la possibilité de faire naître et croître des arbres, où jusqu'à présent dix générations n'ont vu que des broussailles; il faudrait cantonner les chèvres par districts, et défendre leur parcours indéfini; il faudrait, par des

primes, favoriser la population des bêtes à
cornes, et, pour les consommations, accou-
tumer le Grec à la viande du bœuf et à celle
du veau ; il faudrait introduire peu à peu un
autre régime diététique, dans lequel le chevreau ne serait plus une nécessité. Mais de
telles temporisations ne doivent être con-
fiées qu'à des hommes dignes de comprendre
les lois physiques et les influences des grands
arbres sur la prospérité du sol, et en même
temps sur une plus douce température.   .

L'Attique (1) et la Morée sont presque
sans troupeaux, et surtout sans bêtes à cornes : la guerre les y a fait presque tous détruire ; et cette guerre, digne des cannibales,
a fait cesser un genre de commerce que la
Haute-Grèce entretenait avec les îles Ioniennes, où étaient autrefois les troupeaux privilégiés d'Apollon.

A la suite de tant de révolutions, depuis
Homère jusqu'à Ibrahim, il y a donc peu de
troupeaux, très-peu de vaches, peu ou

---

(1) Athènes n'est plus reconnaissable, d'après l'histoire.
M. Gaspari en a fait un triste tableau : il y a seulement
quelques vallées un peu productives, sur lesquelles le
gouvernement turc fait peser son bâton fiscal.

point de beurre, mais seulement du laitage et de mauvais fromages de chèvres.

Le parcours, comme chez les anciens Grecs, ne permet pas d'y former des prairies à faucher, pour se faire du fourrage sec ; tout y est soumis au pâturage vif : il n'y a d'exception que dans les banlieues des ports et des villes ; il y existe cependant encore des ruisseaux qui pourraient faciliter des irrigations. Mais combien il faudra d'années avant de rompre les vieilles habitudes !

Les pailles de maïs, celles d'orge et de froment, y servent de fourrages ordinaires : on n'y connaît pas de prairies artificielles, pas même le *sulla* de Malte, sorte de sainfoin.

Les habitans des montagnes y amassent des feuilles d'arbres, avec lesquelles ils nourrissent leurs bestiaux pendant l'hiver.

On y élève beaucoup de volailles, et surtout des pigeons ; il serait plus exact de dire qu'il s'y élève beaucoup de volailles et de pigeons.

Les porcs y sont très-nombreux ; non seulement les Grecs en aiment la viande, mais elle sert beaucoup aux salaisons pour la navigation. Dans les villes et les bourgades, leurs porcs servent à nettoyer les rues des immondices, comme le font les chiens à Constantinople; et c'est dans le plus beau pays de la terre, que les magistrats préposés à la police publique n'ont pas encore su défendre ou prévenir ces foyers d'infections, d'autant plus funestes, qu'elles proviennent des déjections humaines.

Quoique les mulets soient d'une indispensable nécessité pour gravir les monts par des sentiers escarpés, on n'y en élève point, ou très-peu : ceux qui y sont viennent d'Italie et de l'Adriatique. Il n'est pas dit même qu'ils aient formé des haras pour les chevaux, ni qu'ils aient des ânes étalons : c'est encore un tribut qu'il faut payer à l'étranger.

La culture de la vigne est un des plus grands soins des Grecs; elle n'est point soutenue, ni par des arbres ni par des échalas; elle y est, en général, abandonnée à elle-même, excepté qu'on la taille chaque année; telle, au surplus, on la cultive dans l'Angoumois et dans plusieurs parties du Poitou. La rareté du bois en est sans doute la première cause; mais peut-être aussi que l'expérience a fait reconnaître qu'il fallait soustraire cette culture aux violens coups de vent et aux tempêtes qui surgissent des mers : c'est là du moins un motif qui a déterminé ce mode le long des côtes de l'Océan, depuis Bordeaux jusqu'à Nantes. Quoi qu'il en soit, les Grecs, encore à présent, font un commerce considérable de raisins desséchés, connus sous le titre de *raisins de Corinthe*, et de figues en bâches ou cabats, apportées à Marseille.

Il paraît qu'il y a des vignobles dont les vins sont renommés ; on cite les vins de Samos, de Tinos, de Chio : on les compare, pour le goût, à ceux de Madère et de Malaga. Tous leurs vins, même ordinaires, sont destinés pour la Russie, où les Grecs trouvent toujours des échanges utiles. On ne peut dire si leurs modes de vinification sont conformes aux principes de l'œnologie, mais il est à présumer qu'ils ont connu ceux qu'on pratique en Espagne. Ce qu'il y a de certain, c'est que leurs raisins sont éminemment sucrés, et que leurs vins sont très-liquoreux, ardens et suaves en même temps. Les Turcs, malgré la défense du prophète pour le vin, y sont aussi propriétaires de vignes, et ce serait trop présumer de leur piété, que de croire qu'ils ne consomment pas du vin. Les vendanges y sont des jours de fêtes, surtout pour les Grecs qui habitent les montagnes.

Leur mode pour battre les blés participe beaucoup de ceux des anciens et de celui de la Provence ; quatre, six ou huit chevaux sont attelés de front ; ils sont retenus par une longe, et au commandement par le fouet, ils tournent autour d'un piquet central ; et par une allure accélérée, ils foulent l'épi sous leurs pieds. La paille en est toujours froissée et presque hachée, mais elle n'en sert pas moins pour fourrage.

On trouve en Grèce fort peu d'arbres fruitiers à pepin, de pommes, de poires, de prunes, de pêches même, d'avelines, de nèfles, etc. Ce n'est point le climat qui s'y oppose, mais c'est que les Grecs préfèrent les fruits exquis et rafraîchissans dont ils jouissent sans peines et sans soins.

Les prix de main d'œuvre y sont très-bas, relativement à ceux de l'Italie et de la France. Il est observé d'ailleurs qu'en général les familles se suffisent à elles-mêmes pour les travaux ruraux ; mais n'oublions pas de dire, à la louange des Grecs, qu'ils ne reconnaissent pas d'esclaves pour leurs cultures.

Les simples énonciations que je viens de

faire, et auxquelles on doit ajouter foi, suffisent déjà pour donner une juste idée de la
prospérité agricole et commerciale à laquelle
pourrait s'élever la Grèce. Prenons nous-
mêmes pour texte de ce point de fait, la
mention de ses productions natives ou indigènes.

D'immenses débouchés sont offerts aux
Grecs pour leurs vins ; il suffit de considérer
les Etats si vastes de la Russie et les populations du Thibet et du Caucase, auxquelles
les vins seront toujours chers. Ceux de la
Grèce ont un grand avantage sur les vins
mêmes de la France et de l'Italie, en ce
qu'ils sont éminemment spiritueux, et que
par cette qualité ils résistent à tous les excès
du froid, et en même temps aux roulis de la
navigation, surtout s'ils ont été tirés à clair-
fin, c'est-à-dire sans la moindre lie. On ne
peut évaluer tous les millions que cette culture et son commerce vaudraient à la Grèce.

Dans cette pensée, hélas! je comprends
malgré tout, l'Attique, le Péloponèse et les
îles adjacentes ; car quel homme oserait affirmer que les délimitations et le partage
qui viennent d'être faits, seront respectés du
Grand-Turc? Ses ulémas seront toujours

prêts à l'absoudre, quand il aura manqué à sa parole et à des traités avec des Etats chrétiens; cette transgression est même chez les Ottomans une maxime de devoir de la part du sultan. Les prétextes pour faire la guerre ne manqueront jamais; l'expérience des siècles sur la morale et la foi des Turcs, ne permet pas de douter que le sultan, aussitôt qu'il sera en paix, ne cherche à ressaisir les parties de la Grèce que les circonstances de la guerre lui ont fait céder. Jamais peut-être les rois de l'Europe n'avaient trouvé une plus belle occasion pour affranchir la Grèce et ses îles du joug ottoman. On croit rêver quand on lit que de hauts commissaires des trois grandes puissances ont abandonné Athènes au Turc : les mânes d'Homère, de Périclès, de Léonidas, etc., doivent en frémir. Et quel homme en Europe, s'il n'est vendu au gouvernement anglais, pourrait donner son assentiment à une opération aussi impie, aussi perfide? Oh! duc de Wellington, c'est par votre influence bien connue que la célèbre et grande Athènes est *turque* : attendez-vous que la postérité vous surnommera *le Barbare*.

L'olivier en France, depuis un siècle, se

refoule vers les anses de la Méditerranée ;
les aquilons arrivent sur la Provence sans
trouver d'obstacles, par les monts mis à nu.
Il y a peu d'années, ce qui n'était pas arrivé,
même en 1709, les oliviers ont gelé en terre,
et la masse en est considérablement dimi-
nuée dans le Dauphiné et le Languedoc. La
climature de certaines anses de la Grèce ne
craint point ces avaries ; l'olivier d'ailleurs y
est là dans sa patrie native ; et, sous un gouvernement qui serait juste et paternel, la
multiplication de l'olivier lui vaudrait des
flots d'or.

On sait que la culture en est fautive ; que
les choix des variétés y sont mal assortis : on
sait encore que la manipulation de l'olive
pour l'extraction de l'huile n'y est pas bien
entendue, pour les perfectionnemens dont
l'olive est susceptible, soit à la cueillette,
soit au dépôt, soit au pressoir, soit aux préparations que la Provence suit avec tant de
succès, et dont l'huile, sous ce dernier rapport, est encore la meilleure du monde connu.
Voilà donc un riche trésor que son gouvernement doit faire posséder à la Grèce.

Il se fait en ce moment un commerce considérable d'oranges et de citrons ; la France

s'en aperçoit peu, car ces fruits s'exportent tous en Russie. Il serait possible d'en perfectionner la culture et les fruits, de manière à ce qu'ils fussent préférés aux oranges du Portugal, dont les sites, les côtes et le sol sont plus favorisés de la nature que les bords du Tage. Ce genre de commerce pourrait devenir important pour la France.

Le figuier est encore là dans sa patrie native ; ses fruits desséchés, dans l'état actuel, forment un commerce considérable ; on les expédie par masses ou bâches. Elles sont très-sucrées ; elles pourraient être meilleures encore, si on donnait plus de soins à la culture de l'arbre, si on savait y perfectionner la manipulation, et en assurer mieux la fructification.

Le mûrier y prospère comme aux pays des serres ; et cependant il y aurait beaucoup à faire pour bien disposer la végétation, pour la varier en raison des positions ou des circonstances relatives au ver travailleur ; car on sait qu'il faut presque tous les ans proportionner la qualité de la feuille à l'état du ver qui va se mettre à l'œuvre.

L'éclosion est sujette à bien des accidens ; on ne peut les prévenir qu'en prenant des précautions que l'aisance des colons grecs permet bien rarement. C'est donc là encore un véritable trésor qu'il faut savoir exploiter, et dont un sage gouvernement doit s'occuper. Il ne doit pas seulement considérer les récoltes de la soie; il doit encore voir avec satisfaction que de grands végétaux peuvent s'y multiplier, favoriser la température, et qu'en définitive ces arbres trop vieux offrent encore par leurs bois des ressources pou rles foyers.

On cultive avec succès, dans quelques anses, deux espèces de cotonniers, et il serait très-facile d'en accroître et perfectionner la culture : les essais entrepris par des Français dans les îles Ioniennes, alors qu'elles leur appartenaient par droit de conquête, n'en laissent pas douter.

On regarde enfin comme très-possible d'y acclimater le caféier, le cánellier, le théier, et même la canne à sucre; mais on fait observer que pour cette dernière culture, il faudrait préférer le plant qui vient d'Egypte.

On y cultive encore le tabac, qui jouit d'une grande réputation; l'anis, la moutarde, le lin, le chanvre, les courges, qu'on y nomme *colokiti*, des haricots dits *faséoli*.

Combien de branches encore d'agriculture et de commerce la Grèce pourrait se
créer et s'assurer, si elle était en libre com-
munication avec la France, l'Italie, l'Allemagne et l'Adriatique ! Mais que faut-il espérer de la misérable politique qui s'agite
d'une manière si hostile contre les peuples
généreux et braves de la Grèce, quand tant
de siècles de servitude et de misères auraient dû porter tous les cabinets à les affranchir de leurs odieux et féroces tyrans ?
Comment un premier ministre de l'Angleterre ose-t-il, au vu et au su de son parlement, stipuler si chaudement les intérêts du
Grand-Turc, et conséquemment la ruine de
la Grèce ? L'histoire et la postérité accuse-
ront à jamais l'Angleterre d'une telle et si
affreuse politique.

Espérons que la Providence fera donner
une autre direction aux évènemens qui vont
se passer entre la Porte-Ottomane et la
Russie (1829).

Il est possible que le président actuel de la
Grèce se mette en mesure, à toutes fins
d'en raviver l'agriculture et le commerce, et
qu'il se tourne vers la France pour solliciter
le gouvernement de lui expédier des savans,

afin de coopérer à des améliorations en faveur des Hellènes.

Connaissant trop bien les fausses doctri-
nes de nos savans, en ce qui concerne l'agriculture, je tremble de voir appeler en Grèce
de vains apôtres, qui, ne considérant que
les théories, y proclameraient infailliblement les systèmes abusifs des François de
Neufchâteau, des Yvart, des Tessier, etc.,
et surtout de M. Fellemberg, qu'on peut à
juste titre nommer *le Platon* des agronomes
de l'Helvétie. Il ne faut pas même douter que
si notre gouvernement, à la voix du prési-
dent-gouverneur de la Grèce, faisait un appel à des agronomes, il ne se présentât plus
de Triptolêmes qu'il ne s'est présenté de mi-
litaires pour l'expédition de la Morée.

Je ne peux dire si notre gouvernement
(1829) durera long-temps tel qu'il est; mais
en le supposant, le ministre de l'intérieur,
très-enclin, comme ses confrères, à consulter l'Académie des sciences, ne manquerait
pas de l'inviter à lui faire connaître les agronomes les plus savans (1). Il serait même

---

(1) M. de Martignac, dans un discours sur l'agricul-

très-possible que la section d'économie rurale de l'Académie des sciences, et la Société royale d'agriculture, fissent des choix
dignes d'elles, c'est-à-dire d'hommes absolument étrangers, comme elles, aux vrais
principes de l'agriculture et de l'économie
rurale. M. Yvart, qui a solennellement pro-
voqué l'abolition des jachères, et tant d'autres belles choses, serait infailliblement mis
à la tête de cette colonie normale.

Toutefois, j'avouerai sans peine que si le
ministre connaissait quelque agronome en
France qui eût résidé quelque temps dans les
Echelles du Levant, des négocians estimés,
ou des consuls accrédités, il faudrait sans
hésiter les préférer à tous autres, non pour
y établir des chaires d'agriculture, comme
celles qui ont abusivement lieu à Saint-Mar-
tin et au Jardin-des-Plantes, mais pour mettre la Grèce en participation avec son gouvernement, afin de favoriser les débouchés
des productions du sol, et, à ce titre, ouvrir aux Grecs producteurs un crédit provi-

---

ture, en 1829, à l'occasion des prix de l'école vétérinaire,
s'est montré à l'*A B C* de l'agriculture.

soire sur le prix des ventes dans les factore-
ries.

Si enfin on voulait absolument y envoyer
des agriculteurs français, il faudrait du moins
les choisir dans le midi du royaume, comme
étant plus familiers avec les productions de
l'Orient et avec les consommations habituelles.

Il pourrait encore être très-avantageux
que des propriétaires français fussent s'établir en Grèce ; mais pour faciliter ces émi-
grations, le gouvernement hellénique devrait
faire mettre en vente des parties du domaine
public. Le même gouvernement pourrait encore traiter avec des capitalistes pour des
opérations de défrichemens, de desséche-
mens et d'irrigations.

Je pense qu'il serait digne du gouvernement en France d'assigner dans les grandes
écoles des arts et métiers, ou dans de grands
ateliers, un certain nombre d'élèves grecs
qui, moyennant un apprentissage de trois à
cinq années, travailleraient gratuitement, et
auxquels, à l'expiration de leur terme, on
donnerait un assortiment des outils de leurs
métiers. Cette mesure, au temps de l'empire, a été prise, et suivie de succès pour des

jeunes Dalmates, Croates et Ioniens. J'en ai
vu les heureux résultats à Châlons-sur-Marne.

Il importe beaucoup encore de prévenir le
gouvernement grec qu'il doit se défier de
nos livres et de ceux des Anglais ; car en général ils sont bien pauvres, et même dangereux par leurs théories et par des mensonges audacieux. Il ferait mieux d'ordonner un
plan de statistique, d'après lequel, chaque
année, on ferait imprimer les succès obtenus
sur chaque point de la Grèce, ce qui nationa-
liserait l'instruction, et tiendrait d'ailleurs le
gouvernement éclairé sur les impulsions qu'il
conviendrait de donner à chaque partie des
productions agricoles.

CHAPITRE XVI ET DERNIER.

RÉFLEXIONS ET PROPOSITIONS POLITIQUES, RELATIVEMENT A LA GRÈCE ET A L'EUROPE, EN CONSÉQUENCE DU TRAITÉ D'ANDRINOPLE, DU 14 SEPTEMBRE 1829.

IL n'y a point d'hommes d'Etat instruits par l'histoire des empires, par une saine politique, et libres dans leur raison ; il n'y a point de philosophes vertueux et indépendans dans la manifestation de leurs pensées ; il n'y a point de prélats pieux et sincères qui ne regardent encore, relativement à l'Europe, l'implantation forcée des Turcs et de leur gouvernement sur le Bosphore, comme une très-fatale anomalie politique, comme une pierre d'achoppement à une plus complète civilisation de l'Orient, et conséquemment, comme une cause active et persistante de guerres, d'autant plus funestes et terribles, que les Turcs réputent comme une faiblesse ou comme une abstraction, le droit des gens et les sentimens qu'inspire l'humanité.

Si les gouvernemens de l'Europe, après la chute de Napoléon, avaient été bien pénétrés de cette vérité plénière, au lieu de convoquer des congrès, pour river les fers des peuples asservis à certains trônes et à la tiare, ils auraient mis en délibération les moyens de rejeter hors du Bosphore le sultan de Constantinople et ses hordes, qui faisaient alors dans la Grèce une boucherie épouvantable, et cela, parce que ses peuples, après trois siècles de barbarie, d'esclavage et d'humiliations, avaient osé vouloir redevenir libres. En sage politique, c'était un motif plus que suffisant pour forcer le sultan à rendre la Grèce libre ; c'était le rôle ou l'initiative que devaient prendre les cabinets chrétiens et catholiques de Russie, d'Allemagne, de France, et le pape lui-même, comme chef de la chrétienté. L'Angleterre, de son côté, devait souffrir dans son orgueil et dans ses intérêts, que ses flottes et les navires de son commerce fussent exposés à se voir fermer des mers qui, depuis tant de siècles, y appellent en vain le commerce et l'industrie de l'Europe occidentale. Un acte de navigation libre pour tous les pavillons, eût été un des plus beaux traits de la politique européenne, et un grand monument dans le droit des gens. Un tel acte eût rallié tous les peuples à leurs trônes respectifs; et il n'y avait pas de résignations, d'efforts et de sacrifices qu'ils ne fussent tous capables de faire, afin d'accomplir un tel et si grand bienfait.

Les massacres des Grecs, chrétiens et co-religionnaires des Russes, étaient pour toute l'Europe un motif bien légitime pour demander d'abord, par les voies diplomatiques, et pour exiger ensuite de la Porte-Ottomane, au nom des nations et de l'humanité, l'entière et libre indépendance de la Grèce. Ils devaient immédiatement, et par un juste hommage rendu aux droits des nations et des trônes, demander la liberté des mers intérieures, dont le sultan s'était arrogé les clefs ou l'empire exclusif : l'Europe et le monde entier eussent applaudi à ce grand acte de sagesse et de justice.

C'était bien alors qu'il aurait fallu nommer cet acte du congrès une sainte alliance, puisqu'en définitive, infailliblement, il en serait résulté l'expulsion des Turcs hors du Bosphore. La Thrace, la Moldavie, la Valachie, qui forment encore la plus belle partie de la cime européenne, auraient vu avec une reconnaissance éternelle, arracher et s'anéantir une fatale et maudite greffe, dont la sève âcre et mortelle est et sera plus que jamais inalliable avec celle de l'Europe et des climats de la Grèce, et qui, semblable au bohon-upas, ne peut végéter et durer qu'en s'entourant d'ossemens et de cadavres.

Mais il en a été tout autrement; la Russie, qui deux fois avait excité les Grecs à se déclarer indépendans, a été la première, par les plus pitoyables suggestions, à faire cause commune avec les autres puissances, pour laisser le Grand-Turc exterminer les Grecs et ravager leurs territoires. L'Angleterre, qui plus qu'aucun autre Etat doit connaître le prix de l'indépendance, et par elle-même et par les Etats-Unis du nord de l'Amérique; l'Angleterre, dont la vie et la durée sont essentiellement dans un commerce libre, et dont l'industrie n'a plus rien à craindre des rivalités des autres nations; l'Angleterre, qui depuis vingt-cinq ans signale le dessein de civiliser tous les peuples par l'Evangile, dont elle fait distribuer *gratis* des exemplaires à la Chine, aux Indiens et aux sauvages;

l'Angleterre, qui semble avoir presque senti ses entrailles s'émouvoir contre la traite et l'esclavage des noirs; l'Angleterre, dis-je, a été la plus ardente à se déclarer pour la cause du sultan contre les Grecs. Pour le bien servir, et sans qu'il ait daigné même faire connaître le moindre désir, elle a fait jouer tous les ressorts de sa haute et basse diplomatie, afin de contrarier ou de neutraliser les efforts des Grecs; et ce n'est qu'après trois ans de massacres et d'horreurs, qu'elle a bien voulu, et encore par un leurre politique dont elle se repent aujourd'hui, concourir au traité du 6 juillet.

L'Autriche oubliant tout à fait que les Turcs, en très-grandes armées, étaient venus assiéger Vienne, a pris ostensiblement la direction exécutive des arrêts ou conciliabules des congrès, et s'en est même arrogé la police.

La France, encore étourdie du parcours des armées étrangères et des millions qu'il a fallu payer, s'est rangée avec une docilité inouïe sous les ailes du Saint-Père, qui pensait alors, et insinuait qu'en laissant le Turc affaiblir les Grecs et ravager leur territoire, ce serait un moyen d'étouffer le funeste esprit de liberté et de révolution, contre le-

quel le Vatican et les ministres de France
ont dans un même esprit suscité les missions, le jubilé, les jésuites et toute la milice
papale. Le Saint-Père, au surplus, a donné
la mesure de sa politique extérieure, en se
tenant d'accord avec les cabinets du congrès,
pour tout ce qui se faisait contre les Hellènes, qu'il répute schismatiques.

Le sultan n'a pu ignorer tous les soins of-
ficieux qu'ont pris les hommes des trois congrès, pour reconnaître la légitimité de ses
droits sur les Hellènes. S'il a paru les ignorer, ou peu s'en soucier, les agens diplomatiques n'ont pas manqué de les reproduire
dans leurs notes officielles et secrètes. Il n'a
pu ignorer également tous les petits services
que les Autrichiens et les Anglais, à l'envi,
n'ont cessé de rendre aux Turcs contre les
Grecs. Cependant, inflexible dans ses idées
de puissance, le sultan a constamment refusé
les avances respectueuses des ambassadeurs
francs ; la victoire même de Navarin n'a pu
l'ébranler, et il a persisté dans sa résolution
de ne devoir qu'à lui-même la sûreté de son
empire et sa souveraineté sur la Grèce (1).

---

(1) Quand Mustapha, en 1770, déclara la guerre à la

Les destins en ont autrement ordonné ; la
Russie, bien avertie de ses fautes ou impré-

Russie, il fit annoncer qu'il irait en personne battre les
Russes, à la tête de trois cent mille hommes. La Moldavie seule, pour le trajet de son armée jusqu'à Moscou,
fut imposée à un million de boisseaux de blé. Il y avait
alors dans les arsenaux six cents pièces de canons; mais, à
la revue générale, on ne trouva que soixante pièces en
état de servir. L'armée du grand-visir fut battue; il fallut
repasser le Danube, et on ne prit poste qu'à Balada. Déjà,
dans cette guerre, les Turcs émigraient en masse dans les
camps russes. Le général Romanzoff s'y couvrit de gloire :
il prit huit pachas, toute l'artillerie, et mit hors de combat cent cinquante mille hommes. Celle de 1771 ne fut
pas moins glorieuse pour les armes russes : les Turcs furent battus devant Napoli de Romanie; Bender fut assiégé;
la flotte russe s'empara de Navarin, à Coron, les Grecs
firent le général turc prisonnier. Se voyant ainsi battu sur
tous les points, le visir, par un ordre du jour, ordonna
aux corps de l'armée qui tenaient encore leurs positions
de se rendre aux troupes de la Russie : ce qui fut fait par
un corps considérable à Ismaïlof.

Dans le même temps, le général Tottleben remportait
victoires sur victoires en Perse. Schéripan, Bagdad, Cou-
tai furent pris; le général Héraclius battait les Turcs à
Acalziké, et Erzeroum fut pris.

Le général Orloff venait de remporter une victoire na-
vale éclatante dans le canal de Scio, où les Turcs avaient
pourtant seize vaisseaux de ligne.

Les Grecs alors, comme ceux du temps présent, ne ces-

voyances dans la campagne de 1828, a très-
bien combiné, pour celle de 1829, les mouvemens de ses armées avec ceux de ses flottes. Le général qu'elle a opposé directement
aux Turcs, excellent homme de guerre et de
génie militaire, a négligé les vieilles tactiques,
d'après lesquelles on doit attaquer préalable-
ment, successivement et par ordre, les places fortes et les citadelles. Par d'habiles manœuvres il a abordé les monts Balkans, et
en peu de jours il s'est vu au sommet le plus
élevé, d'où il est descendu, avec toute la
prudence d'un Ulysse, dans la plaine d'Andrinople. Cette audace a étonné tous les
hommes de guerre et les grands diplomates;
l'Angleterre en a été consternée, et volon-
tiers son gouvernement aurait donné à ce
hardi fait d'armes l'épithète qu'il avait déjà
donnée à la bataille de Navarin. Le sultan,
stupéfait, s'est alors abandonné à la magna-

---

saient d'implorer la czarine et ses généraux, pour rejeter
en Asie le sultan et son gouvernement, « sous lesquels, di-
saient-ils, il n'y aura jamais ni paix ni liberté pour
nous; » mais la czarine et ses généraux sacrifièrent la
Grèce et l'abandonnèrent au Turc : fasse le Ciel qu'il n'en
soit pas ainsi sous l'empereur Nicolas, si ce n'est déjà fait!!!

nimité de l'empereur Nicolas ; l'Angleterre, de son côté, a cherché à désabuser le divan sur l'absence des flottes anglaises aux Dardanelles.

Si le traité d'Andrinople a décidé de la victoire entre les belligérans, il n'a point satisfait ni tranquillisé l'Europe. On s'accorde en effet généralement à redouter un jour la puissance colossale de l'empire de Russie, comme à prévoir une vengeance conjurée et terrible de la part des Turcs, si fiers par caractère, si orgueilleux par habitude, et si humiliés par le traité du 14 septembre 1829 ; elle est d'autant plus probable, que de leur part, en outre, il s'agira de venger leur religion et leur prophète, et conséquemment de faire une guerre qui sera à la fois politique et religieuse. Ce n'est pas qu'on puisse craindre aujourd'hui des levées en masse de la part des Orientaux, ni même de la part des peuples civilisés ; mais des irruptions, telles qu'elles fussent, mettraient l'Europe en guerre perpétuelle, soit vers le Bosphore, soit vers les côtes d'Afrique, où il y a également de grandes vengeances à exercer ou de superbes conquêtes à reprendre : il suffit de nommer les Maures et les Sarrasins, si odieusement décimés et chassés de l'Espagne. Ce qui étonne et afflige le plus, dans le traité d'Andrinople, c'est le silence qu'on a gardé sur le sort de la Grèce, qui semble de nouveau sacrifiée à la soldatesque et aux sbires de la Porte-Ottomane.

On opposera peut-être que le sort de la Grèce ayant été le but des trois puissances, il fallait leur concours pour en décider définitivement. Ce ne serait là qu'une argutie diplomatique; car la Russie n'avait pas à craindre que la France et l'Angleterre, qui avaient armé sur terre et sur mer pour l'indépendance de la Grèce, trouvassent à redire à une disposition première pour faire déclarer la Grèce entière libre et indépendante; et puisque les plénipotentiaires russes, et le médiateur intervenu, fort sans doute des instructions récentes du cabinet russe, ont eu le soin de faire au vainqueur une si large part en territoire, en possessions maritimes et en indemnités pécuniaires équivalentes à un immense trésor (la seule chose qui manque essentiellement à la Russie), ils pouvaient très-facilement stipuler l'indépendance absolue de la Grèce, en reportant ses limites ou frontières, à celles qui

pouvaient le plus assurer et garantir sa liberté. Ils le devaient avec d'autant plus de
raisons, que les agens délimitateurs avaient
eu la faiblesse ou la honteuse déférence pour
l'Anglais, de laisser la célèbre Athènes TUR-
QUE, c'est-à-dire esclave. Ils le devaient encore par justice, car la sainte insurrection
de la Grèce avait été la cause primordiale
des plans et projets de la cour de Russie sur
la Turquie.

La simple reconnaissance, si ce mot avait
quelque valeur en guerre ou en diplomatie,
devait enfin déterminer les plénipotentiaires
à faire prédominer sur toutes les stipulations, celle de la liberté de la Grèce, constituée et reconnue sous les auspices et la ga-
rantie des autres puissances d'Europe. Il
faut croire que le ministère anglais, désap-
pointé dans ses vues et dans ses promesses
au divan, ne se serait pas déshonoré au point
d'y trouver à redire, alors même qu'il eût
été dit dans le traité, que *les îles Ioniennes*
feraient partie intégrante de la Grèce, après
qu'elle aurait été constituée en état de royaume, d'empire ou de république. Cette absence de stipulations relativement à la Grèce,
ne démontre que trop que le cabinet russe

s'est beaucoup plus occupé de ses intérêts et
de sa puissance, que du sort et des droits
sacrés des malheureux Hellènes, ce qui,
pour ne rien dire de plus, n'est ni généreux
ni digne du siècle.

Il ne m'est pas donné, comme simple historien de l'agriculture de la Grèce, et moins
encore comme modeste agronome, de prendre une initiative sur l'exécution patente et
occulte du traité d'Andrinople, afin de tranquilliser l'Europe, de prévenir des guerres
asiatiques, et de rassurer la Grèce alarmée,
dont le sol fume encore du carnage des
Turcs; mais comme les titres que je viens de
prendre rendront mes réflexions relatives,
sans conséquences dans l'ordre et les voies
de la diplomatie, je n'hésite même pas à
m'en expliquer : ce sera, si l'on veut, un
grain de mil dans la vaste balance des maîtres du monde.

Il me semble impossible que les cabinets
d'Europe, qui mettent l'avenir de leurs Etats
respectifs au premier rang de leur devoir
envers le souverain dont ils dirigent les af-
faires, et envers les peuples, auxquels ce
dernier a fait ou dû faire le serment de veiller à leurs intérêts et à leur conservation,

se dispensent d'intervenir maintenant pour donner au traité d'Andrinople et aux conventions qui vont s'en suivre, une direction qui, sans altérer le mérite de la victoire et l'entière indépendance de la Russie dans sa consistance territoriale et maritime, pourrait néanmoins tranquilliser l'Europe et les cabinets, qui s'inquiètent pour des évènemens ultérieurs très-possibles et très-probables. Le moyen d'intervention est même tout tracé ; et puisqu'il a été pris déjà pour mulcter un grand peuple victorieux, et pour ôter à d'autres le désir ou la tentative de s'émanciper, il semble donc tout naturel et légitime d'y avoir recours pour déterminer, dans une convention européenne, des traités qui régleraient les droits de chacun, afin de résister à des entreprises qui tendraient à des usurpations, et de maintenir, sous les auspices et les garanties de tous, une pacification générale en Europe : jamais il n'y eut de circonstance plus favorable, et en même temps plus impérieuse, pour la convocation d'un tel congrès.

L'empereur Nicolas, par son éducation, par ses principes souvent manifestés, par la connaissance qu'il a des cours de l'Europe,

offre sans doute des garanties morales et politiques ; je n'hésite pas même à penser que,
pendant son règne, il mettrait un frein à
toute autre ambition : mais il a trop de raison pour croire qu'il soit sage ou permis d'a-
venturer le sort des trônes et des peuples
sur la volonté ou sur l'ambition d'un successeur. Les Russes d'aujourd'hui sont d'autres
hommes qu'en 1750 et en 1771. Il n'y a donc
que des traités solennels qui puissent, d'une
part, lier un prince ambitieux, et, de l'autre, porter tous les ayant-droit ou participans d'un congrès européen, à en soutenir l'exécution. Chaque prince, au surplus,
qui aurait dénoncé une infraction au traité
commun, serait certain du concours actif et
spontané de ses peuples, quand il s'agirait
d'assurer les lois, les relations et l'indépendance de chaque patrie contre un ennemi
commun.

Ce congrès serait, il faut le dire, dans les
intérêts mêmes de la Russie et de son trône ;
car plus elle est grande, vaste et puissante,
plus elle doit désirer le maintien de ce qui
lui est dévolu. Si la modération personnelle
de Nicolas et de ses plus dignes conseillers
d'Etat, ne suffisait pas pour adopter un con-

grès, ils en trouveraient la sagesse et la nécessité dans l'histoire même des plus grands
empires. Le monde retentit encore de celui
d'Alexandre, et l'on sait que peu de jours
après sa mort, ce fameux empire a été divisé
en huit capitaineries, avec les titres de royaumes, dont s'étaient emparés ses généraux ou
lieutenans.

Jules César, plus grand en tout qu'Alexandre, a été assassiné dans une conjuration,
aux pieds mêmes de la statue de Pompée,
et sa mort a enfanté un infâme triumvirat.
Rome a compté des Scipion, des Trajan,
des Marc-Aurèle, mais l'histoire frémit encore à la mémoire des Tibère, des Néron,
des Caligula; elle a vu en pitié les Constantin, les Justinien et les Augustule; et on ne
saurait dire aujourd'hui avec quelque réalité,
ce que sont devenus l'empire romain et cette
Rome qui commandait à l'univers, et qui
n'est plus qu'un collége de prêtres.

Charlemagne a formé et tenu le plus grand
empire dans les temps modernes; bornons-
nous à rappeler le partage de ce bel empire
entre ses quatre petits-fils, tel à peu près
que des bourgeois se partagent les champs
d'une métairie. La dynastie de Charlemagne,

en un mot, a passé comme un météore.

Charles-Quint a fait craindre un instant à l'Europe un trône central ou métropolitain, et ce prince a vu, dans sa retraite même, ses provinces se défiler, ainsi que les moines chez lesquels il s'était retiré, défilaient leurs chapelets dans leurs cellules.

Quel empire plus puissant que celui de Napoléon pourrait-on nommer? C'est là un point de fait d'application que le frère même de Nicolas a déclaré sans feinte à Erfurt : que sont devenus cet empire colossal et les êtres mêmes de sa nombreuse dynastie? Leçon terrible donnée à tous les souverains qui se mettent en dehors de leur patrie, et qui ne veulent admettre aucun frein constitutionnel dans leur carrière.

De tous les potentats que je viens de signaler, il n'y en a pas un seul qui ait de plus puissantes raisons que le czar pour se maintenir dans de justes limites. Les peuples auxquels il commande, et qu'en style de cour on nomme *ses sujets*, sont tous éclairés sur leurs droits, ou déjà électrisés par la liberté ; il ne faut pas même en excepter la Sibérie et le Caucase, dont les soldats ont fait la guerre en France, et qui manifestement ont porté dans leurs pays, sur les monts et dans les steppes, de vives inclinations pour jouir aussi de la liberté.

On ne sait que trop comment la Pologne est passée sous les triples aigles de la Russie, de l'Autriche et de la Prusse ; et il est impossible de ne pas croire aux Polonais le dessein de se constituer en Etat indépendant.

Le sénat de Russie, son empereur et les hauts magistrats de son gouvernement, savent mieux que les journaux de l'époque et que tous les historiens, tels qu'ils soient, quelle a été la réalité de la conspiration qui a fait exiler tant d'officiers généraux en Sibérie, et décapiter des complices. Ce qu'il y a de certain, c'est que, dans l'opinion générale, l'empereur Alexandre ne serait pas mort naturellement. Or, si dans un temps des hommes de guerre se sont ainsi prononcés contre un prince qui n'avait d'autre défaut peut-être que de s'être laissé illuminer par des sibylles et par des brouillons hypocrites, il y a eu un commencement de levée de boucliers contre le souverain, on doit vivement craindre, en ces temps, de s'engager dans les voies de l'ambition, et de se retrancher dans un despotisme absolu.

La puissance européenne la plus intéres-
sée à la tenue d'un tel congrès, est sans contredit l'Angleterre (1). qui, pour s'être trop
abandonnée à une ambition gigantesque,
s'est presque mise hors d'état de faire la
guerre, à moins qu'elle ne veuille braver les
tempêtes d'une banqueroute. Elle expie aujourd'hui la peine bien due à sa vieille haine
contre la France, qui n'a jamais voulu qu'une
liberté constitutionnelle; elle expie encore
les fautes politiques de Castlereagh, qui,
pendant quinze années de suite, a prodigué
les trésors de la Grande-Bretagne aux ennemis de la France. Plus sage, son gouvernement devait voir sans déplaisir et sans passion
de rivalité, que le peuple français, légitimé
dans ses droits par l'Assemblée constituante,
voulait jouir de sa liberté, et surtout de son
indépendance; elle le devait, puisque les

---

(1) En 1771, l'Angleterre offrit ses chantiers de Pli-
mouth pour réparer la flotte russe, qui, pour la première
fois, allait entrer dans la Méditerranée afin de combattre la
flotte de Mustapha. Quels sont donc les grands intérêts du
gouvernement anglais, pour sacrifier ainsi au sultan un
vieux peuple qui vient de se retremper à l'héroïsme et à
la liberté?

Anglais eux-mêmes jouissaient d'une Constitution.

Il est temps que l'Angleterre se persuade bien que la domination sur les mers est une aberration qui, sans lui profiter, la tient continuellement en état de guerre dans les quatre parties du monde, et qu'elle s'abandonne trop à cet orgueil superbe. Elle n'a ni le temps ni la faculté de faire des économies pour éteindre sa dette, pour faire au besoin une guerre légitime, ou pour prêter un noble secours à des alliés opprimés. L'Angleterre est encore immensément riche, mais elle n'a pas le dixième du numéraire spécifique et de la population réelle qu'il lui faudrait pour soutenir ses conquêtes et ses usurpations. Dans l'état actuel de sa position politique en Europe et dans le monde commerçant, il ne lui faut plus que des comptoirs, une garnison dans chacun, et une marine forte, pour soutenir ses droits et son honneur.

La révolution la plus heureuse qui pourrait arriver en Europe, pour l'Autriche, serait sans contredit la dissolution de l'empire turc. Elle avait pu déjà, du consentement de Catherine II, et même à sa sollicitation,

s'emparer, en 1771, de la Bosnie, de la Ser-
vie et de Belgrade, mais elle ne le fit pas :
tant elle est accoutumée de longue-main à
s'offrir seulement pour occuper des pays
nouveaux, et sans coup-férir. C'est ainsi que
pour prendre part au démembrement de la
Pologne, c'est ainsi que pour dominer l'Italie, peuplée de moines, elle n'a eu qu'à mettre en montre ses cadres d'armées. Sa position, au surplus, est à peu près celle de l'Angleterre ; ni l'une ni l'autre n'ont rien à espérer des
Turcs et de leur sultan. Elles ont au contraire
beaucoup à redouter des Russes, puisque
leurs flottes et leurs armées peuvent aujour-
d'hui faire de grandes conquêtes ou diver-
sions ; mais par une bizarrerie qu'on peut
bien dire insensée, elles comblent de préve-
nances et de faveurs le sultan de Constantinople. Si jusqu'à présent on a dit de l'une,
que son gouvernement était de plomb, on
peut bien dire que celui d'Angleterre n'est
que de similor : l'un et l'autre, au surplus,
tendent rapidement à une grande et fatale
révolution.

Si M. Canning eût vécu, il eût mis le vaisseau d'Albion dans une autre position que
celle où M. Wellington l'a mis, il eût ap-

plaudi à un congrès européen : il eût pris la
défense des Grecs, et, grand homme d'Etat,
il eût donné à la politique britannique une
marche plus loyale et plus sage ; la Russie
elle-même se serait tenue dans des limites
et des conditions qui n'auraient point inspiré
des inquiétudes ou des alarmes.

La France également doit aspirer à la tenue de ce congrès ; dans les temps présens,
elle est en butte à de misérables et honteuses
dissidences, qui reproduisent un Bas-Empire ; elle doit se hâter de dominer les partis
et les luttes qui se trament, car la corruption est éminemment contagieuse. Le peuple
français vénère la mémoire de saint Louis,
ét même à cause de son austère piété : il n'a
pas dépendu de ce prince, d'ailleurs, que les
Turcs impies et féroces n'aient été rejetés
dans les déserts de l'Afrique. On aime et l'on
vénère aussi l'aimable et douce piété de
Charles X ; mais dix siècles ont appris sans
interruption, que le trône en France devait
se défier des papes, et qu'il ne fallait voir
dans chacun d'eux qu'un père spirituel. Faisons observer à ce sujet, que saint Louis ne
voulut pas même permettre au chef de l'E-
glise de résider en France, lui déclarant que

les barons du royaume, qu'il avait consultés,
n'étaient pas de cet avis. Mais si, pour la
piété chrétienne, la France aime à se rappeler saint Louis, elle se fait gloire aussi de
citer à l'admiration le bon et brave Henri IV,
qu'on ne peut nommer sans rappeler les horribles attentats des jésuites, et leur proscription unanime par tous les parlemens de
France, non moins forts et sages que n'é-
taient les barons au temps de saint Louis.

La Prusse, quoiqu'un ancien électorat, a
pris trop de consistance parmi les grands
Etats, pour ne pas désirer elle-même un
congrès qui donnerait une autre forme ou
configuration à son royaume, que le prince
ne peut parcourir (si on peut s'exprimer
ainsi) qu'à la manière des sauterelles; car sa
ligne s'étend depuis la Sprée jusqu'à la Suisse
et aux sources de la Meuse. Il ne faut pas
croire que ce morcellement soit sans abus
pour les peuples sujets du roi de Prusse, et
pour les nombreux Etats dont il froisse les
frontières; on se rappelle certains actes de
souveraineté commis en France par de simples agens prussiens : il n'en eût pas fallu davantage pour en faire un prétexte de guerre
aux temps de François Ier, ou de Louis XIV,

(483)

La Bavière et la Saxe, qui aussi ont pris le titre de royaume, ont intérêt à voir reconnaître ou légitimer en congrès, des préhensions, des conquêtes ou des circonscriptions.

De très-grandes raisons d'Etat, comme on voit, se réunissent dans les conjonctures actuelles, pour faire désirer un congrès qui donnerait à l'Europe des garanties nouvelles contre l'énorme prépondérance d'une de ses puissances, et contre toute irruption des Asiatiques et des Africains, qu'on ne peut supposer sans desseins de vengeances, de conquêtes ou de pillages, et dont la guerre serait terrible, ne fût-ce que dans leurs excursions respectives.

Si, dans les considérations que je viens d'offrir, je n'ai point parlé du sort de la Grèce, dont je donne aujourd'hui l'histoire de son agriculture comme type et cause première de la puissance et de la richesse la plus réelle des Etats, c'est que j'ai voulu faire envisager cette question comme la plus importante qu'un congrès européen aurait à traiter, car il aurait presque ainsi à délibérer et à stipuler la tranquillité de l'avenir dans les deux mondes.

«'Il est possible qu'on ait exagéré les résultats du traité d'Andrinople, c'est-à-dire, de la part de la Turquie, l'impossibilité absolue de s'acquitter du montant des indemnités qui lui a été imposé. Mais si les Turcs, par amour ou par devoir pour le Coran, venaient à reprendre les armes, ou que même ceux que les innovations de Mahmoud ont irrités, se refusassent à payer les contingens assignés, il est évident, d'une part, que le gouvernement russe voudrait incontinent assurer l'exécution du traité d'Andrinople, et que, pour en venir à ces fins, il reprendrait ses premières occupations, et tenterait même d'autres conquêtes. Il est presque évident, de l'autre, dans une telle position, que le sultan prendrait un parti violent, et que, par suite, il pourrait de lui-même passer le Bosphore, pour aller en Asie promener le drapeau du prophète, dans le dessein de revenir en Thrace avec une armée formidable. Ainsi, dans tous les cas, la Russie agrandirait encore ses forces et son empire, et la guerre serait, en outre imminente en Europe, en Asie et en Afrique.

«De tels évènemens ne sont point hors des probabilités, et c'est pour de telle causes qu'un

congrès doit en prévoir les suites, et con-
certer avec la Russie un plan de conduite
qui se rapporterait toujours à l'équilibre des
États, ce qui veut dire simplement à la tranquillité publique. Dans ce cas, l'Europe en
son congrès aurait à délibérer s'il ne conviendrait pas de rétablir l'ancien empire
grec, et de lui assigner des territoires et des
limites tels, que cet empire fût à la fois un
boulevard pour l'Europe occidentale, et en
même temps une redoute contre toute conquête nouvelle de la part des czars à venir
ou des ambitieux de sa cour. Dans cette
hypothèse, la Grèce serait le centre et la
force de cet empire, et dès lors elle reprendrait l'ancien rang qu'elle avait sous les
Romains.

Il serait d'une haute prudence, de la part
du congrès, d'ôter à tout souverain d'Europe, comme à tout aventurier d'Asie, la
tentation de s'emparer de Constantinople et
de son riche territoire. Dans ce dessein, il
ne pourrait faire mieux que de déclarer cette
capitale une ville libre anséatique, dans laquelle tous les rois et les gouvernemens auraient des agens ou consuls, et seraient ainsi,
pour chacun, des sentinelles avancées char-

gées de les avertir des dangers ou des attentats qui pourraient survenir.

Cette institution, toute politique, ne serait pas plus étrange que celle des républiques au sein de l'empire romain, et que les
villes libres anséatiques du Nord, au sein de
l'empire d'Allemagne, et en face des monarques du Nord. Il n'échapperait pas sans
doute au congrès de choisir la célèbre Athènes pour le siége de l'empereur grec. Constantinople ainsi deviendrait la métropole de
tous les Etats de la terre, et elle serait avec
Athènes un nouveau foyer d'esprit public,
de sciences et d'arts, où viendraient se retremper les amis de l'humanité et les amateurs des beaux-arts, sans lesquels il n'y a
point de vraie civilisation. Si de telles pensées venaient à frapper les monarques et
leurs cabinets, il faudrait bien se garder de
procéder par des protocoles fondés sur des
titres, des préséances et des cultes. L'expérience acquise par les testamens des plus
grands rois et par la tenue des conciles, doit
les porter, s'ils craignent Dieu, s'ils aiment
les hommes et leur patrie, à en confier la
rédaction à quelques hommes de bien, en
très-petit nombre, et accrédités par leurs

vertus ; à accélérer la tenue du congrès et à limiter sa durée ; car il ne s'agirait pas là de peser les intérêts partiels, d'y faire des discours qui portent toujours malheur, mais de décréter d'urgence le grand principe, sauf à laisser au temps les améliorations qui s'offriraient dans l'exécution. Je lègue, au surplus, ces pensées aux hommes sages qui composeront un tel congrès : fasse le Ciel qu'on n'y envoie pas des brouillons et des gens corrompus ou corruptibles ! le sort des grands Etats d'Europe y est attaché.

Quoi qu'il arrive de ces données de circonstances, la Russie ne peut, sans se déshonorer, abandonner la Grèce ni aucune de ses parties à la domination du Turc : ce serait la livrer aux bêtes féroces ; ce serait rallumer la guerre intestine, et prononcer l'anéantissement d'un peuple auquel tous les rois et leurs peuples doivent du respect et de la reconnaissance.

Si l'Angleterre est sage, elle se tiendra l'alliée et l'amie de la France ; et, pendant un long intervalle, l'une par ses flottes et l'autre par ses armées, pourront arrêter tous les conquérans du Nord et de l'Asie, faire jouir leur patrie respective et l'Europe d'une paix

indéfinie, Qu'elles songent bien l'une et l'au=
tre que tant qu'elles exécuteront sincèrement
leurs Chartes constitutionnelles, elles seront
invincibles.

FIN.